机械工程绘图能力训练

主　编　程　琼　戴珊珊　安淑女
副主编　张　恬　吴虎城　张海燕

苏州大学出版社

图书在版编目(CIP)数据

机械工程绘图能力训练 / 程琼, 戴珊珊, 安淑女主编 . -- 苏州：苏州大学出版社,2023. 1
ISBN 978-7-5672-4088-9

Ⅰ. ①机… Ⅱ. ①程… ②戴… ③安… Ⅲ. ①机械制图-高等学校-教材 Ⅳ. ①TH126

中国版本图书馆 CIP 数据核字(2022)第 228753 号

书　　名：机械工程绘图能力训练

主　　编：程　琼　戴珊珊　安淑女
责任编辑：周建兰
装帧设计：吴　钰

出版发行：苏州大学出版社(Soochow University Press)
社　　址：苏州市十梓街 1 号　**邮编**：215006
印　　刷：江苏凤凰数码印务有限公司
邮购热线：0512-67480030
销售热线：0512-67481020

开　　本：787 mm×1 092 mm　1/16　**印张**：11. 75　**字数**：258 千
版　　次：2023 年 1 月第 1 版
印　　次：2023 年 1 月第 1 次印刷
书　　号：ISBN 978-7-5672-4088-9
定　　价：34. 00 元

苏州大学出版社营销部　电话：0512-67481020
苏州大学出版社网址　http：//www. sudapress. com
苏州大学出版社邮箱　sdcbs@ suda. edu. cn

前　言

PREFACE

职业教育的目的是满足个人的就业需求和工作岗位的需求，为社会培养应用型人才和具有一定文化水平和专业知识技能的劳动者。职业教育侧重于实践技能和实际工作能力的培养，其教育内容丰富，不仅要求学生掌握理论知识，还要求学生具有一定的动手实践能力。只有充分研究职业，按照职业的规范、过程、要求和逻辑，重组知识和技术实施教学，即工学结合，才能凸显职业教育的特点。在关注教育科学与职业科学的前提下，在遵从教育规律和认知规律，遵从学生的职业成长和生涯发展规律的基础上，本书以工作过程为导向，针对机械制图与计算机绘图课程进行了总体设计，改变了课程模式，重组了课程内容，形成了基于工作过程的工学一体化的动态课程结构。

本书可与已出版的《机械制图》《机械制图习题集》配合使用，把职业性的社会需求与教育性的个性需求结合起来，凸显职业教育目标特色，为学生顺利走上工作岗位奠定良好基础。

本书共 3 个项目，21 个子任务。3 个项目具体为机械制图能力训练（规尺绘图部分）、AutoCAD 绘图能力训练、综合训练。若教学实施时间有限，机械制图能力训练部分可以作为计算机绘图上机训练的教学素材，让学生上机实训时完成指定图形的绘制。本书还提供了相关视频，要了解绘制图形时的注意点，可扫描二维码观看。

本书项目 2 采用设计部门人员广泛使用的 AutoCAD 软件，贯彻《技术制图》《机械制图》《机械工程 CAD 制图规则》等最新国家标准，训练内容的编排紧密配合课程教学，后面的附录部分编排了计算机绘图上机模拟试题、课程期末模拟试题、华东区大学生 CAD 竞赛试题、计算机绘图师技能考证试题等，便于学习者参考。

本书不受 AutoCAD 软件版本的限制，以任务为载体，突出实用性、职业性，重点进行识读与绘图能力训练，为适应不同水平的学习者，任务载体由简单到复杂，层次分明，图形多且具有代表性，逐步提升读者的识读与绘图能力，以达到预期的教学目标，圆满完成教学任务。

本书是编者深入企业调研后并依据 30 多年的教学经验编写而成的，可以作为“机械制图及计算机绘图”课程学习的配套教材，也可以作为制图员、计算机绘图师考证练习的参考资料。

在编写本书的过程中，得到了有关领导与各位老师的大力支持，在此表示衷心的感谢！由于编者水平有限，书中难免存在不足之处，恳请广大读者批评指正。

编　者

2022 年 10 月

目 录

CONTENTS

项目 1　机械制图能力训练（规尺绘图部分）………………（1）

任务 1.1　线型练习 ……………………………………………（1）
任务 1.2　平面图形的绘制 ……………………………………（3）
任务 1.3　简单形体三视图的绘制 ……………………………（6）
任务 1.4　组合体三视图的绘制 ………………………………（8）
任务 1.5　机件表达方法的综合应用 …………………………（11）
任务 1.6　螺栓与双头螺柱连接 ………………………………（14）
任务 1.7　零件图的绘制 ………………………………………（17）
任务 1.8　由机件轴测图绘制零件图 …………………………（19）
任务 1.9　由零件图绘制装配图 ………………………………（21）
任务 1.10　由装配图拆画零件图 ………………………………（25）

项目 2　AutoCAD 绘图能力训练 ………………………………（27）

任务 2.1　基本绘图命令 ………………………………………（27）
任务 2.2　图层与图形编辑 ……………………………………（35）
任务 2.3　多线、字体及绘图辅助工具的使用 ………………（39）
任务 2.4　块的定义与插入 ……………………………………（43）
任务 2.5　图形的尺寸标注 ……………………………………（47）
任务 2.6　组合体三视图的绘制 ………………………………（49）
任务 2.7　零件图的绘制 ………………………………………（50）
任务 2.8　装配图的绘制 ………………………………………（52）
任务 2.9　三维实体造型的绘制 ………………………………（55）

项目 3　综合训练 ………………………………………………………… (63)

任务 3.1　零件测绘 ………………………………………………………… (63)

任务 3.2　部件测绘 ………………………………………………………… (72)

附录 1　机构运动简图符号摘录 …………………………………………… (92)

附录 2　标准归档图纸折叠方法 …………………………………………… (94)

附录 3　计算机绘图模拟试题 ……………………………………………… (99)

附录 4　机械制图模拟试题 ………………………………………………… (104)

附录 5　华东区大学生 CAD 应用技能竞赛机械类工程图绘制竞赛任务书 ………………………………………………………………………… (109)

附录 6　第一期 CAD 技能考试试题——工业产品类 ……………………… (122)

附录 7　部分任务参考答案 ………………………………………………… (129)

附录 8　2022 年“彭城工匠”职业技能大赛 CAD 机械设计项目竞赛理论样题 ……………………………………………………………… (132)

参考文献 ……………………………………………………………………… (180)

项目1

机械制图能力训练（规尺绘图部分）

任务1.1 线型练习

一、教学情境

1. 根据如图1.1所示的内容，绘制各种图线和图形。
2. 绘制图框线和标题栏。

二、学习目标

1. 熟悉国家标准中有关图幅、图线、字体、比例、尺寸标注等规定。
2. 熟悉几何作图过程。
3. 熟悉绘图工具和仪器的正确使用方法。
4. 初步了解工程图样的绘图过程与步骤。

三、实施过程

1. 阅读相关知识点：线型、绘图比例、字体、图框、尺寸标注、几何作图。
2. 选用A3图纸，横放，设置绘图比例为1∶1，标注尺寸，将图命名为“线型练习”。
3. 严格执行国家标准的各项有关规定。
4. 熟悉手工绘图的方法与步骤、工具与仪器的使用方法。

四、实施方法

1. 鉴别图纸正反面，固定图纸，用细实线画出图框线及标题栏。

2. 布置视图。注意图面布置要均匀，应考虑到尺寸标注的位置，留出标注尺寸的空间，作图、尺寸量取要准确无误。

3. 画同心圆时，应先画大圆，再画小圆。

4. 绘制底稿时，使用2H或H型铅笔，图线应画成轻而细的细实线。

5. 底稿完成后要认真检查，确认无误后再标注尺寸。

6. 按照国家标准规定的线型使用 HB 或 B 型铅笔描深图线，相同型式的线型应尽量保持一致。

7. 深入检查，避免图形绘制错误与遗漏尺寸标注。

8. 填写标题栏。标题栏中的图名、校名使用 10 号字，日期使用 3.5 号字，其余均使用 5 号字书写。

9. 图样完成后应整理图面，注意图面的整洁。

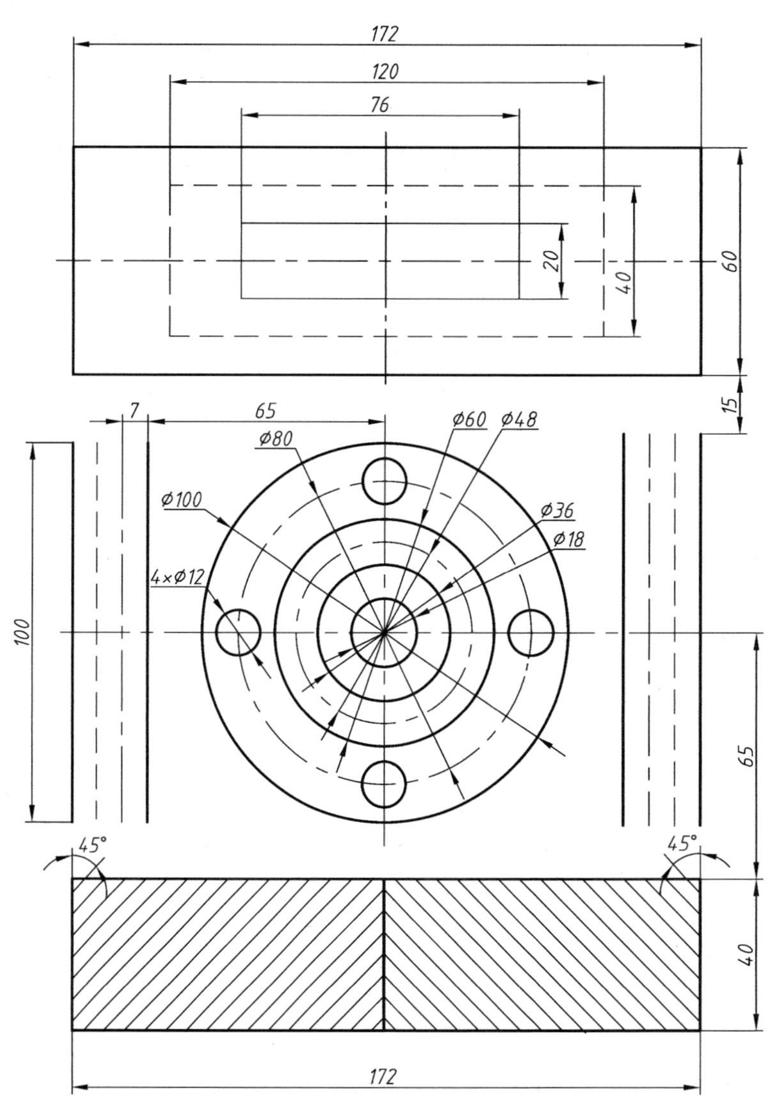

任务 1.1
实施提醒

图 1.1　线型练习与几何作图

任务 1.2　平面图形的绘制

一、教学情境

根据如图 1.2 所示的图形，自行选取 3 个平面图形进行绘图。

二、学习目标

1. 掌握平面图形的尺寸分析、线段分析方法，进一步熟悉尺寸标注。
2. 掌握圆弧连接的作图方法、平面图形的绘制方法。
3. 掌握国家标准中有关尺寸标注等规定。
4. 进一步熟悉绘图工具、仪器的正确使用方法。
5. 进一步熟悉工程图样的作图方法与步骤。

三、实施过程

1. 选用 A3 图纸，横放，设置绘图比例为 1∶1，标注尺寸，将图命名为“平面图形”。
2. 严格遵守国家标准中有关图幅、图线、尺寸标注等规定，全图中尺寸箭头大小应一致，同类线型的图线宽度、长度、间隔等要素应一致。
3. 阅读相关知识点：圆弧连接方法，平面图形的尺寸分析、线段分析、作图方法。

四、实施方法

1. 根据画图比例和所绘图形的总体尺寸，计算后布置图形。图形布置后要均匀美观。
2. 对图形的尺寸进行分析，确定线段的性质。
3. 确定绘图步骤。按照“基准线—已知线段—中间线段—连接线段”的顺序绘图。在连接点（切点处）和连接弧的中心做好标记，便于描深图线时使用。
4. 底稿完成后，应认真检查图形是否有错误。
5. 按照国家标准规定的图线标准进行描深。注意描深的顺序：先圆后线，先水平后垂直。
6. 标注全部尺寸并进行检查，避免遗漏尺寸。
7. 填写标题栏。标题栏中的图名、校名使用 10 号字，日期使用 3.5 号字，其余均使用 5 号字书写。
8. 整理图面及图线交、接、切处细节。

任务 1.2
实施提醒

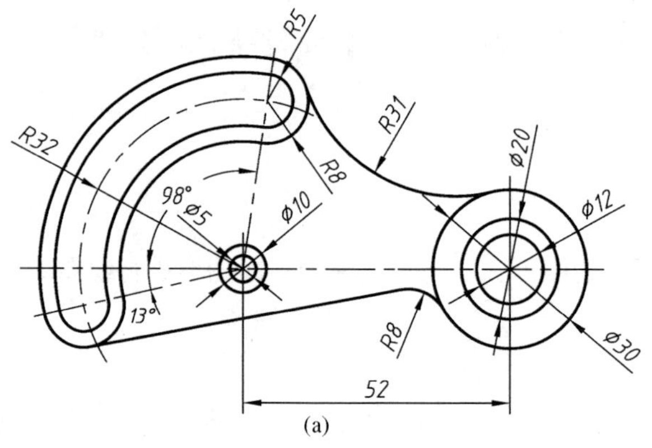
R5
R31
R32
R8
Φ20
98°
Φ5
Φ10
Φ12
13°
R8
Φ30
52
(a)

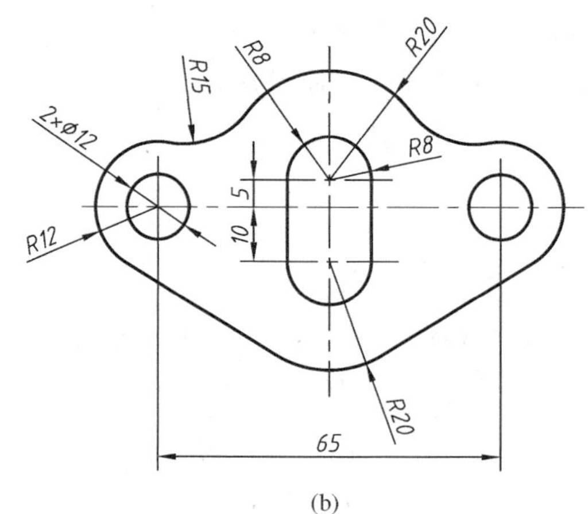
R8
R20
R15
2×Φ12
R8
5
10
R12
R20
65
(b)

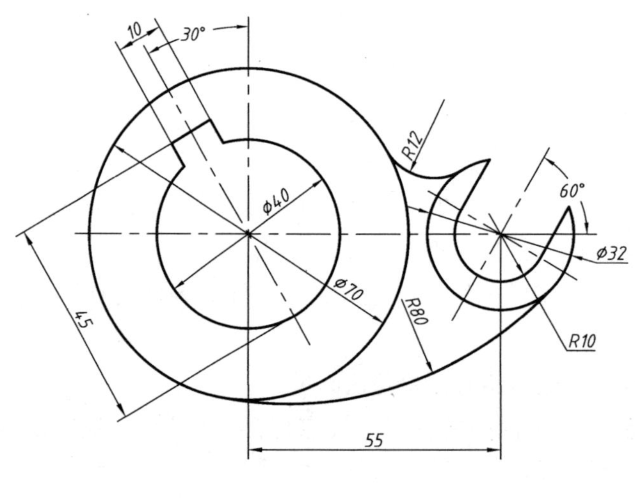
10
30°
R12
60°
Φ40
Φ32
Φ70
R80
45
R10
55
(c)

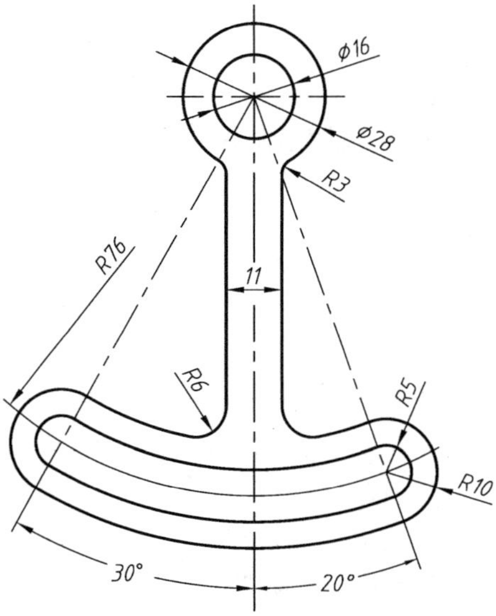

(d)

(e)

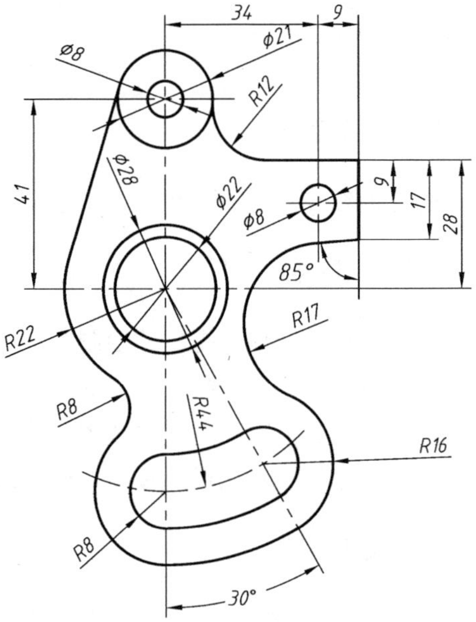

(f)

图 1.2　平面图形

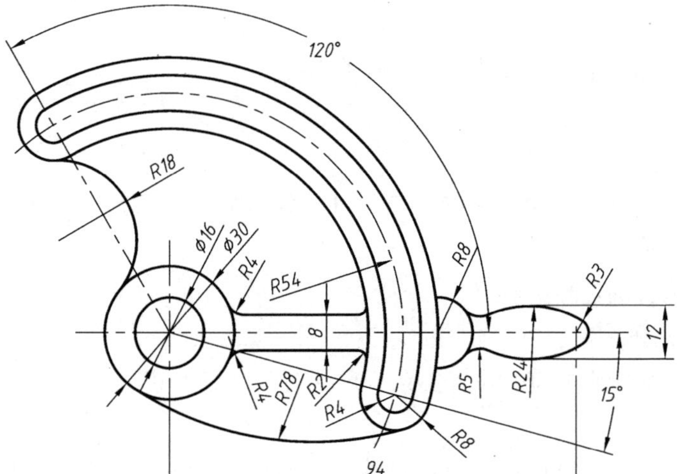

任务 1.3　简单形体三视图的绘制

一、教学情境

根据如图 1.3 所示的形体，自行选取 3 个形体进行三视图绘制并标注尺寸。

二、学习目标

1. 掌握简单形体三视图的绘制方法。
2. 熟练掌握绘图工具、仪器的正确使用方法。
3. 进一步掌握工程图样的作图方法与步骤。
4. 熟练掌握工程图样的尺寸标注方法。

三、实施过程

1. 选用 A3 图纸，横放，设置绘图比例为 1∶1，将图命名为“形体三视图”。
2. 严格遵守国家标准有关图幅、图线等规定，图面要整洁，视图布置要均匀美观，同类线型的图线应一致。
3. 阅读相关知识点：正投影特性，三视图的形成，形体三视图间的位置、尺寸关系。
4. 阅读国家标准中关于尺寸标注的有关内容。

四、实施方法

1. 根据画图比例和所绘图形的总体尺寸，计算后布置图形。三个形体的三视图图形布置要均匀美观。
2. 分析形体，确定绘图步骤。
3. 用细实线画底稿。
4. 形体的三面投影要符合位置关系、尺寸关系（长对正、高平齐、宽相等）、方位关系。
5. 描深图线。底稿完成后，应认真检查，确保投影关系无误后按照国家标准规定的图线标准进行描深。
6. 标注每个形体的尺寸。注意不要遗漏尺寸和重复标注尺寸。
7. 填写标题栏。标题栏中的图名、校名使用 10 号字，日期使用 3.5 号字，其余均使用 5 号字书写。
8. 整理图面及图线交、接、切处细节。

任务 1.3
实施提醒

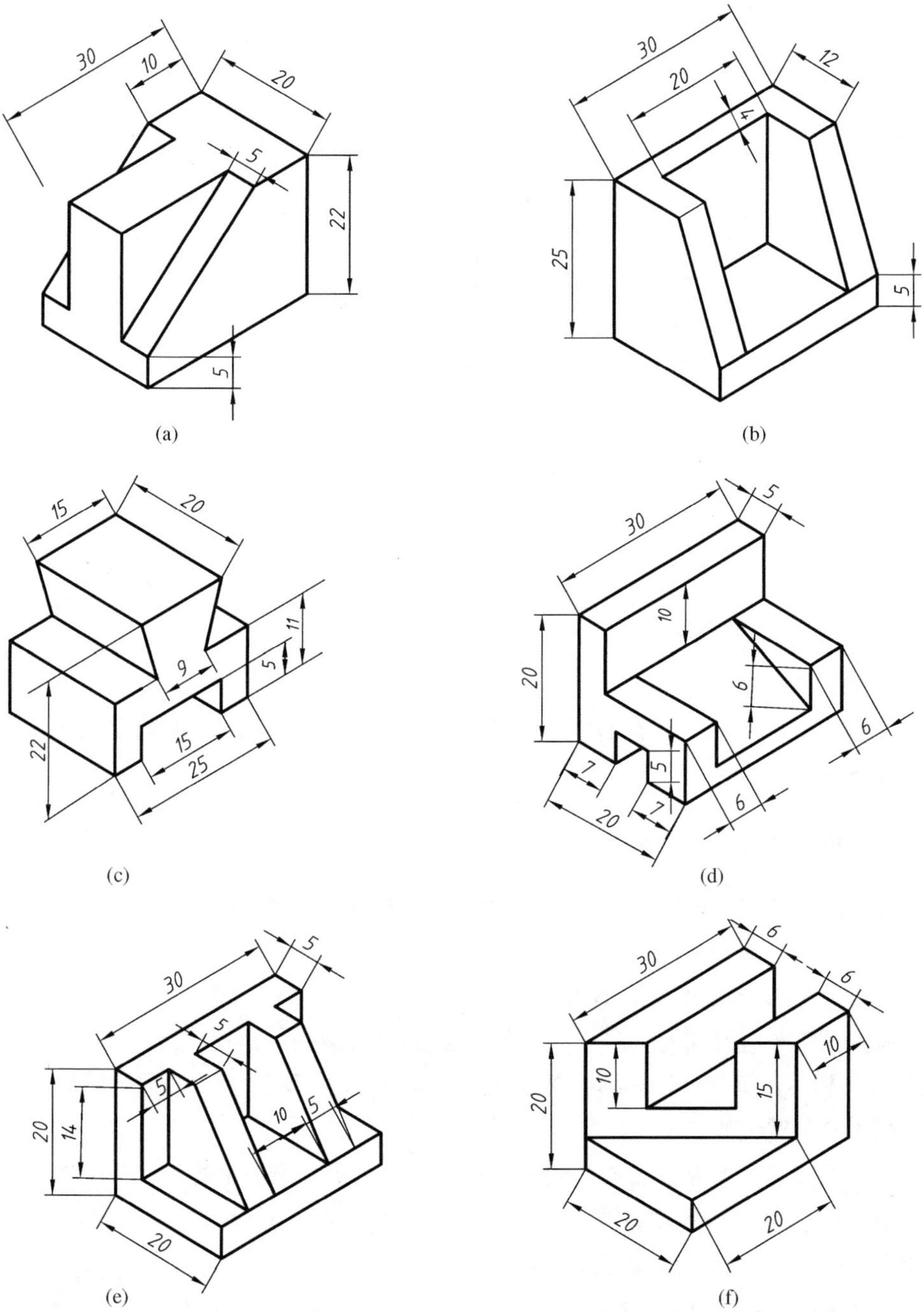

(a)　　(b)

(c)　　(d)

(e)　　(f)

图 1.3　简单形体的轴测图

任务 1.4　组合体三视图的绘制

一、教学情境

根据如图 1.4 所示的组合体，自行选取一个组合体绘制其三视图并标注尺寸。

二、学习目标

1. 熟悉应用形体分析法、线面分析法绘制组合体三视图的方法。
2. 熟悉组合体的尺寸标注方法。
3. 熟练掌握绘图工具、仪器的正确使用方法。
4. 熟练掌握工程图样的作图方法与步骤。

三、实施过程

1. 选用 A3 图纸，横放，设置绘图比例为 1∶1，将图命名为“组合体”。

2. 严格遵守国家标准中有关图幅、图线等规定，图面要整洁，视图布置要均匀美观，同类线型的图线应一致。

3. 正确标注各类尺寸。

4. 阅读相关知识点：组合体的形体分析法、画三视图应注意的问题与画图方法、尺寸标注方法。

四、实施方法

1. 选取主视图的投射方向。主视图的投射方向应能反映组合体的形状特征与位置特征。

2. 根据画图比例和所绘图形的总体尺寸，计算后布置组合体的三个视图。三个形体的三视图图形布置要均匀美观，各视图间要留有标注尺寸的空间。

3. 分析形体，确定绘图步骤。先用细实线画底稿。形体投影要符合尺寸关系：长对正、高平齐、宽相等。

4. 底稿完成后，应认真检查，投影无误后按照国家标准规定的图线标准进行描深。

5. 选择尺寸基准，标注各类尺寸，并认真检查是否遗漏尺寸。检查时可以分类检查，也可以按照长、宽、高方向进行检查。

6. 填写标题栏。标题栏中的图名、校名使用 10 号字，日期使用 3.5 号字，其余均使用 5 号字书写。

7. 整理图面及图线交、接、切处细节。

任务 1.4
实施提醒

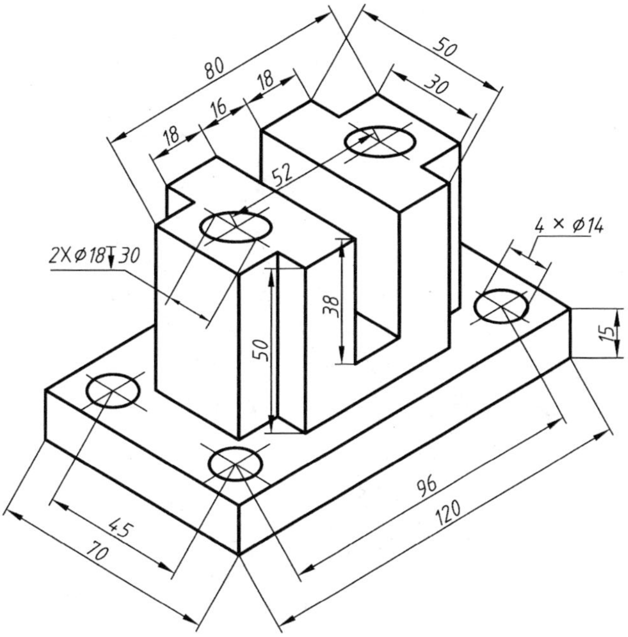

(a)

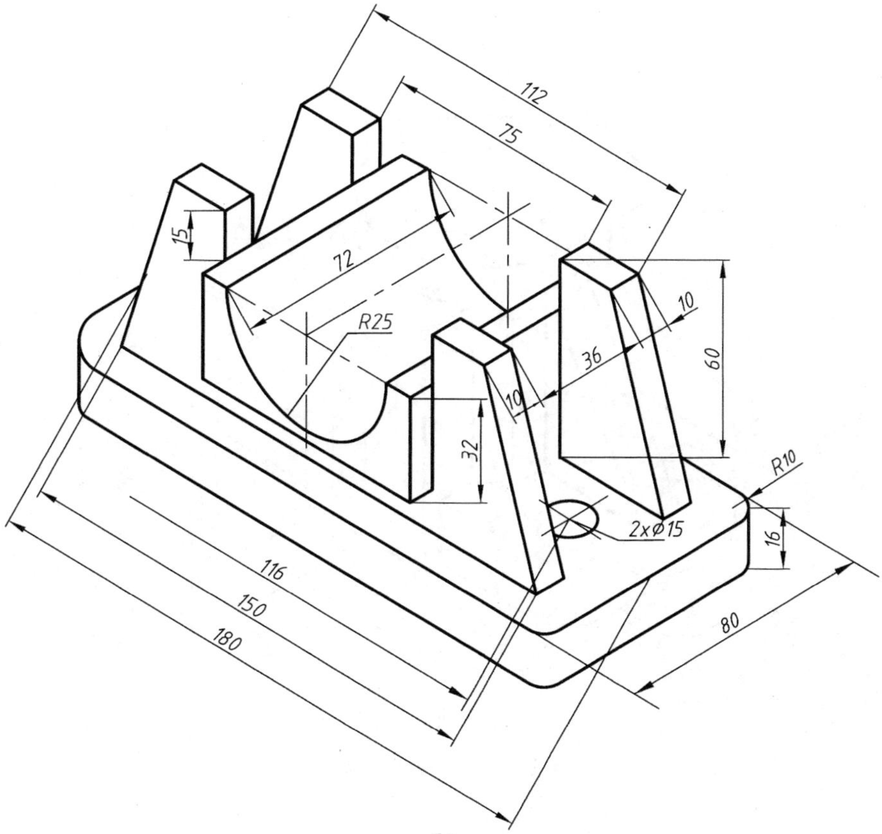

(b)

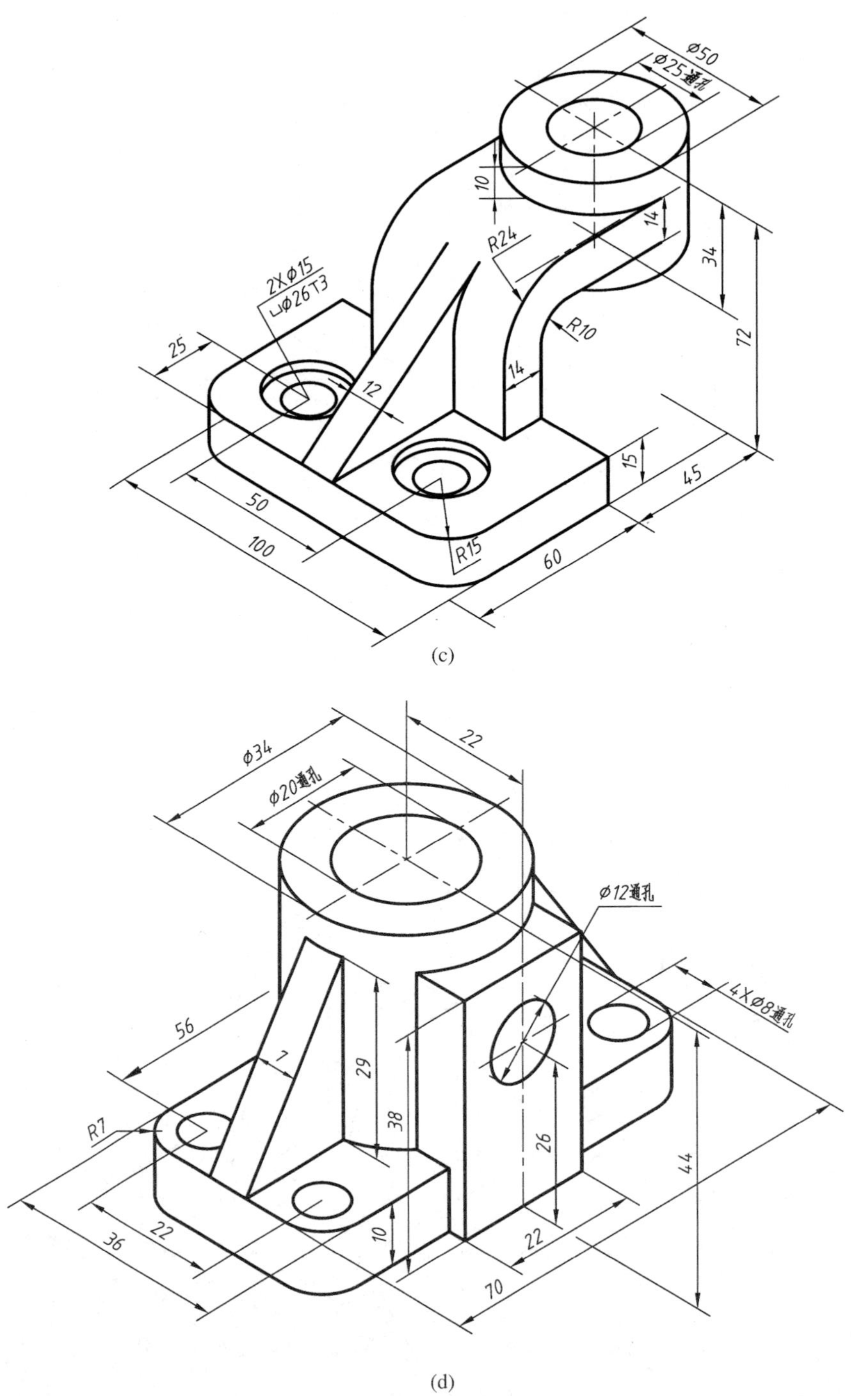

(c)

(d)

图 1.4　组合体的轴测图

任务1.5　机件表达方法的综合应用

一、教学情境

根据如图1.5所示的机件，自行选取一个机件，分析其形状与结构，综合应用机件的表达方法，完整、清晰地表达其内外形状，并标注尺寸。

二、学习目标

1. 综合运用各类表达方法表达机件的形状，提高绘制机件视图与剖视图的能力。
2. 掌握标注机件尺寸的方法。
3. 掌握使用工具、仪器绘制工程图样的方法与步骤。

三、实施过程

1. 选用A3图纸，横放，设置绘图比例为1∶1，将图命名为“箱盖”。
2. 严格遵守国家标准中有关图幅、图线等规定，图面要整洁，视图布置要均匀美观，同类线型的图线应一致。
3. 正确标注机件各类尺寸，尺寸标注要齐全且排列整齐。
4. 表达方法要恰当，视图的选择要合理、清晰。
5. 阅读相关知识点：国家标准中规定的各类表达方法的画法与应用、机件表达方法的选择原则、尺寸标注方法。

四、实施方法

1. 根据机件的两视图进行形体分析，想象机件的形状。
2. 至少列举两种表达方案，并进行对比，选取其中的最佳表达方案。
3. 根据画图比例和所绘图形的数量与机件总体尺寸，计算后布置机件的视图。机件视图图形布置要均匀美观，各视图间要留足标注尺寸的空间。
4. 确定绘图步骤，先画底稿。注意各视图的投影要符合尺寸关系：长对正、高平齐、宽相等。
5. 选择尺寸基准，如机件的底面、对称中心面、回转体的轴线，标注各类尺寸。
6. 底稿完成后，应认真检查，确保投影关系无误后按照国家标准规定的图线标准进行描深。
7. 填写标题栏。标题栏中的图名、校名使用10号字，日期使用3.5号字，其余均使用5号字书写。
8. 整理图面及图线交、接、切处细节。

任务1.5
实施提醒

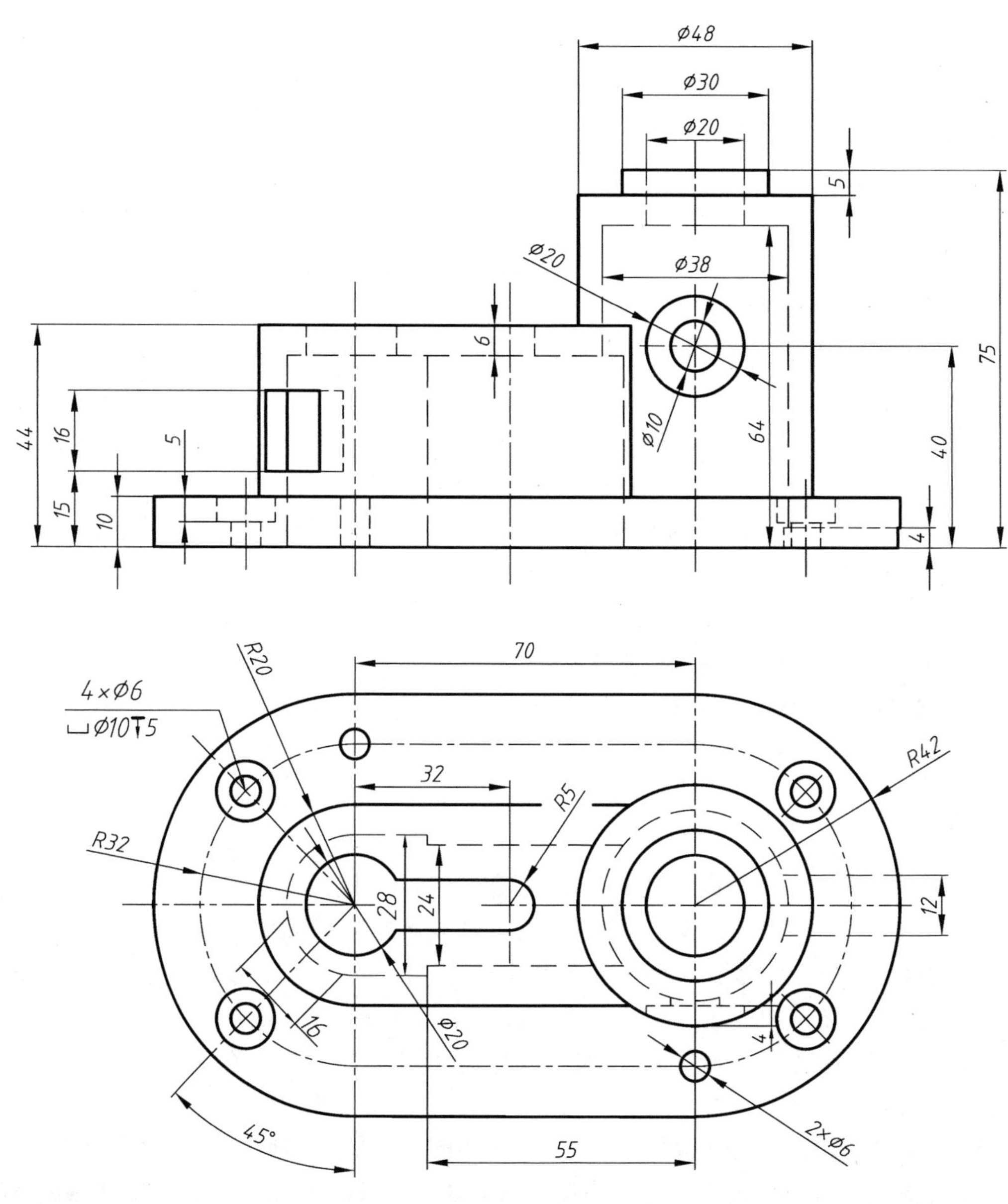

Ø48
Ø30
Ø20
5
75
Ø20
Ø38
6
44
16
5
15
10
Ø10
64
40
4
70
R20
4×Ø6
⌴Ø10↧5
32
R5
R42
R32
28
24
12
16
Ø20
4
45°
55
2×Ø6

(a)

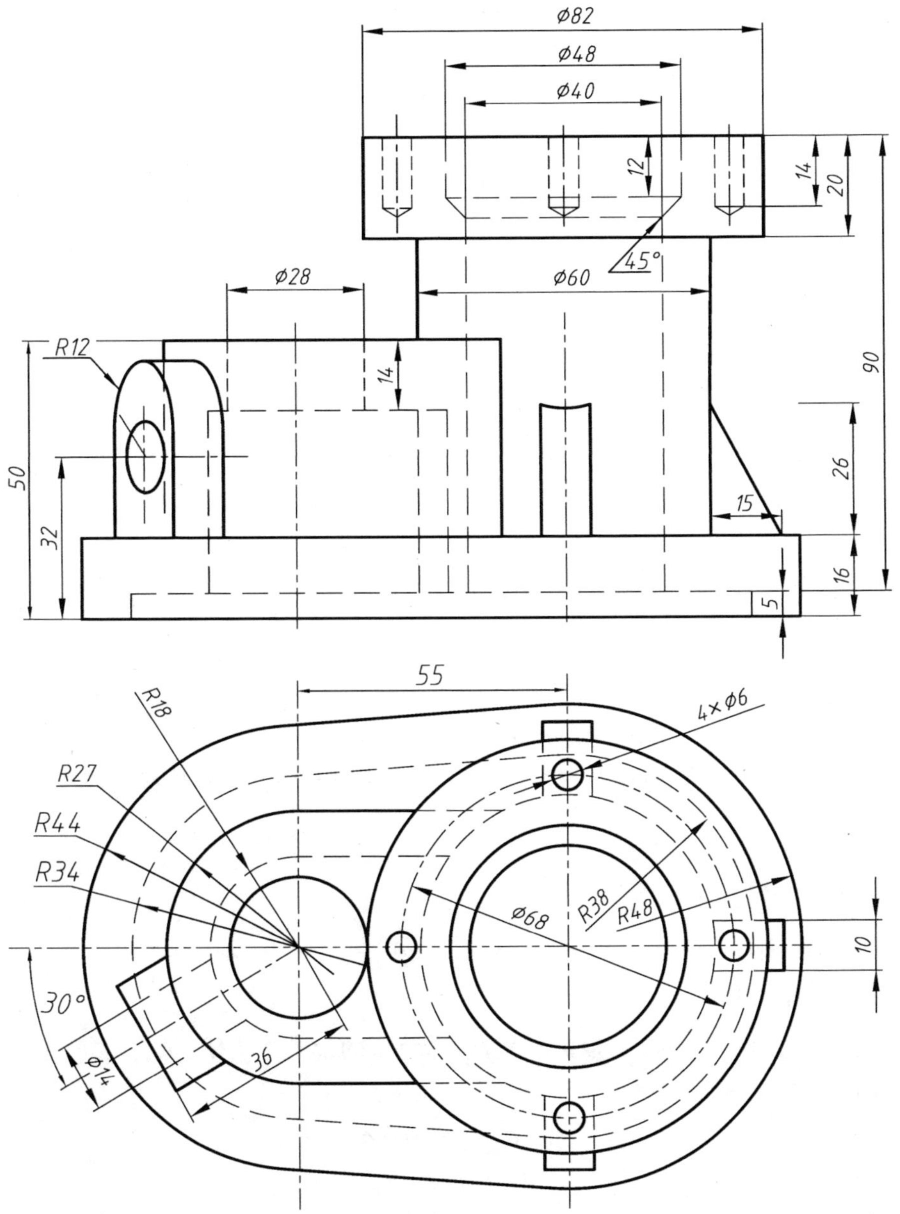

(b)

图 1.5　机件的两视图

任务1.6　螺栓与双头螺柱连接

一、教学情境

根据如图1.6所示的机件，选择适当的螺纹制件并将其连接起来，画出其连接图。自行选择其一作图。

二、学习目标

1. 掌握螺栓或双头螺柱连接的简化、规定画法。
2. 掌握螺纹标准件的应用及标记方法。
3. 熟悉螺栓或双头螺柱连接图的画法。

三、实施过程

1. 选用A3图纸，横放，设置绘图比例为1：1，将图命名为“螺栓连接”或“双头螺柱连接”。
2. 表达方法要合理。
3. 视图布置要均匀，并标注必要的尺寸。
4. 阅读相关知识点：螺纹制件的选用方法、标记方法、螺栓连接及双头螺柱连接的简化画法。

四、实施方法

1. 根据视图所给图示条件，选用适当的连接方式。
2. d、l值的计算。

根据孔径=1.1d，计算d；根据配套教材所示l的公式，计算l值，对得到的l值圆整取国家标准值。

螺栓连接：　　$l \geqslant \delta_1+\delta_2+h+m+a$

双头螺柱连接：　　$l \geqslant \delta+h+m+a$

3. 根据d值查表确定螺纹制件的类型和各部分尺寸，或者按照比例算出画螺纹制件图所需要的尺寸。
4. 将主视图画成剖视图形式，俯、左视图画成基本视图形式。
5. 布置视图，绘制底稿。
6. 标记标准件与标注尺寸。按照国家标准规定的形式标记螺纹制件，标注被连接件的必要尺寸。
7. 检查视图无误后，描深图线。

8. 填写标题栏。标题栏中的图名、校名使用 10 号字，日期使用 3. 5 号字，其余均使用 5 号字书写。

9. 整理图面及图线交、接、切处细节。

任务 1.6 实施提醒

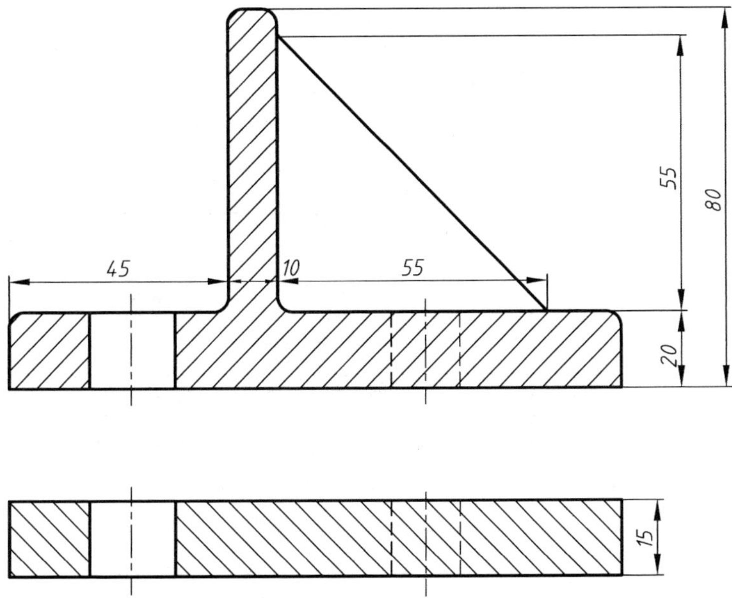

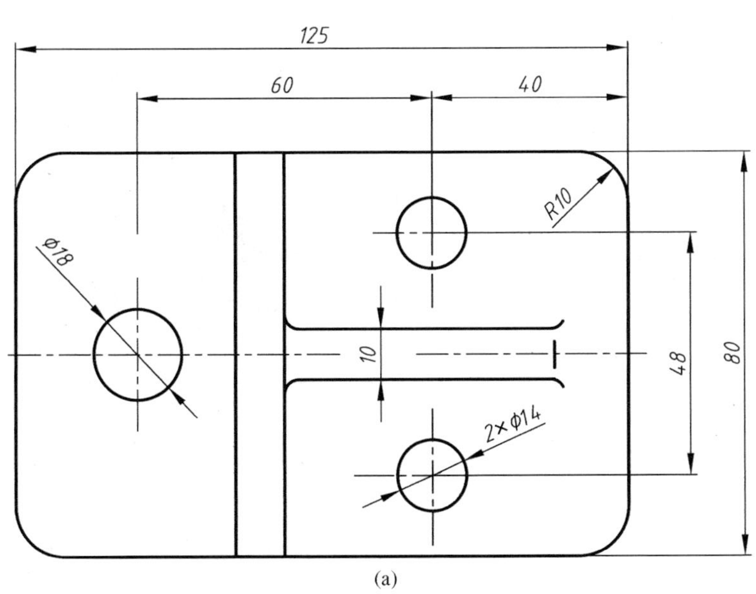

(a)

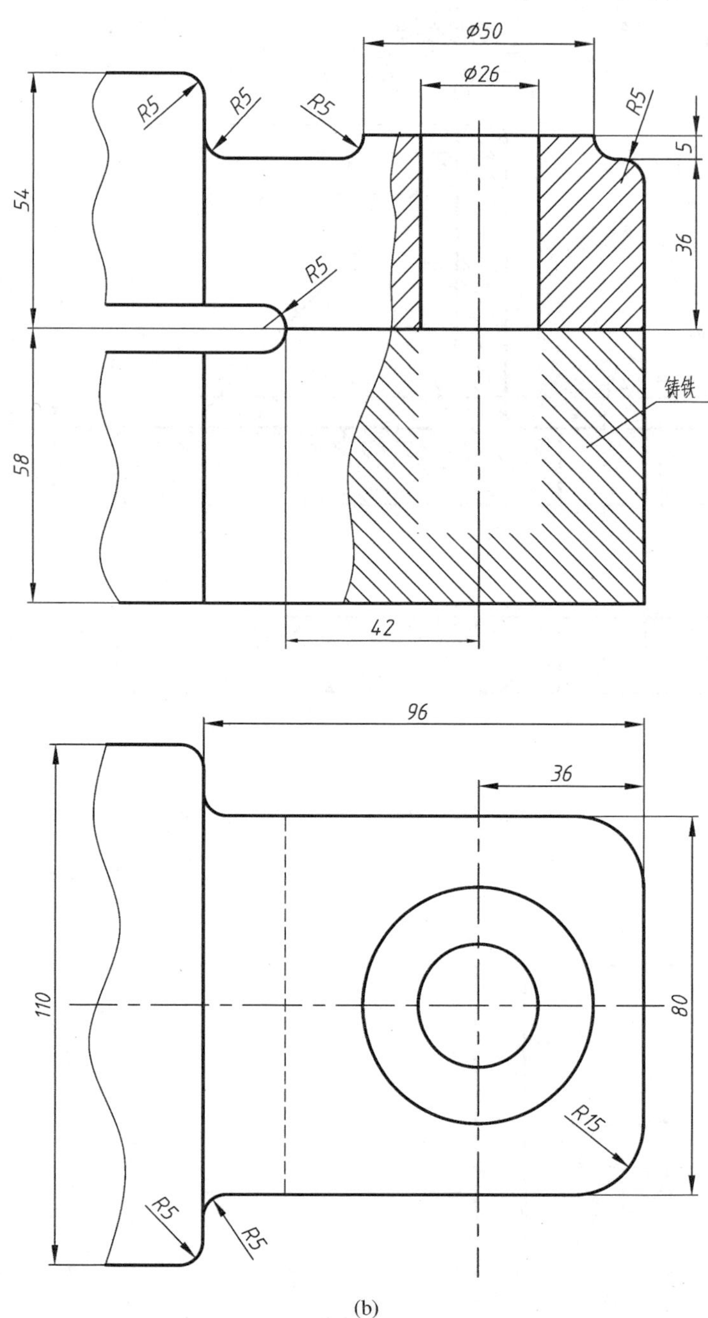

(b)

图 1.6　机件的两视图

任务1.7　零件图的绘制

一、教学情境

阅读如图1.7所示的夹具体的零件图，将其绘制在图纸上。

二、学习目标

1. 熟悉零件图上的内容。
2. 熟悉识读零件图的基本方法。
3. 熟悉绘制零件图的基本方法与步骤。
4. 提高零件图的识读与绘图能力。

三、实施过程

1. 选用图纸大小，设置绘图比例为1∶1，将图命名为“夹具体”，其材料为HT150。

2. 阅读相关知识点：图样画法及零件图的内容、读图及绘图方法、尺寸标注、技术要求的标注方法。

3. 仔细阅读零件图，回答思考题。

4. 仔细识读图上的每个细节，将所有内容绘制在图纸上。

5. 正确标注尺寸、技术要求。

四、实施方法

1. 根据绘图比例及零件的总体尺寸，选用合适的图幅尺寸。

2. 阅读夹具体的零件图，看懂投影关系与图上的每个细节。

3. 选择绘图基准，绘制基准线，合理布置各视图。

4. 绘制底稿。保证图上的投影关系正确无误。

5. 标注尺寸与技术要求。尺寸与技术要求的标注要符合国家标准。

6. 检查。重点检查视图线型及投影关系是否正确，尺寸、技术要求的标注是否有遗漏。

7. 描深图线。按照先圆后线、先大后小、先水平后垂直的顺序描深图线，注意直线与圆弧线宽的一致性、同类线型的一致性。

8. 填写标题栏。标题栏中的图名、校名使用10号字，日期使用3.5号字，其余均使用5号字书写。

任务1.7
实施提醒

9. 整理图面及图线交、接、切处细节。

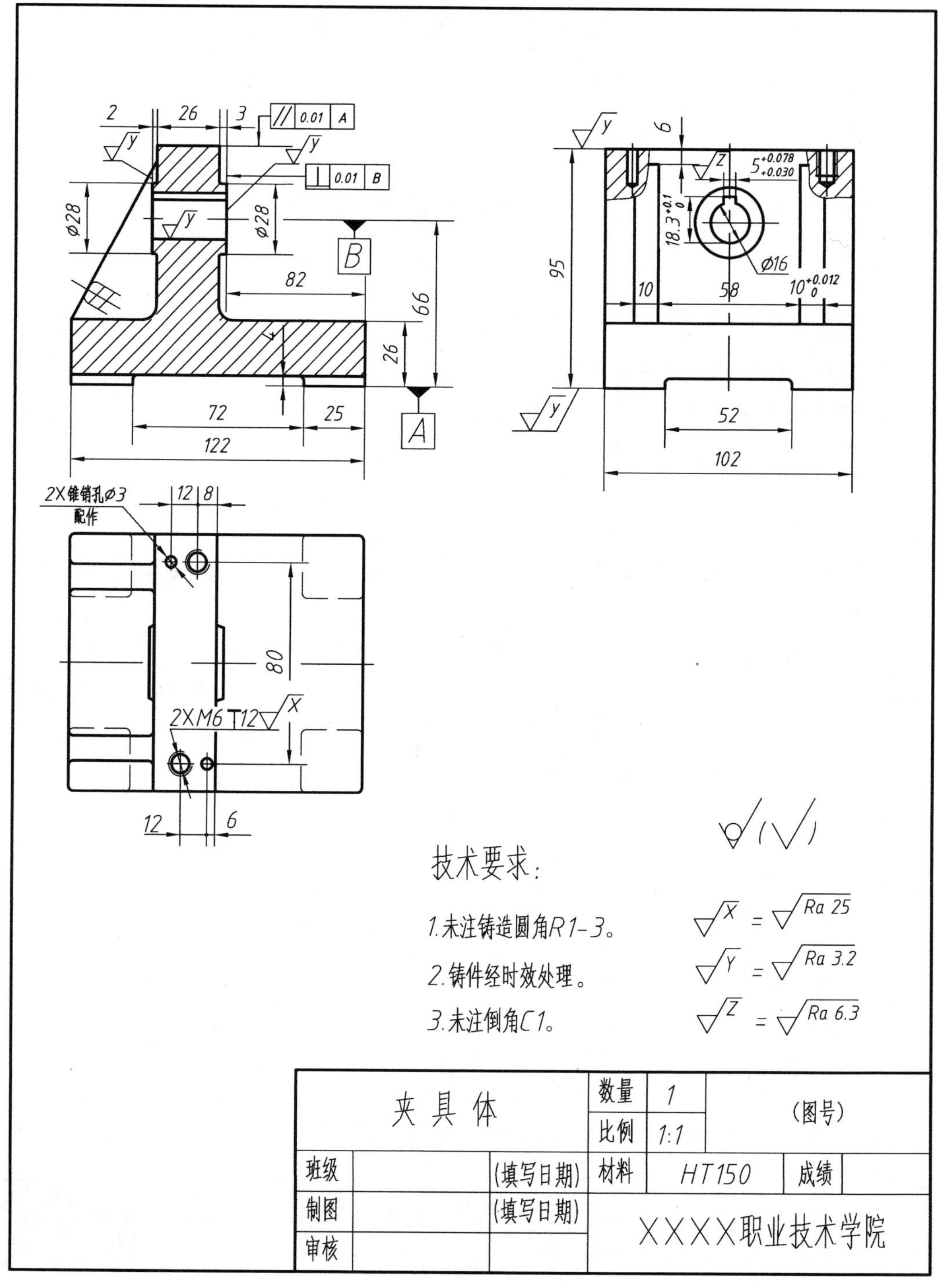

图 1.7　夹具体的零件图

五、思考题

1. 夹具体所采用的表达方法：________________________________。
2. 该夹具体的总体尺寸，长__________，宽__________，高__________。
3. 俯视图的四个虚线框表示__________，尺寸为____________________。
4. 三角形的支撑筋板有______个，尺寸为____________________。
5. 销孔有______个，其定形尺寸为______，定位尺寸为______________。
6. 螺纹孔有______个，其定形尺寸为______，定位尺寸为______________。
7. ϕ16 孔的形状为__________，其定形尺寸为____________________，定位尺寸为________________________。
8. [// | 0.01 | A] 表示________________________________。
9. [⊥ | 0.01 | B] 表示________________________________。
10. 粗糙度 $\sqrt{Ra\ 3.2}$ 的表面有________________________________。
11. 粗糙度 $\sqrt{Ra\ 6.3}$ 的表面有________________________________。
12. 符号 ∅√ (√) 表示________________________________。

任务 1.8 由机件轴测图绘制零件图

一、教学情境

根据如图 1.8 所示的机件轴测图绘制零件图。

二、学习目标

1. 掌握零件图上的内容。
2. 掌握零件表达方案的选用原则。
3. 掌握绘制零件图的基本方法与步骤。
4. 进一步提高机件表达方法的综合应用与零件图的绘制能力。

三、实施过程

1. 阅读相关知识点：图样画法、零件的表达方案选用原则、典型零件的结构分析、技术要求的标注、尺寸标注。

2. 选用 A3 图纸，设置绘图比例为 1∶1，任选其一作图。轴的材料为 45，阀体的材料为 HT150。

3. 选用合适的表达方案，均匀布置视图。

4. 正确标注尺寸、技术要求。

四、实施方法

1. 分析零件的结构形状与特点。

2. 查阅相关资料，阅读同类零件的表达方案。

3. 至少列出两组该机器零件的表达方案，经对比后优选其中最佳的表达方案。

4. 布置视图。选择作图基准线，根据所绘视图的数量布置各视图位置，要留足标注尺寸与技术要求的空间。

5. 绘制底稿。

6. 正确标注机件的尺寸、技术要求。

7. 检查。仔细检查所绘视图的投影关系是否正确，尺寸标注与技术要求的标注是否遗漏。

8. 描深图线。注意同类线型的一致性。

9. 填写标题栏。标题栏中的图名、校名使用 10 号字，日期使用 3.5 号字，其余均使用 5 号字书写。

10. 整理图面及图线交、接、切处细节。

任务 1.8
实施提醒

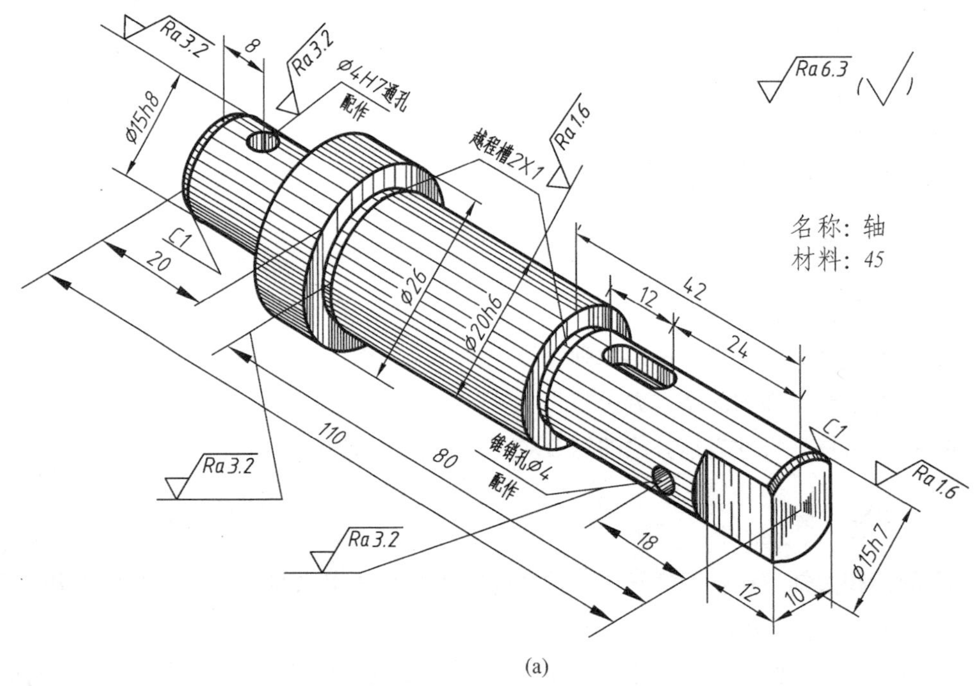

(a)

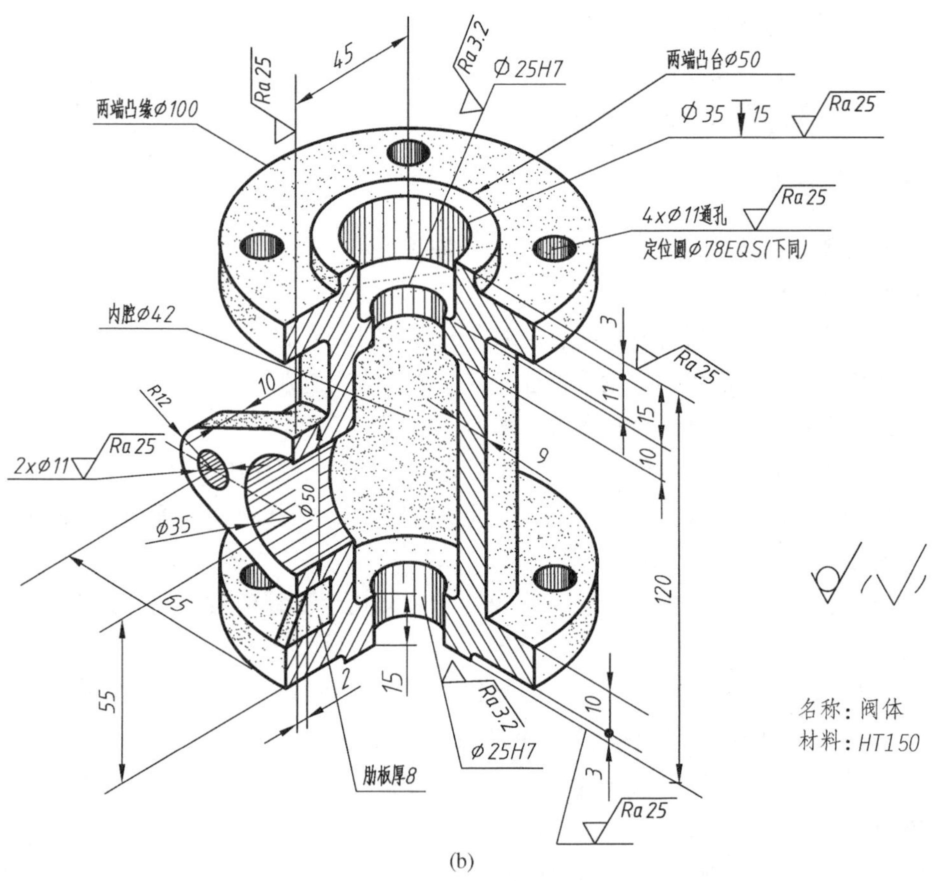

(b)

图1.8　机件轴测图

任务1.9　由零件图绘制装配图

一、教学情境

根据如图1.9所示台虎钳的装配示意图和零件图绘制其装配图。

二、学习目标

1. 熟悉装配图的内容。
2. 掌握装配图的表达方法。
3. 掌握绘制装配图的一般方法与步骤。

三、实施过程

1. 选用A3图纸，横放，设置绘图比例为1∶1，将图命名为“台虎钳”。
2. 选用最佳表达方案，将台虎钳的工作原理和装配关系表达清楚。

3. 标注尺寸与技术要求。

4. 图面整洁，布置合理，线型符合国家标准。

5. 阅读相关知识点：装配图的内容、表达方法、绘图方法及应注意的问题。

四、实施方法

1. 阅读装配示意图，了解装配体的工作原理，将零件图序号与示意图对照，分析装配体的复杂程度与大小。

2. 阅读零件图，分析各零件的装配顺序、零件间的装配关系及连接方式。

3. 先确定主视图的表达方案，再选择其他视图的表达方案。

4. 绘制图形的基准线，合理布置各视图。

5. 从主视图的固定钳身画起，按照投影规律、装配的顺序依次绘图。

6. 两相邻零件的剖视图剖面线方向、间隔应不同，两接触面、配合面、非接触面绘制一条线，非配合面绘制两条线。

7. 标注总体尺寸、配合尺寸、性能尺寸、安装尺寸、其他重要尺寸。两护口板的最大距离为 70。

8. 填写技术要求，如安装要求、使用要求、检验要求等。

9. 编写零件的序号，绘制标题栏和明细表。标题栏中的图名、校名使用 10 号字，日期使用 3. 5 号字，其余均使用 5 号字书写。

10. 检查无误后描深图线。

11. 整理图面及图线交、接、切处细节。

任务 1.9 实施提醒

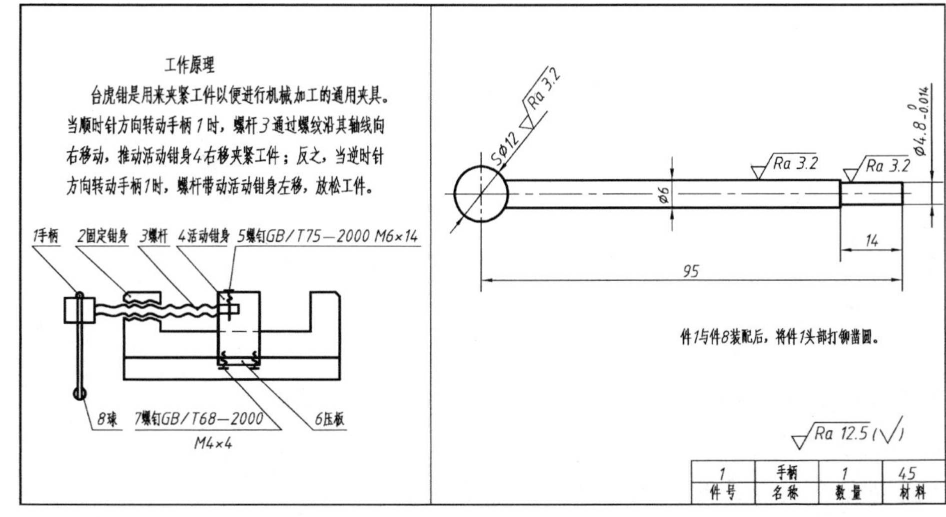

1	手柄	1	45
件号	名称	数量	材料

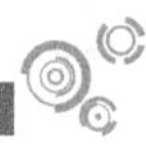

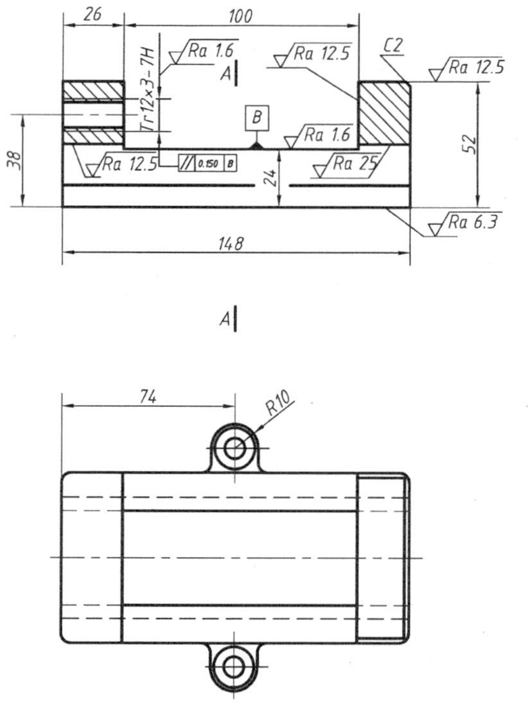

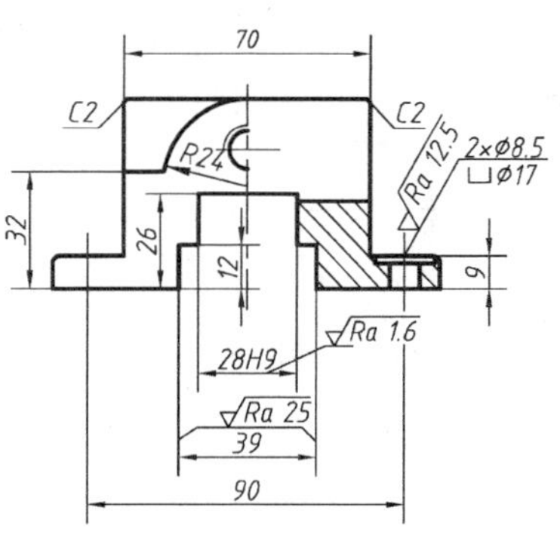

技术要求：

未注圆角R2~R4。

2	固定钳身	1	HT200
件号	名称	数量	材料

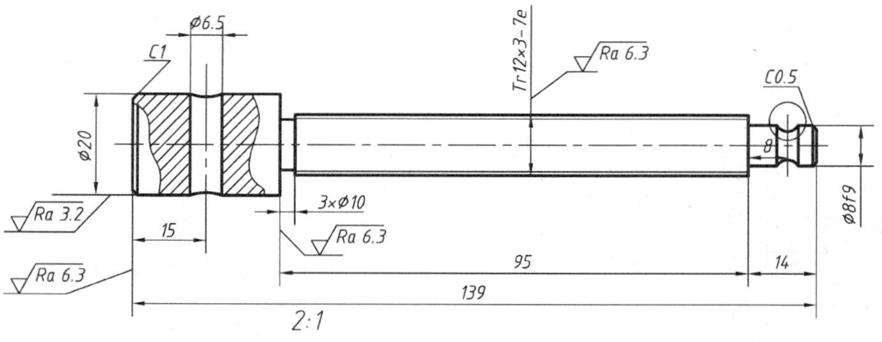

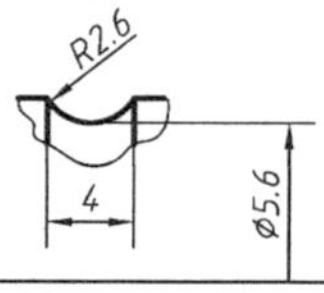

Ra 12.5 (√)

3	螺杆	1	45
件号	名称	数量	材料

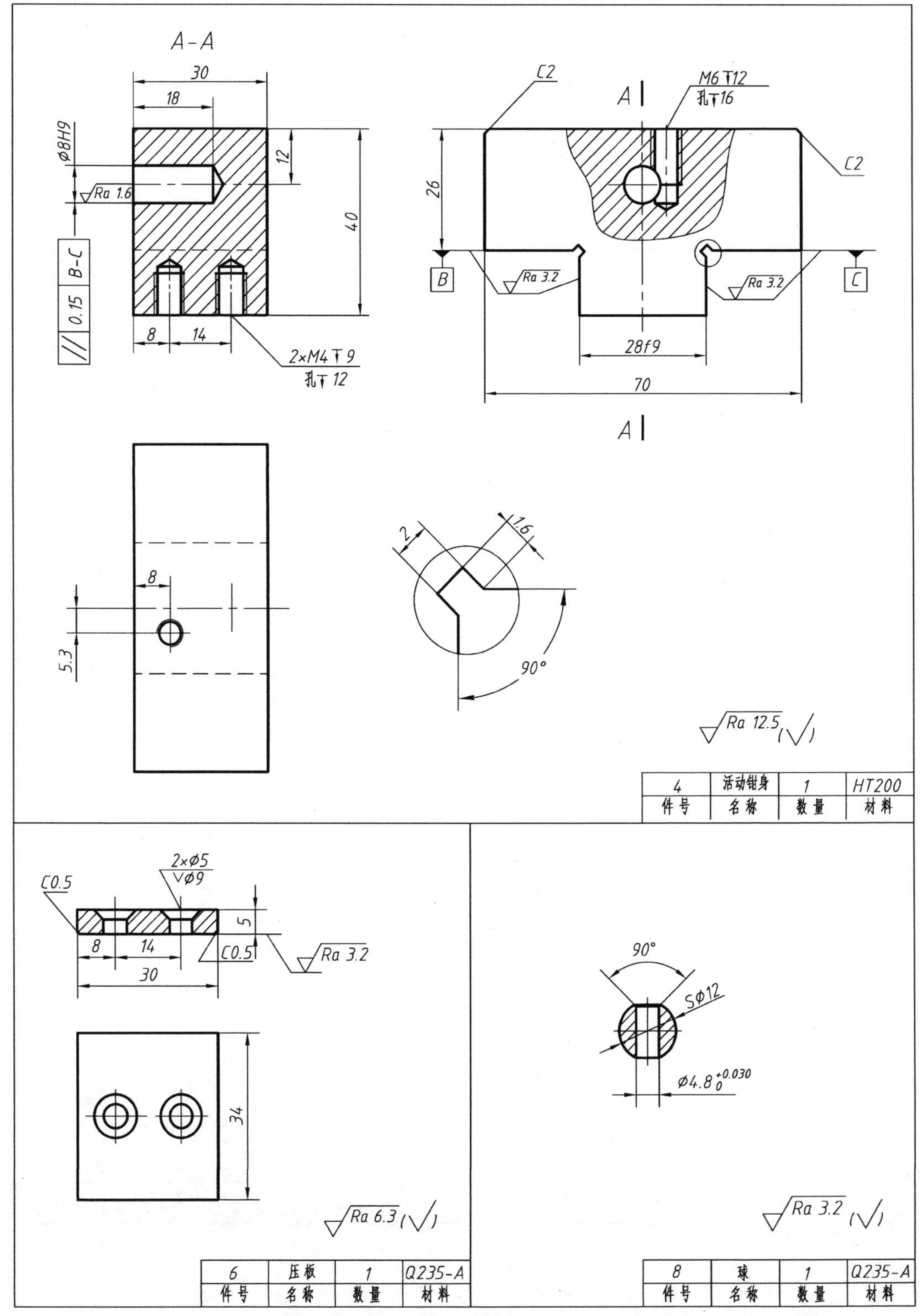

图 1.9　台虎钳的装配示意图和零件图

任务 1.10　由装配图拆画零件图

一、教学情境

根据如图 1.10 所示的钻模装配图，进行识读后拆画底座和钻模板的零件图。

二、学习目标

1. 体会从装配图上拆画零件图的过程。
2. 掌握装配图的识读方法。
3. 熟悉由装配图拆画零件图的方法与步骤。
4. 进一步掌握零件图的内容与绘图方法。

三、实施过程

1. 阅读相关知识点，查阅有关资料，识读钻模装配图。
2. 设置绘图比例均为 1∶1，请自选标准图幅 2 张，用来绘制零件底座和钻模板。
3. 确定零件的表达方案，要求简单、明了，将零件的结构表达清楚。
4. 确定零件的尺寸与技术要求。
5. 保持图面整洁，视图布置要合理。线型、尺寸标注、技术要求的选择均应符合国家标准。

四、实施方法

1. 了解钻模的工作过程及有关知识点，如机件的表达方法、尺寸标注、技术要求的标注、装配图的内容、识读装配图的方法、拆画零件图的方法与步骤等。

2. 阅读钻模装配图，分析各零件的装配顺序、零件间的装配关系及连接方式。

3. 按照投影关系，根据剖面线的不同，将要拆画的零件分离出来，根据该零件在装配图中的投影及相邻零件之间的关系想象零件的结构形状。

4. 根据零件的特点和视图的表达原则，综合各因素，确定所拆画零件的表达方案。

5. 绘制图形的基准线，合理布置各视图。

6. 对零件的结构、形状表达不完整的部分，应该根据零件的作用和工艺要求，查阅相关资料与手册后补全，如倒角、倒圆、退刀槽、越程槽、轴的中心孔等。

7. 确定零件尺寸，选择尺寸基准标注尺寸。零件尺寸确定方法：对装配图中已经标注的尺寸直接抄注在零件图上；对标准的工艺结构，查阅标注手册后再标注；某些尺寸应该根据装配图所给定的数据，通过计算确定，如齿轮的分度圆直径；装配图中没有标注的尺寸，按照装配图的比例在图上直接量取并加以圆整后标注。

8. 确定零件的技术要求，并在图样上标注相关技术要求。

9. 检查无误后描深图线。

10. 填写标题栏。标题栏中的图名、校名使用 10 号字，日期使用 3.5 号字，其余均使用 5 号字书写。

11. 整理图面及图线交、接、切处细节。

任务 1.10 实施提醒

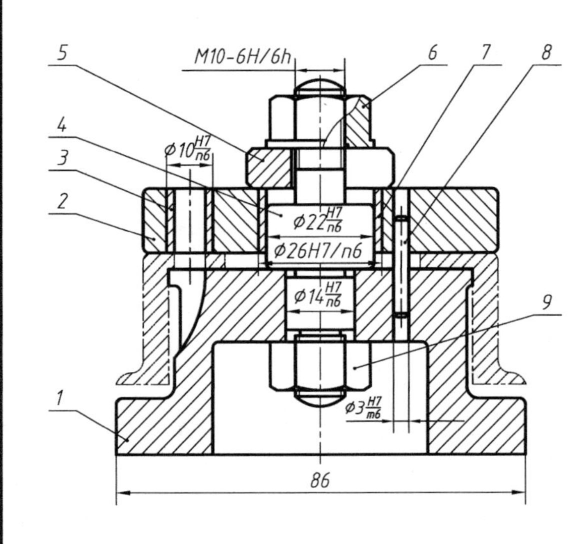

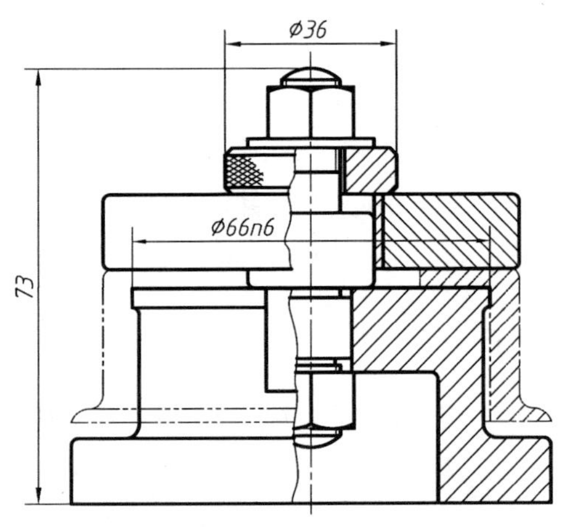

工作情况说明

钻模用于装夹、定位工件（图中双点画线所示的部分），以便钻头在工件上钻孔。钻孔前把工件放在底座（件1）上，装上钻模板（件2），钻模板用圆柱销（件8）定位后，将开口垫圈（件5）放置在钻模板（件2）上，并用特制螺母（件6）压紧。钻头通过钻套（件3）的内孔导向，准确地在工件上钻孔。

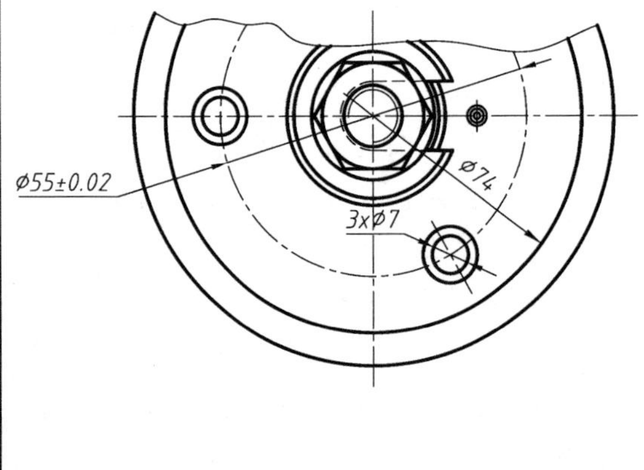

9	螺母M10	1	35	GB/T 6170—2000
8	圆柱销3x28	1	40	GB/T 119.1—2000
7	衬套	1	45	
6	特制螺母	1	35	
5	开口垫圈	1	35	
4	轴	1	45	
3	钻套	3	T8	
2	钻模板	1	45	
1	底座	1	HT200	
序号	名　称	件数	材 料	备　注

钻　模		件数		（图号）
		比例	1:1	
班级	日期	重量		成绩
制图		XXXX职业技术学院		
审核				

图 1.10　钻模装配图

项目2 AutoCAD绘图能力训练

任务2.1 基本绘图命令

一、学习目标

1. 了解 AutoCAD 的界面组成。

（1）掌握 AutoCAD 的启动及退出的方法。

（2）熟悉 AutoCAD 的对话框和工具栏的使用方法。

（3）掌握利用菜单和命令方式建立、保存和打开图形文件的方法。

2. 掌握命令的输入过程及命令选项的选择方法。

（1）掌握 AutoCAD 中二维图形的三种坐标表示方法。

（2）熟悉点、线、圆、圆弧、多段线、矩形、多边形等基本命令的调用方法。

二、过程与方法

CAD 基本操作 1

CAD 基本操作 2

CAD 基本操作 3

1. AutoCAD 的界面。

（1）开机，在 Windows XP 或 Windows 7 下，分别尝试使用两种启动方式进入 AutoCAD 界面。

（2）了解 AutoCAD 用户界面的组成。

（3）逐项选择各个菜单，了解 AutoCAD 的基本结构；掌握打开、关闭、移动、固定和改变工具条的方法。

（4）尝试使用下拉菜单、键盘输入和点击标准工具条按钮三种方式绘制直线、圆，并使用不同的命令输入方式建立、保存和打开图形。

特别提示

（1）下拉菜单几乎包含了所有 AutoCAD 绘图命令，但比应用工具栏烦琐。而工具栏只是列出了最常用的命令，没有下拉菜单齐全。通过自定义操作，可以将工具栏没有的命令按钮显示出来。

（2）快捷菜单称为上下文关联菜单，在绘图区域、工具栏、状态栏、模型与布局选项卡及一些对话框上单击鼠标右键弹出，快捷菜单中显示的命令与 AutoCAD 的当前状态有关，使用其可以快捷、高效地完成一些操作。

2. 常用的绘图命令操作。

为了快速绘图，请记住各常用命令的快捷方式。

（1）点击“格式”下拉菜单，设置好点的样式。画一条长度为 100 mm 的线段，并将其等分成 6 段（定数等分）；画一段圆弧，并将其等分为三段；画一条长度为 170 mm 的线段，并将其按照 20 mm 的距离进行等分（定距等分），如图 2. 1 所示。

命令输入方式：在“绘图”下拉菜单中选择“点”；或在工具栏上点击点的图标。

特别提示

注意观察利用定距等分命令绘制点时，等分的起点与用鼠标选取对象时点击的位置有关，如鼠标光标靠近右端点，点击选取直线，其结果以直线的右端点为等分起点。

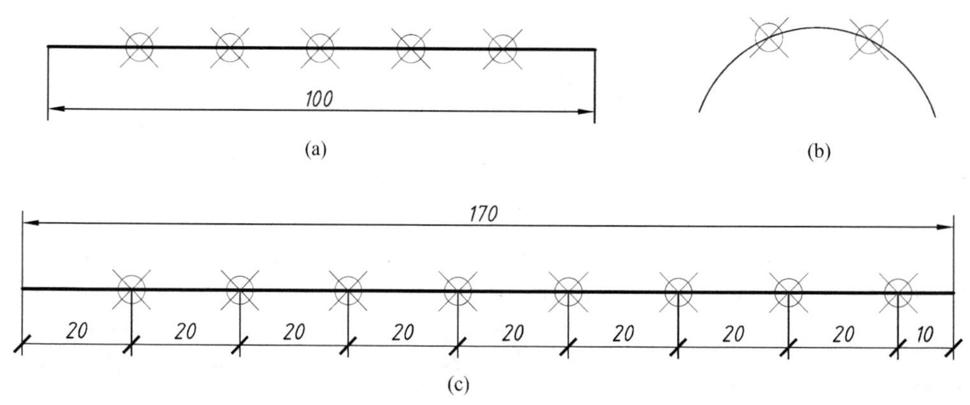

图 2. 1　点的式样与等分

（2）按照如图 2. 2 所示的要求绘制图形，并存盘保留。

线型比例、点与等分

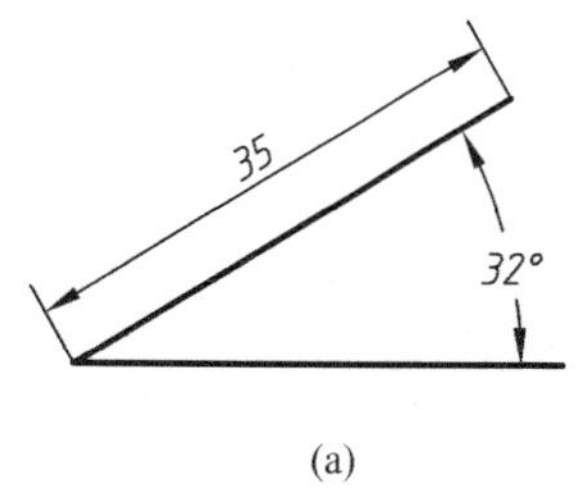

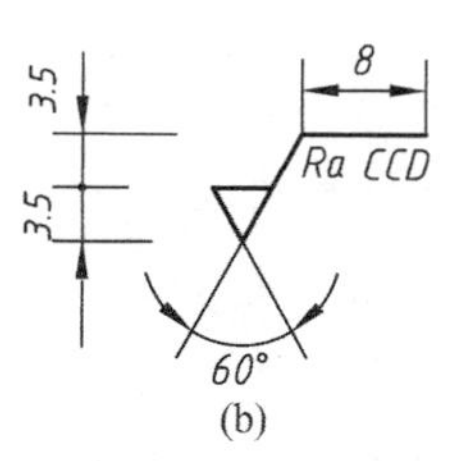

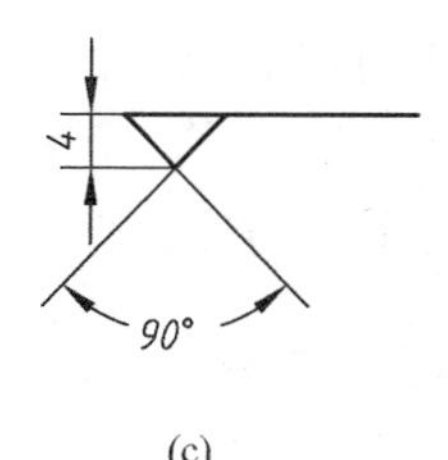

图 2. 2　画线捕捉与极轴

特别提示

刚开始学习时，可将状态栏设置成用汉字显示命令的状态。将鼠标放在状态栏，右击鼠标，点击汉显图标。利用“草图设置”对话框，设置极轴追踪增量角度，并点击“用所有极轴角设置追踪”。

在精确绘图时一般不开启栅格显示和捕捉模式。对象捕捉是捕捉对象的特征点，只有在执行命令而且要求指定点的时候才进入捕捉状态。可以自动对象捕捉，也可以手动对象捕捉或临时对象捕捉。

如果对所要绘制的图形不知道具体的追踪角度方向，但指定与其他对象有某种关系（如相交），则使用对象捕捉追踪；如果想指定要追踪的角度方向，则使用极轴追踪。对象捕捉追踪和极轴追踪可以同时使用。

在绘制直线时，可以连续画线，使用回车键或空格键结束命令。输入“U”或“放弃”命令，可以取消刚绘制的线，如果图形没有保存，可以连续回退。输入“C”，可以使绘出的折线封闭并结束命令操作。如果要画水平线或铅垂线，可以开启正交模式，将光标放在合适的位置和方向，直接输入直线的长度。如果要准确画线到某一特定点，可用对象捕捉工具。

（3）绘制ϕ20 mm 的圆，练习绘制圆的几种方法（2P、3P、TTR 等，图 2.3）。

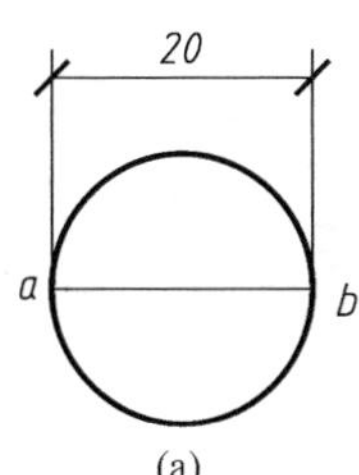

(a)

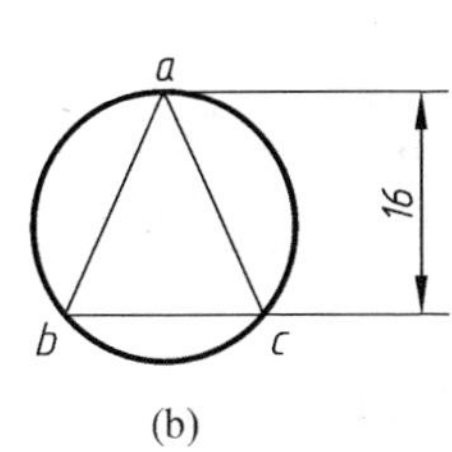

(b)

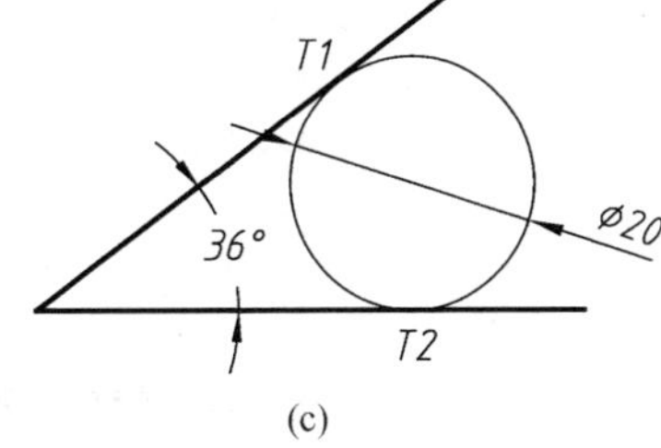

(c)

图 2.3 绘制圆的几种方法

特别提示

应根据图形情况选择正确的绘圆方式，如输入半径或直径值无效，此时，应注意看命令行的提醒就知道原因。

在圆弧连接中经常使用相切绘制圆的方式，相切对象可以是直线、圆、圆弧、椭圆等图线。

使用 TTR（相切、相切、半径）或 A（相切、相切、相切）命令时，系统总是在距离拾取点最近的部位绘制相切的圆。拾取相切对象时，所拾取的位置不同，最后得到的结果也不同，即内切和外切的形式不同。

命令过程与圆命令

（4）练习绘制圆弧的各个方法及“圆弧”“圆角”命令的使用方法（图 2.4）。

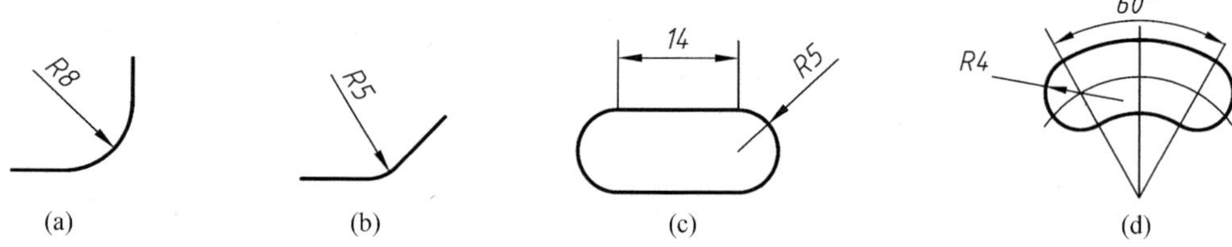

图 2.4　使用“圆弧”“圆角”命令绘制圆弧

特别提示

绘制圆弧有 11 种方法，根据所绘制的图形选择合适的方式。有些圆弧不适合用“圆弧”命令绘制，可以画出等半径的圆后修剪成圆弧。AutoCAD 默认按照逆时针方向绘制圆弧。可以采用修剪模式下的“圆角”命令，但事先要输入“R”设置好圆角半径。

（5）分别用绝对坐标、相对坐标、“矩形”命令绘制矩形，并倒角 C3、倒圆 R3，如图 2.5 所示。

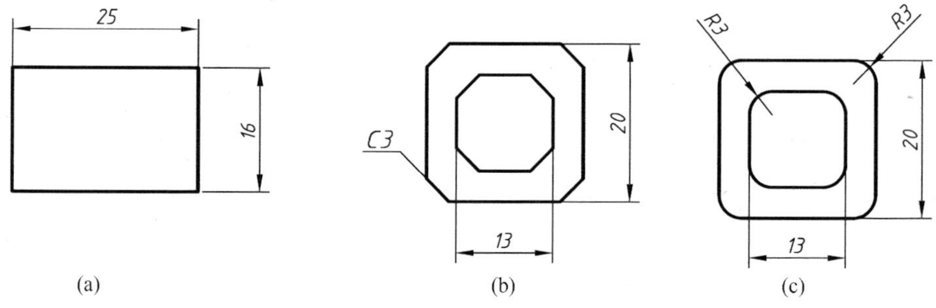

图 2.5　使用“矩形”“倒角”“倒圆”命令绘制图形

特别提示

射线、矩形、多边形命令

输入多个坐标值时一定要用英文状态下的逗号隔开，不能用中文状态下的逗号隔开。输入坐标值时不能加括号。在输入极坐标时，度数符号“°”不需要输入。

相对坐标值前加“@”，坐标值和角度前可以加入“-”号，表示按照坐标正方向相反的方向绘图。

绘制水平线、铅垂线一般不使用坐标输入，而是在正交模式下指定第一点后，将鼠标放在第一点左右或上下位置，直接输入直线的长度值。

使用“矩形”命令时，可以进行倒角、圆角设置，一次画出带倒角或圆角的图形。

（6）使用“正多边形”命令，按照不同的方式绘制如图 2.6 所示的图形。

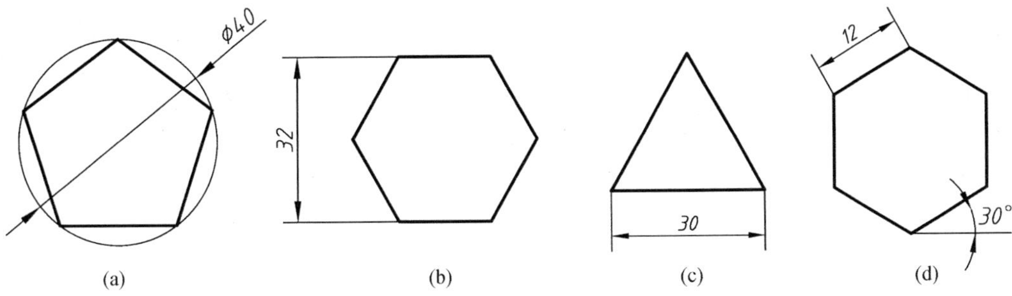

图 2.6　使用“正多边形”命令绘制图形

特别提示

绘制正多边形时，如果已知正多边形的边长，可以根据边长选项进行绘制。如果给出对边距或对角距，就需要选择内切于圆或外接于圆的方式。注意要按照图形给出的已知尺寸条件，选择绘图方式。

绘制正多边形时，外接圆和内切圆不会出现，只是显示代表圆半径的直线段。

（7）利用“椭圆”命令，按照不同的绘制方式，绘制如图 2.7 所示的图形。

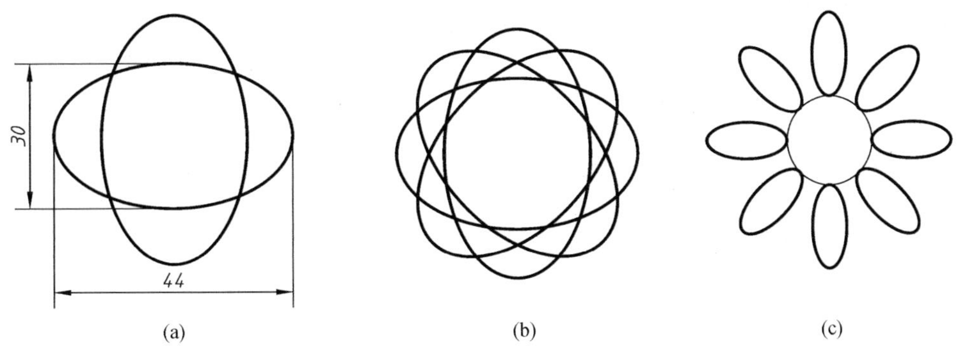

图 2.7　使用“椭圆”命令绘制图形

特别提示

执行“椭圆”命令，可以通过指定椭圆中心、一个轴的端点及另一个轴的半轴长度绘制椭圆。圆在正等轴测图中的投影为椭圆。在绘制正等轴测图中的椭圆时，应先打开等轴测平面界面，然后绘制椭圆。

（8）利用“多段线”命令绘制如图 2.8 所示的图形，箭头线宽首宽为 2 mm，尾宽为 0 mm。

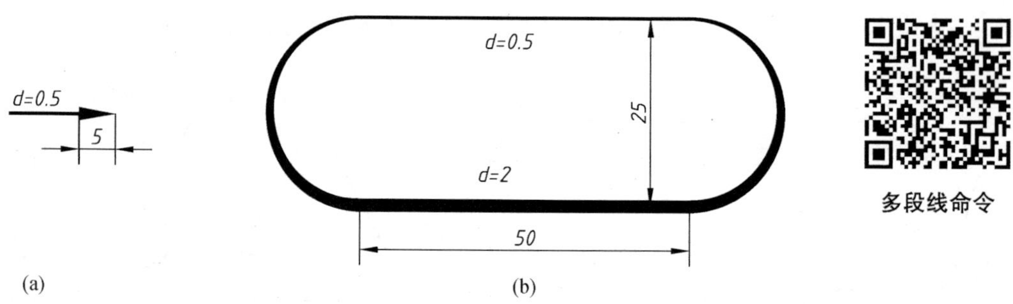

图 2.8　使用“多段线”命令绘制图形

特别提示

多段线是作为单个对象创建的相互连接的序列线段，可以创建直线段、弧线段或两者的组合线段，其中的线条可以设置成不同的线宽及不同的线型，具有很强的实用性。

在绘制时根据图形的已知尺寸条件，应事先设置所需首尾线宽 *W*；开始为默认画直线的方式，需选择 A↙，转化为画弧方式。

（9）利用“构造线”命令绘制如图 2.9（a）所示的图形，利用“样条曲线”命令绘制如图 2.9（b）所示的图形。

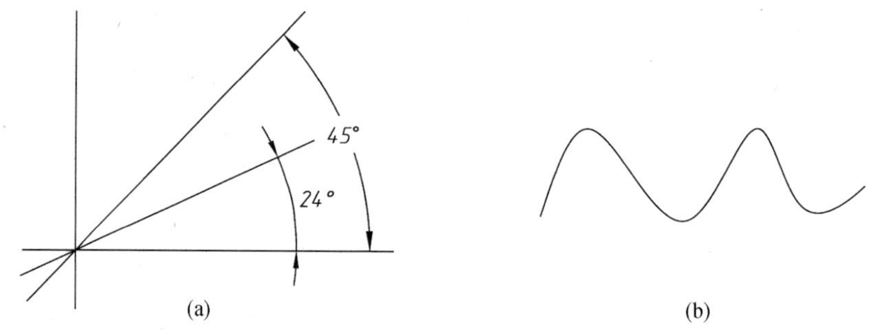

图 2.9　使用“构造线”“样条曲线”命令绘制图形

特别提示

构造线是在两个方向上无限延长的直线，它主要用作绘图时的辅助线，当绘制多视图时，为了保持投影关系，可以先画出若干条构造线，再以构造线画图。

构造线有水平 H、垂直 V、角度 A、二等分 B 和偏移 O 选项，根据绘图需要选择。

样条曲线用来绘制一条多段光滑曲线，通常用来绘制波浪线和等高线。要指定起始点和终点的切线方向。

（10）自行选择如图 2. 10 所示的简单图形进行绘制，并存盘保存。

特别提示

在熟悉基本命令过程的情况下，根据图形尺寸条件选择合适的命令，没有给出尺寸的图形，自行选择其尺寸进行绘制，所绘制的图形要存盘保留，按照要求上交。

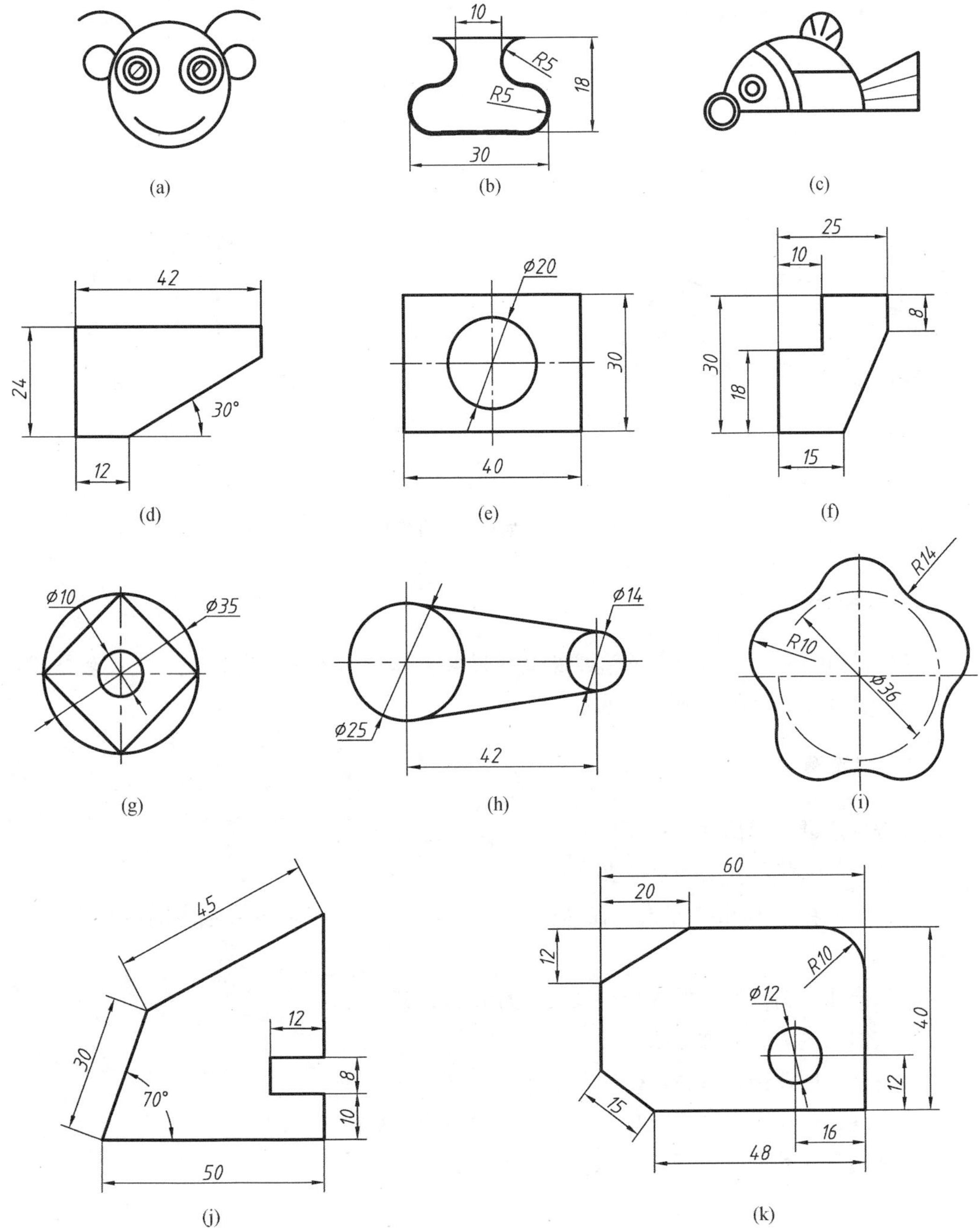

(a)　(b)　(c)

(d)　(e)　(f)

(g)　(h)　(i)

(j)　(k)

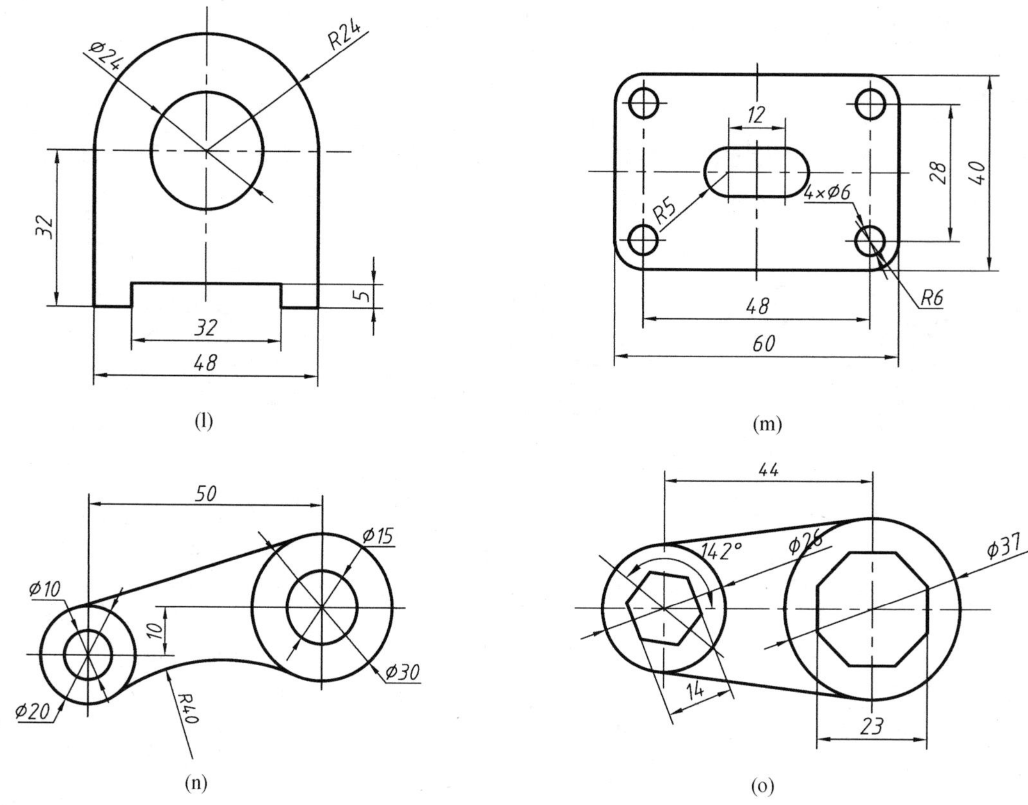

图 2.10　简单图形的绘制

三、作业提交

将绘制的图形发送到指定邮箱或课上通过多媒体教学系统进行提交。文件名格式：班级姓名学号（班号最后两位）.dwg。

四、思考题

1. 怎样启动、退出 AutoCAD？
2. AutoCAD 界面由几部分组成？
3. 命令的输入有几种方式？在命令执行过程中，［ ］、< >括号内的内容有什么不同？
4. 怎样建立新文件、保存现有文件、打开已有文件？
5. 数值的输入有几种方法？
6. 空格、回车键在 AutoCAD 中的含义是什么？
7. 实现精确绘图的途径有哪些？捕捉与对象捕捉有什么不同？
8. 画圆有几种方式？画多边形有几种方式？

任务2.2 图层与图形编辑

一、学习目标

1. 熟悉图层的有关术语，掌握图层特性管理器的操作和管理使用方法。

2. 掌握目标选择方法和对象捕捉各种方式的使用方法。

3. 熟悉 AutoCAD 的图形编辑命令的使用方法。

4. 通过对 AutoCAD 二维图形的绘制，进一步熟悉基本绘图命令，对所绘制的图形进行编辑操作，熟悉各个编辑命令调用及其使用方法。

5. 能够绘制简单的平面图形。

二、过程与方法

图层

1. 图层特性管理器的使用。

（1）打开图层特性管理器，新建5个图层，分别命名为粗实线、细虚线、细点画线、文字、尺寸标注；颜色分别设置为红、蓝、黄、绿、紫；并分别对线型进行设置。注意：在设置线型前必须加载所需的线型。线宽粗实线设置为0.5 mm，其余分别采用默认设置。

（2）在各个图层上绘制一些简单图形，观察其颜色和线型是否与所设置的颜色和线型一致。

特别提示

0图层是系统默认的图层，不能对其重新命名。点击“图层”对话框中的“透明度管理”，透明度的设置范围为0~90，0表示不透明，90表示完全透明。如果将该图层透明度设置为90，则在该图层上绘制的图形完全透明，即不可见。

在特性工具栏中将显示当前图层的颜色、线型、线宽。ByLayer是随层，即该层上的对象特性与图层所设置的特性保持一致。建议采用随层，以方便使用图层进行统一修改特性操作。如果特性工具栏改动，则不用随层，在图层上设定的特性对绘制的图形特性不起作用，这种情况可以在使用绘制辅助线的时候采用。

（3）分别选择三个图层，进行打开/关闭、冻结/解冻、锁定/解锁操作，然后进行一些图形编辑操作，观察图形的显示结果。图层的状态可以控制其上对象是否可以编辑、是否能显示或打印。

（4）使用不同的方法，进行改变对象图层的操作。

2. 点击“格式”→“线宽”，勾选“线宽”对话框中的显示线型，将默认值设置为0.25 mm，调节下面的滑块按钮，可以调整线宽在屏幕上的显示比例。

特别提示

可以对图线的粗细进行调整，当粗实线在屏幕上显示为细实线时，请检查粗实线层线宽设置是否不小于 0.5 mm，状态栏的线宽显示按钮是否打开。

3. 自行选择如图 2.11 所示的图形进行练习，不标注尺寸。练习各个编辑命令，并掌握使用方法及基本功能，注意根据图形特点选择合适的编辑命令。

4. 输入编辑命令后，熟悉构造选择集的各种方法，熟悉编辑命令的应用过程。

5. 在绘图过程中要利用对象捕捉实现精确绘图，练习对象捕捉的几种操作方法。

6. 在熟悉基本命令的情况下，根据图形尺寸条件选择合适命令，所有图形按照所给尺寸 1∶1 比例绘制，所绘制的图形要存盘保留，按照要求上交。

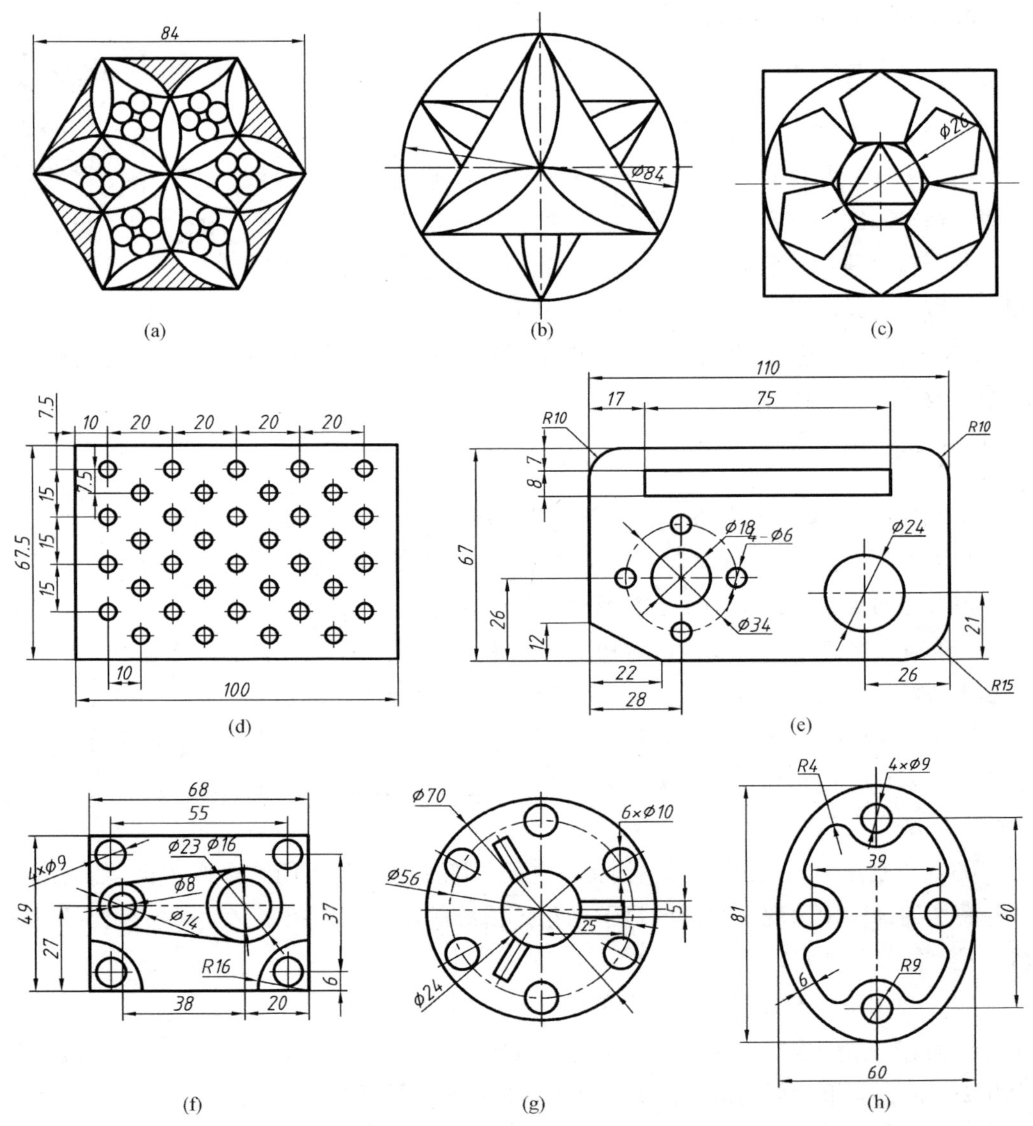

(a) (b) (c)

(d) (e)

(f) (g) (h)

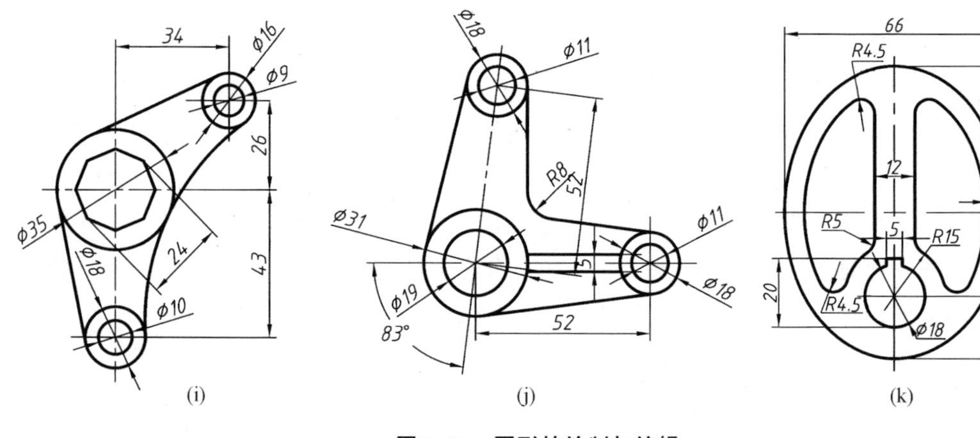

(i)　　(j)　　(k)

图 2.11　图形的绘制与编辑

“编辑”命令 1

“编辑”命令 2

“编辑”命令 3

阵列

特别提示

(1)“修改”工具栏上的“复制”按钮与“编辑”→“复制”命令不同，“复制”命令是用默认基点复制，“复制”按钮与“带基点复制”类似，但“带基点复制”只是单纯复制，而工具栏中的“复制”按钮默认为连续多重复制。

(2) 镜像与复制有区别，镜像是将对象反像复制，镜像适用于对称图形。镜像线（对称轴）由两点确定，它可以是一条已有的直线，也可以用鼠标指定两点。

文本实体也可以镜像，但分为两种状态：完全镜像和可识读镜像。当系统变量 MIRRTEXT=0 时，文本是可识读对象；当系统变量 MIRRTEXT=1 时，文本作完全镜像，不可识读。

(3) 快捷、精确地移动对象，需要配合使用对象捕捉、对象追踪等辅助工具。对于一条直线或一个圆等单独图元的移动，可以用夹持点进行操作。可以设置夹持点的颜色，如单击选中一直线，其显示三个蓝色夹持点，点击中间的夹持点，夹持点变红成为热夹持点，此时移动鼠标即可移动直线。其两端的夹持点可以用来拉伸或旋转直线。点击圆，出现 5 个夹持点，圆心夹持点可以平移圆，4 个象限点的夹持点可用来改变圆的半径。同时使用夹持点和对象捕捉，有时比“修剪”“延伸”命令更快捷。

(4) 编辑对象时，可以输入 A，选中整幅图形，一般为默认设置，输入命令后按下空格或回车键，即可选中整幅图形的所有对象。如在修剪对象时，这样的操作是将所有对象都选为修剪边界，在修剪过程中可能出现因为边界已被修剪掉，有的线就无法再修剪了，此时只需要用鼠标选中该线，按<Delele>键删除即可。

(5) 利用“阵列”命令，可用来绘制布局规则的各种图形。有三种绘图方式：矩形、环形、路径阵列。可根据图形的具体情况选择合适的方式。关联矩形阵列，可以进行夹持点操作，点击位置不同的夹持点，修改不同的内容，如移动整个阵列对象，修改列间距、列数、列总间距、阵列角度、行间距、行数、行总间距等。行间距和列间距可以是正值，也可以是负值，正值在源对象右侧、上侧阵列，负值在源对象左侧、下侧阵列。

按住<Ctrl>键并单击关联阵列中的项目，可删除、移动、旋转或缩放选定的项目，而不会影响其余的阵列。关联阵列中的项目是一整体对象，点击“修改”工具栏中的“分解”命令，可以将其分解。调整行数、列数、行列间距、阵列角度等，也可以在选定阵列后点击“标准”工具栏中的“特性”按钮，在特性窗口中进行调整。

(6) “偏移”命令是一个单对象编辑命令，在使用过程中，只能以直接点击拾取方式选择对象。偏移结果不一定与源对象相同。如圆弧做偏移后，新旧弧同心且具有相同的包含角，新圆弧的弧长要发生改变；圆或椭圆做偏移后，圆心相同但新圆的半径或新椭圆的轴长发生改变；对直线段、构造线、射线做偏移，则是平行复制。

(7) SCALE 缩放命令与 ZOOM 视口缩放命令不同。SCALE 缩放命令将改变图形本身的尺寸，ZOOM 视口缩放命令只改变图形对象在屏幕上的显示大小，并不改变图形本身的尺寸。

(8) 视口拉长只在对象的一端增长，选择要修改的对象时，用鼠标点击对象的哪一端就在哪一端增长。增量可正可负，增量为正值时拉长，为负值时缩短。

(9) 应用“打断”命令时，对于完整的圆，不能使用“打断于点”命令。打断部分是按逆时针方向第一点到第二点的部分，注意操作时点击点的顺序。

(10) 应用“合并”命令，可以将某一图形上的两个部分进行连接，可将两圆弧闭合为整圆或一弧，两个线段接合成一线。源对象和合并对象按照逆时针合并，合并成一弧时注意点击对象的顺序。如果命令提示行提示“选择要合并的对象:”时，按下<Enter>键，输入“L”并按下<Enter>键，则圆弧将闭合为圆。

(11) 应用“倒角”命令时，如两个倒角距离都为“0”，对于两个相交的对象不会有倒角效果；对于两个不相交的对象，系统会将两个对象延伸至相交。

三、作业提交

将绘制的图形发送到指定邮箱或课上通过多媒体教学系统进行提交。文件名格式：

班级姓名学号（班号最后两位）. dwg。

四、思考题

1. 怎样改变拾取框的大小？编辑对象时选择对象的方式有几种？

2. 在 AutoCAD 中如何设置自动捕捉模式？

3. 移动实体对象时，基点的位置是否必须选择在该实体对象上？移动实体对象有数量限制吗？

4. 简述删除与恢复实体对象的各种方法。

5. 实体对象的特性有哪些？如何改变实体对象的特性？

6. 阵列的方式有几种？阵列的总数指什么？

7. “变比”命令能以不同的 X、Y 比例缩放实体吗？若将实体缩到原图的 1/4，输入的比例因子为多少？

任务 2.3　多线、字体及绘图辅助工具的使用

一、学习目标

1. 熟悉多线的定义及调用方法。

2. 掌握工程字体的定义与调用方法。

3. 在绘图的过程中，能熟练使用各种辅助工具精确绘图。

4. 掌握设置绘图单位、绘图界限及绘图环境的方法。

5. 能综合应用实体绘图命令、图形编辑命令及图形显示控制命令，绘制平面图形。

二、过程与方法

1. 设置多线式样，如螺纹、轴、键槽式样，绘制如图 2.12 所示的图形，不标注尺寸。

多线命令定义与调用

（1）创建多线式样时，将最外两直线的图元间距设置为 1 mm，便于输入多线比例。

（2）创建轴 Z 多线式样时，两端使用直线封口。

（3）创建螺纹 LW 多线式样时，最外侧两直线的图元间距为 1 mm，最内侧两个图元间距为 0.85 mm，即偏移中心距离为 0.425 mm。

（4）创建键槽多线式样时，可以创建双圆 SY 和单圆 DY 两个式样，最外侧两直线的图元间距为 1 mm，双圆多线式样两侧的封口均为圆弧，单圆式样封口一侧为直线，另一侧为圆弧。

（5）在使用多线时，一般设置多线的对正方式为“无（Z）”，即中线对正。

（6）根据图形具体情况随时调用多线式样，根据绘图尺寸随时调整多线比例。

（7）编辑多线时，注意选择第一条多线和第二条多线的顺序，顺序不同，结果不同。

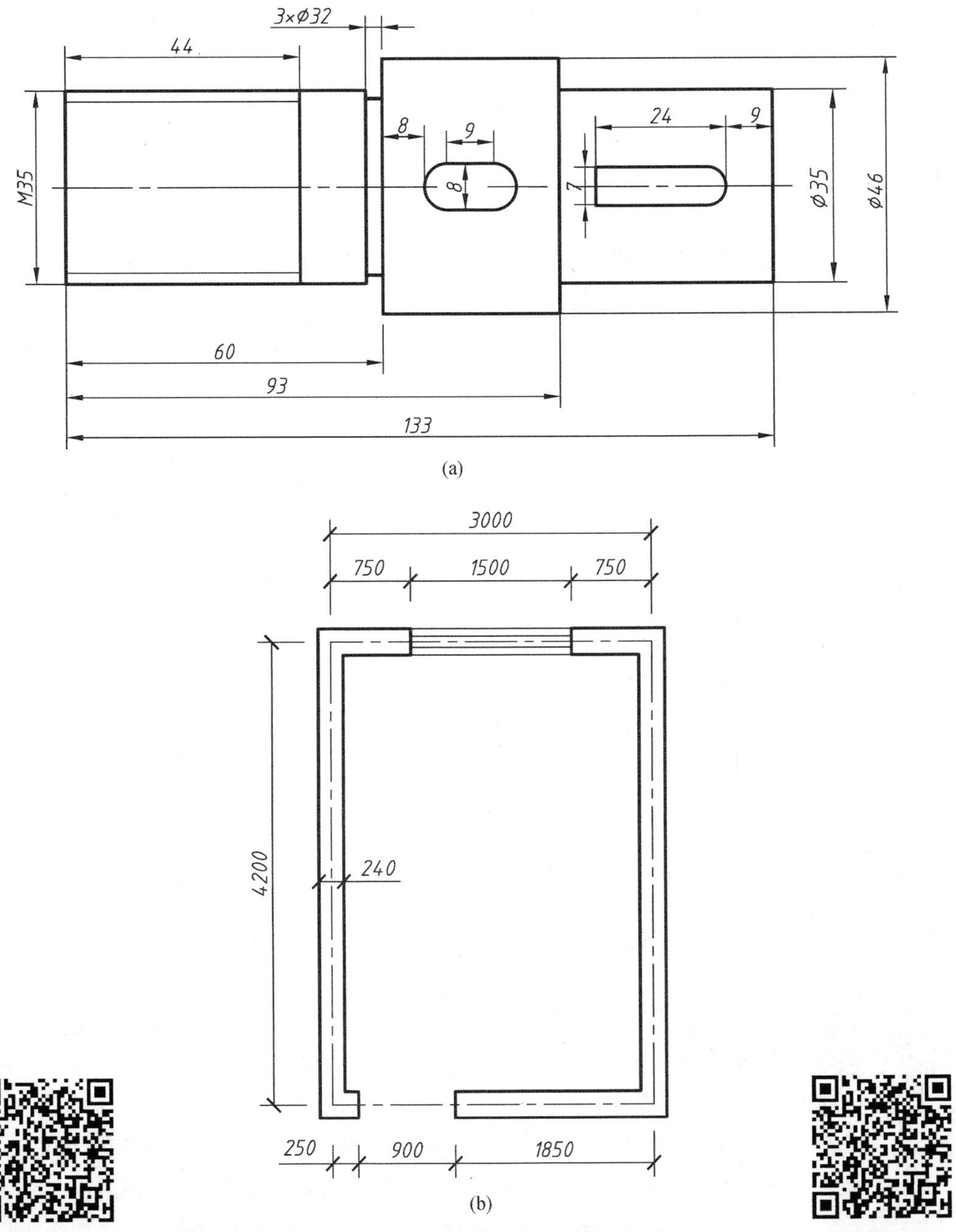

文字式样

文字标注

图 2.12　多线式样的定义与应用

2. 绘制标题栏，定义字体的式样，调用所定义的字体式样并根据字高要求标注文字内容。

（1）建立名为“工程汉字”式样，用来标注汉字，字体名选择仿宋_ GB/T 2312—

1980 或 T 仿宋，不指定高度，输入宽度因子 0.7，其余不作修改，或按照下面（2）内容进行选择，字体名选择 gbenor. shx，其余不变。

（2）建立名为“工程数字”的式样，用来标注数字与字母，字体名选择 gbeitc. shx，勾选“大字体”，字体式样选择 gbebig. shx，不指定高度，宽度因子不变仍为 1，其余不作修改。

特别提示

注意字形选项及勾选“大字体”，字体高度处注意保持原有数字 0，不要指定字高，书写时根据具体情况，再指定相应的字高。

（3）根据标注内容调用上述式样，如标注标题栏的汉字内容时，采用“工程汉字”式样；标注比例、日期时，采用“工程数字”式样。

（4）采用多行文本标注，就如编辑一篇 Word 文档，随时可以更改字体类型、大小与颜色，不管有多少行，AutoCAD 系统视为一个整体。在标注技术要求时常用多行文本标注，便于编辑。注意堆叠按钮的使用方法。

（5）采用单行文本标注时每行为独立对象，在标注时只能指定一种字体的式样与字体高度，其应适合标题栏中相应高度的内容填写。

精确绘图简介

3. 设置基本绘图环境。

（1）一般来说，如果用户不作图幅设置，AutoCAD 系统对作图范围没有限制，绘图区域就是一幅无穷大的图纸。

（2）使用 LIMITS 命令，设定图幅的边界为 A2 图纸的尺寸，长为 594 mm，宽为 420 mm。打开“辅助工具栅格”按钮，并尝试打开、关闭图幅界限的操作，观察绘图对象超界时命令行提示内容。

（3）设置绘图单位和精度。对工程图样，一般采用数值形式“小数”和精度“0. 00”，插入时缩放单位一般选择毫米，其余采用默认设置。

（4）点击“工具”下拉菜单下各选项，观察各选项卡下的内容显示。在“显示”选项卡下，点击“颜色”，可以设置绘图区域的颜色。在“打开”和“保存”选项卡下可以对文件进行加密和更正自动保存文件的时间。在“绘图”选项卡下可设置自动捕捉、自动追踪标记框颜色和大小及靶框大小。在“选择集”选项卡下可设置选择集模式、拾取框大小及夹持点大小等。

4. 进行极轴、极轴追踪、对象捕捉的设置，绘制如图 2. 13 所示的图形，不标注尺寸。

（1）对图 2. 13（a）设置点的式样、极轴附加角，进行定数等分。

（2）对图 2. 13（b）进行对象捕捉、极轴附加角、极轴追踪设置，并打开命令按钮进行精确绘图。

（3）对 R30 圆弧，可以使用切点（起点）、切点（终点）、半径方式绘制或者使用

TTR 方式绘制圆之后修剪。

（4）所应用捕捉特征点为切点、中点、中心点、垂足。

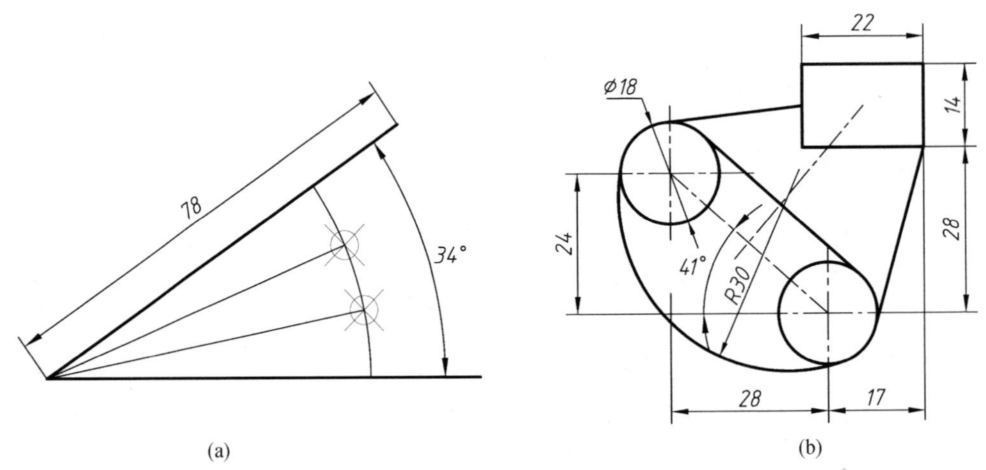

图 2.13　角度等分、精确绘图及追踪

特别提示

（1）自动对象捕捉的开启，不是特征点选取越多越好，选取的特征点越多，绘图时机器捕捉到的可能不是我们希望捕捉到的特征点，所以应根据绘图需要选取特征点。

（2）当自动对象捕捉不能满足要求时，可以采用手动捕捉方式：一是将捕捉工具条放到界面，采用点击方式；二是按住<Shift>键，右击状态栏的对象捕捉，出现快捷菜单，点击要捕捉的特征点。这两种方式均为一次性操作，当再次进行捕捉时需要重复操作。

5. 绘制如图 2.14 所示的平面图形，不标注尺寸。

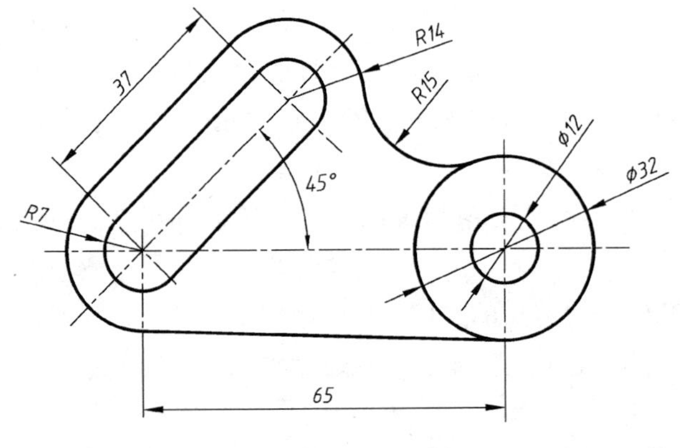

图 2.14　平面图形

(1) 该图形由直线、圆、圆弧及点画线组成，含有圆弧连接，需要用几何作图的方法来完成。

(2) 根据图形建立图层，设置所需的线型。

(3) 可以先水平绘制左部的内层键槽孔及中心线，再用“偏移”命令或采用捕捉切点的方法绘制外层键槽孔，然后将所绘制图形绕 A 点旋转 45°。

特别提示

绘图的方法不唯一，图 2.14 所示图形中的倾斜部分也可以采用设置 UCS 用户坐标来完成。或者先将倾斜部分绘制成水平，再点击“修改”→“三维操作”→“对齐”命令来完成。

(4) 绘制 ϕ32、ϕ12 及其中心线，再以“圆角”命令或 TTR 方式绘制 R15 圆并修剪。

(5) 作公切线，修剪，并擦除辅助线，完成全图。

三、作业提交

将绘制的图形发送到指定邮箱或课上通过多媒体教学系统进行提交。文件名格式：班级姓名学号（班号最后两位）. dwg。

四、思考题

1. 最多能设置多少条多线？如何调用定义好的多线式样？
2. 多线的对正方式有几种？经常使用其中哪种方式？
3. 试述多行文本与单行文本的区别。
4. 对文字能使用“复制”“移动”“变比”等命令进行编辑吗？
5. 使用镜像操作时，怎样才能保持镜像文本的方向不变？
6. 如何设置与应用极轴设置中的增量角与附加角？二者有区别吗？
7. 临时对象捕捉可以采用哪两种方式？采用哪种方式时要按<Shift>键？
8. 如何使用对象追踪功能？

任务 2.4 块的定义与插入

一、学习目标

1. 掌握块定义和块调用的方法。
2. 了解块的分解、块与层的关系。

3. 会定义带有属性的块。

4. 掌握通用块的定义方法。

5. 熟练掌握并正确使用图案填充（画剖面线）命令。

6. 了解有关线型比例的设置方式。

二、过程与方法

图块的定义

1. 块的定义与调用。

（1）绘制如图 2. 15（a）所示的表面粗糙度符号图形，按照绘图比例 1∶1 绘制。切记不要在 0 层上绘制块的对象。

（2）定义字体式样（如前面定义的工程数字式样）并将其置为当前，书写 *Ra*，字高指定为 2. 5 mm。

（3）定义属性 CCD。

（4）用 BLOCK 块定义命令定义带有属性的块。

（5）将定义好的块用 WBLOCK 命令将块写成磁盘文件“AS-1”，即通用块。

（6）绘制如图 2. 15（b）所示 30 mm×30 mm 的正方形，用“插入块”命令将已定义的块插入当前文件中。

块的属性定义

（7）另外打开或建立一个图形，使用“插入块”命令将磁盘文件“AS-1”插入当前图形。

（8）设计一实例将组成块的对象绘制在不同颜色和线型的图层上，定义并保存；然后建立一个新文件，所设置的图层名与定义块的对象图层名称相同，并将图层上的属性设置成与块不完全一致，将定义好的块插入新建立的文件中，观察块与图层、线型、颜色的关系。

特别提示

（1）组成块的对象可以是不同图层上颜色和线型各不相同的实体。在插入块后可以保持每个实体对象的图层、颜色和线型。

（2）如果组成块的实体对象在系统默认的 0 图层，并且该对象的颜色和线型设置为随层，当把该块插入当前图层时，AutoCAD 将该实体对象的特性更改为与当前图层一致的特性。

（3）当工程图样中插入了一系列的块，只要修改块的源对象，工程图样中插入的块也随之进行修改，这就是 AutoCAD 提供的图库修改的一致性。

（4）块的对象数无限制，可以是整幅图，也可以选取图中部分对象。工程技术人员一般利用块的定义将经常使用的图形定义成块，即建立图形库，绘图时从图形库中调出使用，避免图样绘制中重复性的工作。

(5) 图形文件可以作为块来插入。在“插入”对话框中点击“浏览”按钮，选择一个图形文件即可。但插入的图形文件是一个整体，如需编辑，需执行“分解”命令。

(6) 图形文件也可以作为“外部参照”插入，操作方法：点击“插入”→“DWG 参照”。

(7) 块可以嵌套，无论块多么复杂，它被 AutoCAD 视为单个对象即整体。块在插入时就可自动分解，在“块插入”对话框中勾选“分解”即可。

(8) 当图中已经插入多个相同的块时，现只需修改其中的一个，切记不要重新定义块，此时应用“分解”命令将要修改的块进行分解，然后再编辑。

(9) 可以修改块的属性值，操作方法：双击插入的属性，弹出对应的对话框，可以对属性值、文字及特性进行修改。一个块可以创建多个不同的属性。使用“分解”命令，将带属性的块分解后，块中的属性值还原为属性定义。

通用块
制作与应用

块多属性定义
及通用块

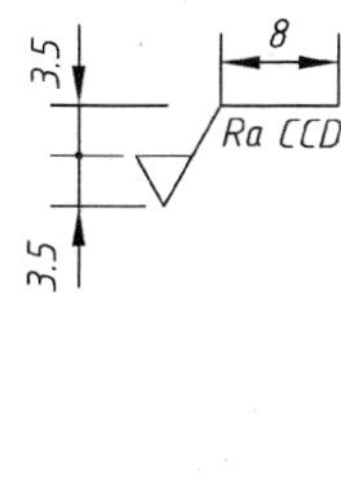

(a)

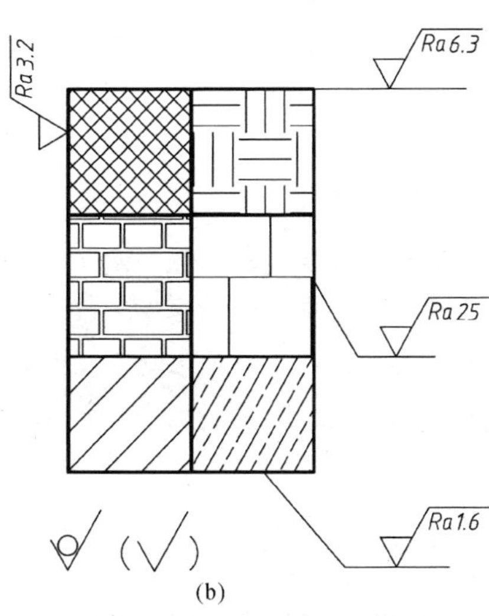

(b)

图 2.15 块定义与插入

2. 图案填充。

对所绘制的如图 2.15（b）所示的图形进行图案填充。

（1）启动“图案填充”对话框。

（2）进行图案填充的设置。选择 ANSI31 图案类型，比例为 1∶1，转角为 0°；采用拾取点方式进行填充。然后选择与图中相同的图案类型，填充其余的图案。注意填充比例的选择。

特别提示

(1) 如果填充完成后看不到填充的图案，说明比例太大；如果填充效果呈完全黑色，说明比例太小。

(2) 涂黑有几种方法：可以用图案填充中的SOLID图案，或用渐变色填充，或直接用一定线宽的直线绘制。

(3) 自行绘制一些封闭的图形，以渐变色填充方式进行填充。试比较单色、双色填充方式的填充效果。

3. 使用LTSCALE命令设置不同的线型比例，观察线型比例对图形的影响。

(1) 点击“格式”→“线宽”，设置线宽显示比例，调节滑块按钮，观察屏幕线宽的显示情况。

(2) 点击“格式”→“线型”→“显示细节”，输入全局比例因子，观察屏幕线型的显示情况。

(3) 点击“格式”→“线型”→“显示细节”，输入当前对象缩放比例值，观察屏幕线型的显示情况。

特别提示

修改当前对象缩放比例值后点击“确定”按钮，对当前已经绘制好的图形对象实体的线型没有影响，该设置值对设置后再绘制的对象有影响。例如，输入全局比例因子与当前对象缩放比例后，设置后再绘制的对象线型比例显示结果为：加载对象×全局比例因子×当前对象缩放比例。

三、作业提交

将绘制的图形发送到指定邮箱或课上通过多媒体教学系统进行提交。文件名格式：班级姓名学号（班号最后两位）.dwg。

四、思考题

1. 如何定义、调用块？试定义基准符号块，尺寸要求如图2.16所示。

$$H=1.4h$$

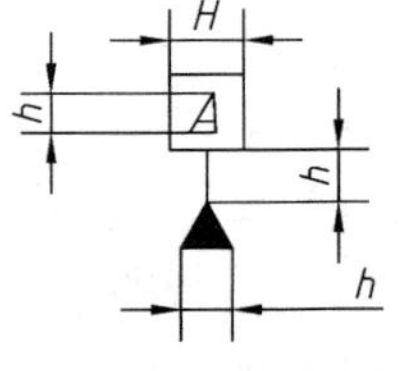

图2.16　基准符号

2. 如何定义块的属性？试定义带属性的基准符号块。
3. 熟悉块与层在颜色、线型方面的关系特性。
4. BLOCK命令、WBLOCK命令有何区别？
5. 线型比例的含义是什么？

6. 图案填充有几种常用的填充方式?

7. 有时图案按照 1∶1 填充时，图案填充不上，即没有显示图案，这是什么原因引起的?

8. 在插入块时可以进行变比（放大与缩小）或者进行旋转吗?

任务 2.5　图形的尺寸标注

一、学习目标

1. 掌握定义尺寸标注式样、修改尺寸标注式样的方法。
2. 会建立标注式样的子式样，如角度标注。
3. 根据工程图样尺寸要求，会调用尺寸标注的式样。
4. 能熟练标注图样上有关线性、角度、圆、对齐、连续、基线等尺寸。
5. 会熟练编辑尺寸标注。

二、过程与方法

尺寸基本式样建立

尺寸子式样的建立与基本标注

1. 定义符合国家标准规定的标注尺寸式样，名称为“GB35”。

2. 建立式样“GB35”下的角度子式样。

3. 建立带前缀 ϕ 的线型尺寸标注式样。

4. 绘制如图 2.17（a）所示的主视图，使用建立的式样标注图中的尺寸，并保存图以备后用。

5. 绘制如图 2.17（b）所示的尺寸标准，建立合适的尺寸标注式样，并标注尺寸。

尺寸的编辑

6. 编辑尺寸标注，如变更式样、修改尺寸数字和尺寸位置。

7. 用自己建立的尺寸式样，对以前已经绘制好的图形进行尺寸标注。

8. 将已经绘制好的图形（含 A3 或 A2 标准图幅、标题栏、定义文本式样、尺寸标注式样、表面粗糙度标注块）保存成样本图格式(.dwt)，以备后用。

三、作业提交

将绘制的图形发送到指定邮箱或课上通过多媒体教学系统进行提交。文件名格式：班级姓名学号（班号最后两位）.dwg。

四、思考题

1. 如何建立一个尺寸标注新式样?

2. “尺寸标注”对话框中测量比例因子、全局比例因子的含义是什么?

3. 如何为尺寸标注加上前缀或者后缀？

4. 如果绘制图样时，采用的比例为 1∶2，则测量比例因子应为多少？全局比例因子应为多少？

5. 图 2. 17（b）中ϕ35 尺寸能否以尺寸式样进行直接标注？

6. 如何进行尺寸标注的编辑？尺寸式样被修改后，图样中已经使用该式样标注的尺寸是否会发生变化？

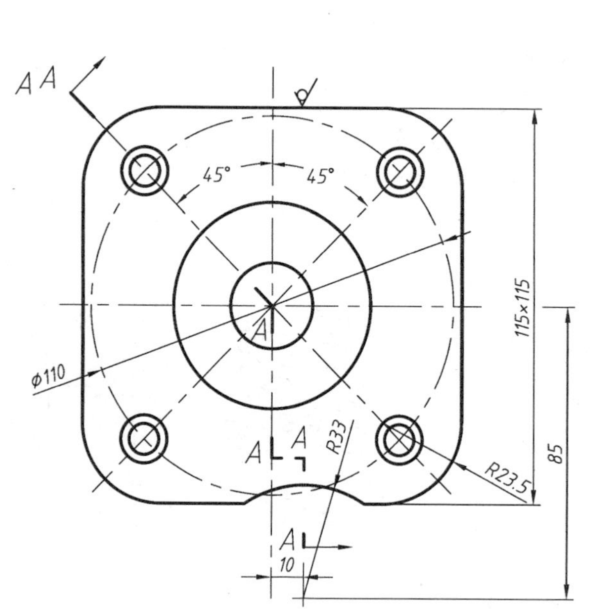

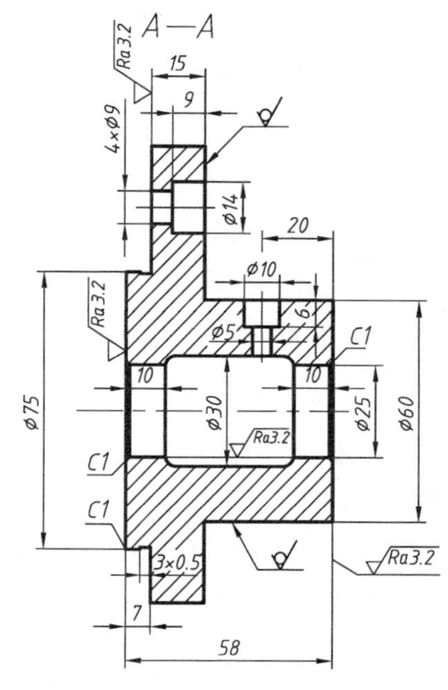

技术要求：

未注圆角半径R3-R5。

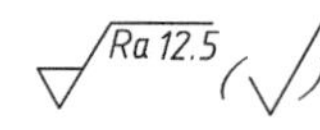

(a) 阀盖零件图

尺寸标注
小式样建立

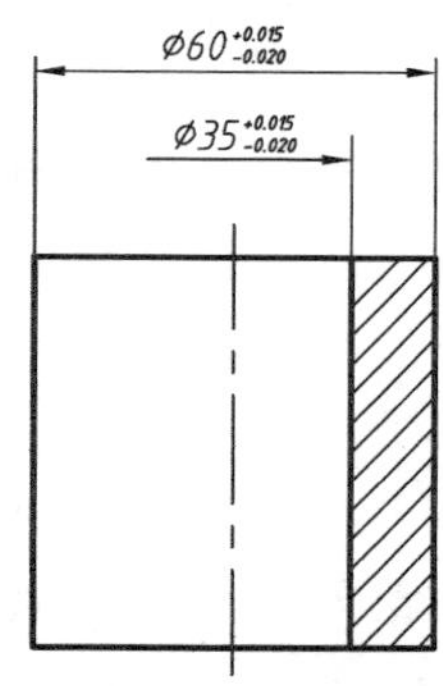

(b) 带前缀的尺寸标注

图 2. 17　尺寸标注

任务 2.6　组合体三视图的绘制

一、学习目标

1. 进一步熟悉并掌握 AutoCAD 的各种绘图命令。
2. 进一步熟悉并掌握 AutoCAD 的各种编辑命令。
3. 进一步熟悉并掌握图层特性管理器的使用方法。
4. 掌握组合体三视图的绘制方法。
5. 进一步掌握尺寸的式样定义，并能调用它，标注组合体的各类尺寸。

二、过程与方法

1. 新建图形文件，将文件存盘，文件名为“班级姓名学号”形式。

2. 调用已经存盘的样本图，所需要的绘图环境如图层、尺寸标注式样、字体式样、表面粗糙度块等均已设置好。

3. 采用 A3 图幅，不留装订边形式，根据国家标准，A3 图幅的尺寸为 297 mm×420 mm，内图框线为粗实线，外图框线为细实线，画出符合国家标准的标题栏。

4. 执行 ZOOM ALL 命令。

5. 绘制如图 2.18 所示的组合体的三视图，注意画图时及时点击“保存”按钮，或绘图前设置系统自动保存的时间。

6. 画图的步骤不唯一，参考作图步骤如下。

(1) 形体分析：假想将形体分成三部分，即长方形底板（上挖切 4 孔并开槽）、阶梯形凸台孔、半圆柱头长方形支柱（中间开槽，前后有圆柱形凸台，内有圆柱形通孔）。

(2) 画出绘图的基准线，确定三个视图的位置。

(3) 绘制底板的投影。

① 绘制底板长方体的三面投影。

② 绘制底板上 4 个圆柱孔的三面投影。

③ 绘制底板上开槽的三面投影。

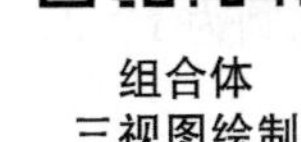

组合体
三视图绘制

组合体
尺寸标注

(4) 绘制半圆柱头长方形支柱。先绘制主视图外形，再绘制左视图中间开槽和前后凸台，最后绘制俯视图。

(5) 绘制阶梯形凸台孔的三面（先水平，再正面，后侧面）投影。

(6) 编辑图形。使用“移动”命令调整视图的位置，使图形布置均匀、美观。

7. 调用尺寸标注式样，进行尺寸标注。

8. 填写标题栏内容，图名为“底座”，绘图比例为 1 : 1。

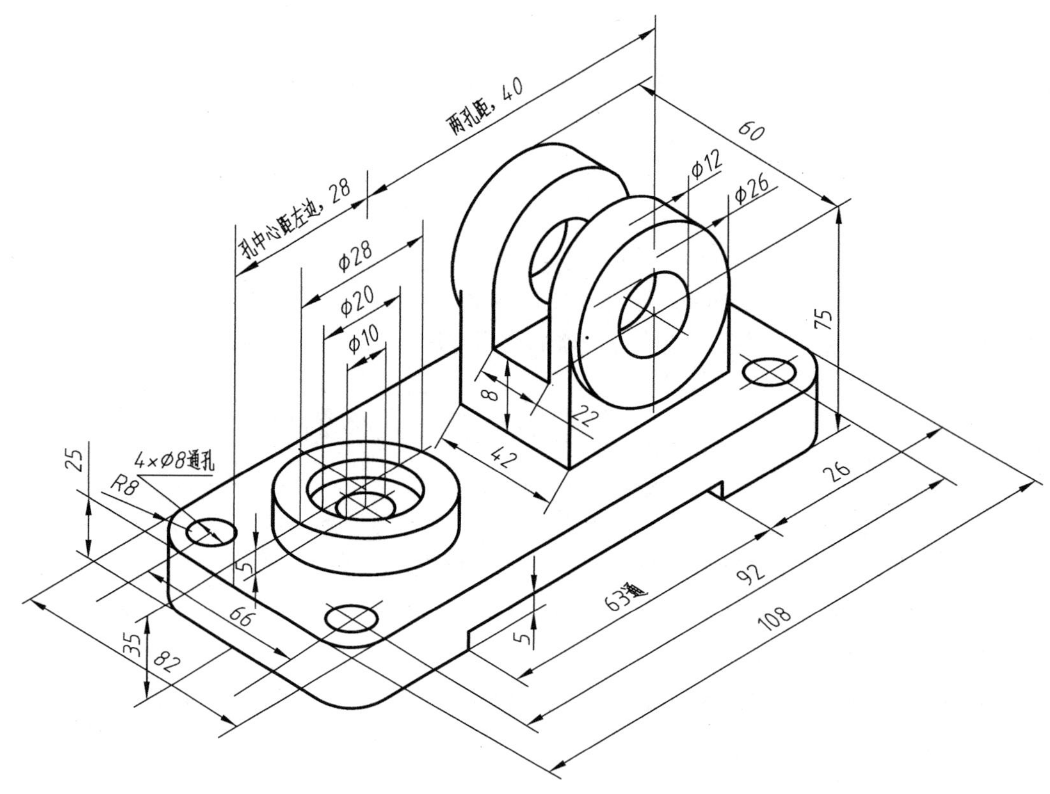

图 2.18 组合体的轴测图

三、作业提交

将绘制的图形发送到指定邮箱或课上通过多媒体教学系统进行提交。文件名格式：班级姓名学号（班号最后两位）.dwg。

四、思考题

1. 回忆用 AutoCAD 绘制组合体三视图的过程。

2. 如果绘图比例为 1∶2，如何标注尺寸？

3. 如果绘图比例为 1∶1，但是打印比例为 1∶2，所填写的文字大小、箭头形状会发生变化吗？

任务 2.7 零件图的绘制

一、学习目标

1. 能熟练设置绘图环境。

2. 能综合使用 AutoCAD 中的各种命令。
3. 掌握零件图（剖视、剖面图）的绘制方法。
4. 掌握尺寸标注式样的建立方法及尺寸公差、技术要求的标注方法。
5. 能绘制符合生产实际的工程图样。

二、过程与方法

1. 设置绘图环境或打开任务 2.5 存盘的样本文件，样板图的环境可根据需要进行修改。

设置图纸空间：点击“格式”→“图形界限”。

设置图形单位：点击“格式”→“单位”。

根据需要创建所需图层或删除样板图中不使用的图层。但必须建立尺寸标注层、文字标注层，并设置不同的颜色。

2. 创建所需要的表面粗糙度符号块、位置公差基准块，并定义相应的属性。
3. 建立尺寸标注、带前缀或后缀的尺寸标注式样。
4. 将相同的线型绘制在同一图层上。
5. 绘制图 2.19，注意画图时及时点击快速保存。绘图参考步骤如下。

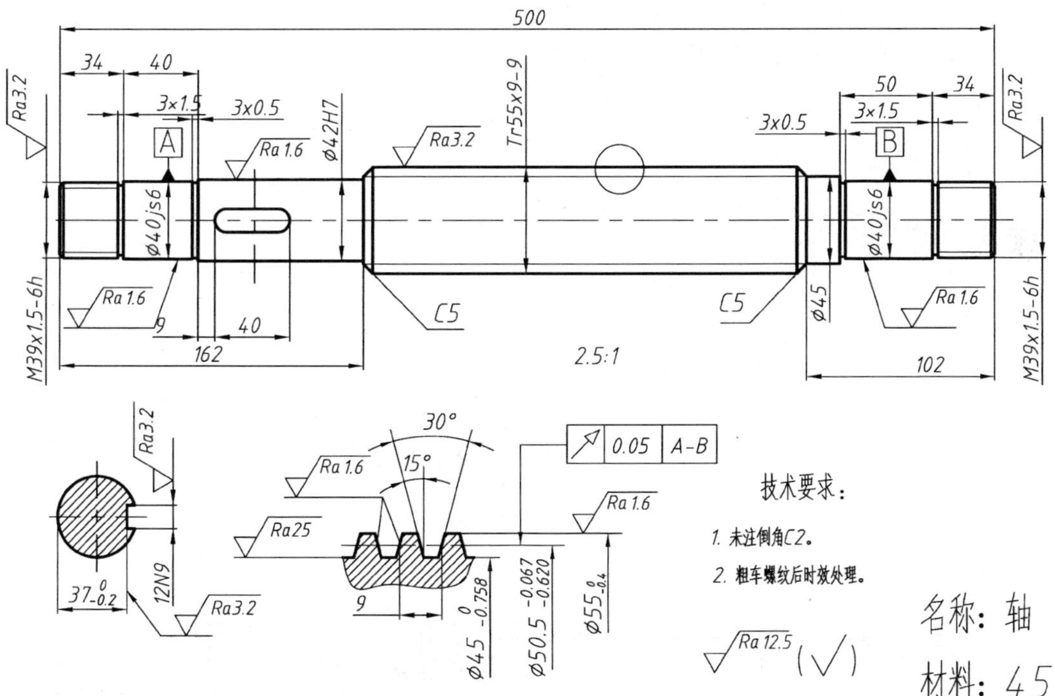

图 2.19 传动轴零件图

（1）画出绘图的基准线、水平轴线；或者调用多线式样“Z”绘制后，再绘制基准线。

(2) 从主视图入手，按照 1∶1 比例逐步绘图。

(3) 绘制移出断面图、局部放大图。

(4) 编辑图形，移动布局图形。

(5) 调用“图案填充”命令，画剖面线。

(6) 调用“变比”命令，将图形变比为 1∶2 的绘图比例。

零件图的绘制 1

零件图的绘制 2

(7) 调用尺寸式样，标注尺寸。采用测量比例应该为 2 的尺寸标注式样，如果没有，请修改现有式样。

(8) 标注零件图上的技术要求。

① 符号标记的技术要求：如表面粗糙度、形位公差。

② 文字书名的技术要求。

6. 填写标题栏。

名称：传动轴。材料：45。绘图比例为 1∶2。

7. 保存文件，退出。

三、作业提交

1. 根据现有条件，试打印所绘图形并上交。

2. 将绘制的图形发送到指定邮箱或课上通过多媒体教学系统进行提交。文件名格式：班级姓名学号（班号最后两位）.dwg。

四、思考题

1. 是否每次绘制图形时，必须设置绘图环境等？

2. 如何标注表面粗糙度符号？

3. 每次必须重新绘制标题栏与图框吗？能否定义成块，采用“块插入”命令插入？

4. 回忆绘制传动轴零件图的过程。

任务 2.8　装配图的绘制

一、学习目标

1. 进一步熟练掌握 AutoCAD 的各种命令的使用方法。

2. 能根据图形具体情况，选择合适的命令绘制图形。

3. 进一步掌握设置绘图环境的方法。

4. 熟悉用 AutoCAD 绘制装配图的工

由零件图画装配图 1

由零件图画装配图 2

由零件图画装配图 3

作过程。

二、过程与方法

1. 绘制装配图通常有直接法和拼装法两种。直接法是将所有零件的图形用绘图命令根据所确定的表达方法直接画到合适的位置而形成装配图。拼装法是将零件图形库中的零件做成图块，插入适当的位置，并将看不见的图线删除，最后形成装配图。直接法与任务 2.6、任务 2.7 的绘图方法相似，本任务只介绍拼装法。参考作图步骤如下。

（1）建立零件图块。

用拼装法绘制装配图，首先应建立标准件、常用件、非常用件的零件图块。标准件的图块一般建立在图形库中，若图形库中没有，则应重新建立，并添加到图形库中。对非标准件，如以前已绘制过，可调用并进行编辑，形成图块；如以前没有绘制过，则需重新绘制并建成图块。绘制时要保证作图的准确性，使图形能顺利装配。

（2）插入图块。插入图块时，要注意以下几点。

① 插入图块时总是将图块基点放到插入点的位置，故应正确选择插入点。应尽量使用目标捕捉方式来保证图形的准确性。

② 插入图块时，一般要进行图形编辑。故插入图块时，应注意变换比例。

③ 当图块的位置不正确时，可用 MOVE 命令将图块移到正确的位置。

④ 定义的 WBLOCK 块具有通用性，BLOCK 块只能在本图中插入使用。

（3）修改图块。

插入图块后，一般要对图形进行编辑，删除看不见的结构或装配图中不需要表达的结构，因此，需要使用“分解”命令分解图块。可用“修剪”“打断”“擦除”等命令来完成。

2. 绘制项目 1 任务 1.9 中图 1.9 台虎钳的装配图。其共有 11 种零件，由 15 个零件组成，其中标准件有 4 种。所绘制的装配图如图 2.20 所示。参考作图步骤如下。

（1）绘制各零件图，建立零件图块。

（2）调用 A2 图幅样板图，样板图的环境、尺寸式样、文字式样等可根据需要修改。

（3）插入固定钳身 1 的图形。

（4）插入调整垫 11，注意插入基点的选取，应使轴孔中心线成一线。

（5）插入螺杆 10 的图块，注意插入基点的选取，零件 10 与 11 的轴线成一线。零件 1、11 被零件 10 挡住部分，可用 TRIM 命令修剪。

（6）插入活动钳身块 5。

（7）插入螺母 6，注意插入基点的选取，必须和固定钳身中心线、活动钳身孔的中心线相吻合，并进行图形编辑。

（8）插入螺钉 7，并进行图形编辑。

（9）插入钳口板 8，左右 2 个，画出标准件螺钉 9 的中心线，并在俯视图上作局部

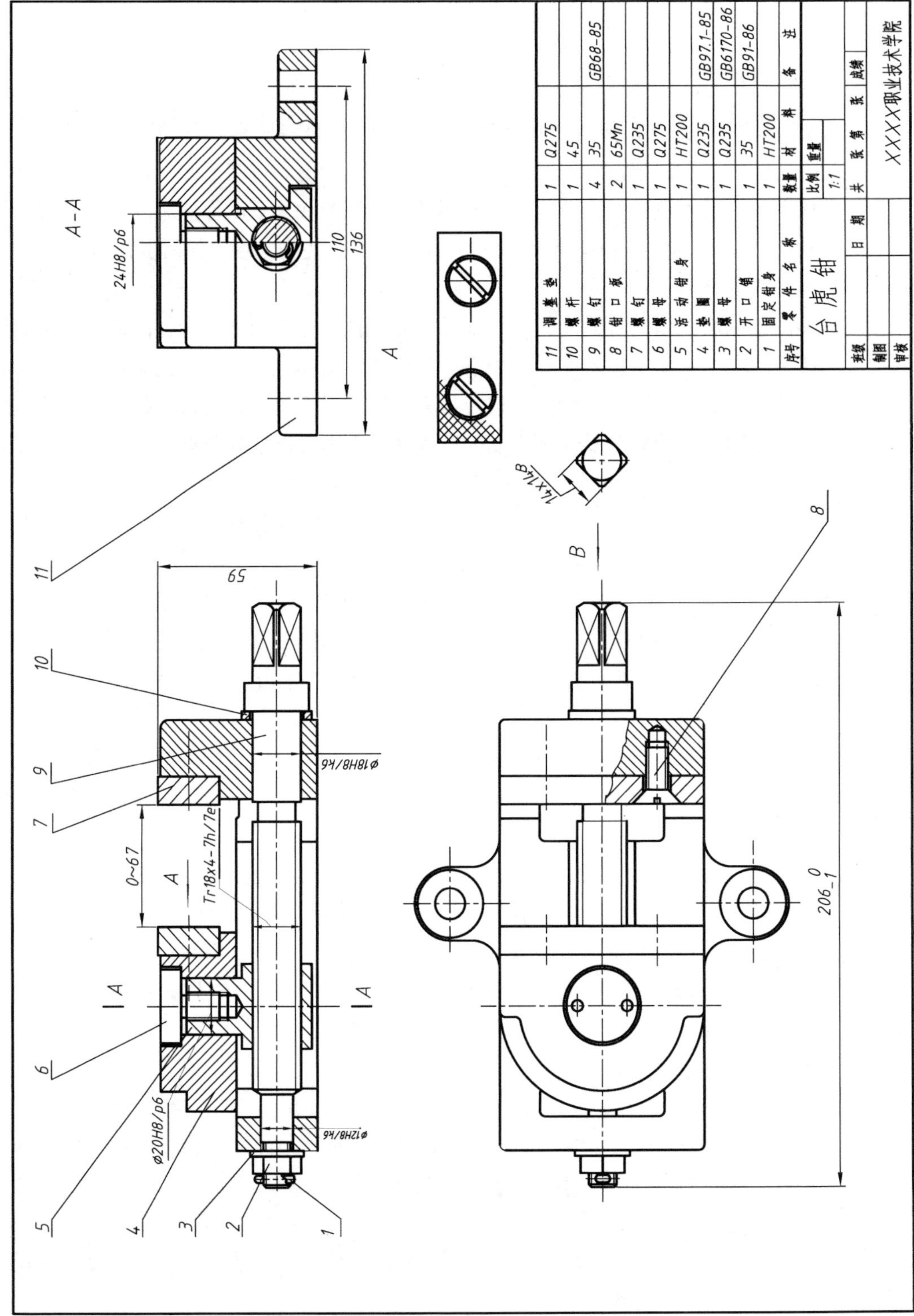

图 2.20　台虎钳的装配图

剖视图。

（10）依次插入垫圈 4、螺母 3，注意插入基点的选取，必须和螺杆的中心线相吻合。

（11）插入开口销 2，并进行图形编辑。

（12）检查全图并修改，编写零件序号。

（13）绘制或插入标题栏、明细栏。

（14）标注尺寸、技术要求。

（15）填写标题栏、明细栏。

（16）保存图形并打印输出。

特别提示

（1）在绘图时，及时保存，或设置自动保存的时间。

（2）在绘图前要确定好装配图的表达方法。

（3）绘图过程中三个视图要配合起来绘制，必须保证视图间的投影关系。

（4）标准件要按照国家标准的规定绘制与标记。

（5）同一零件的剖面线要一致，结合面、配合面画一条线，非配合面画两条线。

（6）编辑图形时，可以对已经画好的图形所在的图层进行加锁。

三、作业提交

根据实训室的条件，打印输出所绘制的图形并将绘制的图形发送到指定邮箱或课上通过多媒体教学系统进行提交。文件名格式：班级姓名学号（班号最后两位）.dwg。

四、思考题

1. 试写出用 AutoCAD 绘制装配图的大致过程。
2. 图层管理器中图层隔离的含义是什么？
3. 如何使用图层隔离？能否在绘制装配图时使用？

任务 2.9　三维实体造型的绘制

AutoCAD 三维基础

一、学习目标

1. 掌握 6 种基本实体命令的调用方法。

2. 熟悉多视口命令 VPORTS 的使用方法、多视口的创建与操作过程。
3. 掌握布尔运算方法。
4. 熟悉实体模型的圆角和倒角操作。
5. 掌握实体模型的消隐命令 HIDE 和着色命令 SHADE 的使用方法。
6. 了解世界坐标系和用户坐标系，熟悉用户坐标的操作。

二、过程与方法

1. 使用多视口作图，根据如图 2.21 所示的托架的投影图，利用多视口进行托架视图与 3D 图形绘制，并使用“倒角”“圆角”命令，尝试在长方体上倒角、圆角。

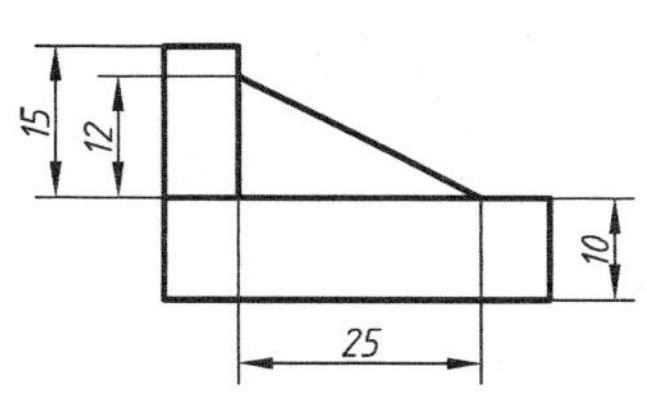

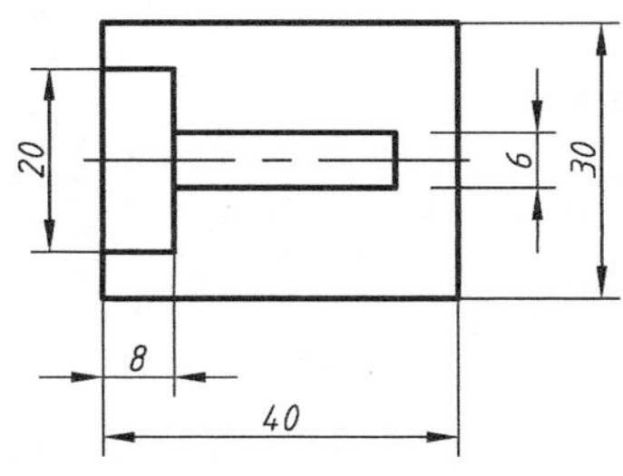

图 2.21 托架的投影图

参考作图步骤如下。

(1) 设置参数，将 UCSORTHO 和 UCSVP 变量均设置为 0。

(2) 创建多视口，按照如图 2.22 所示的“视口”对话框进行设置。

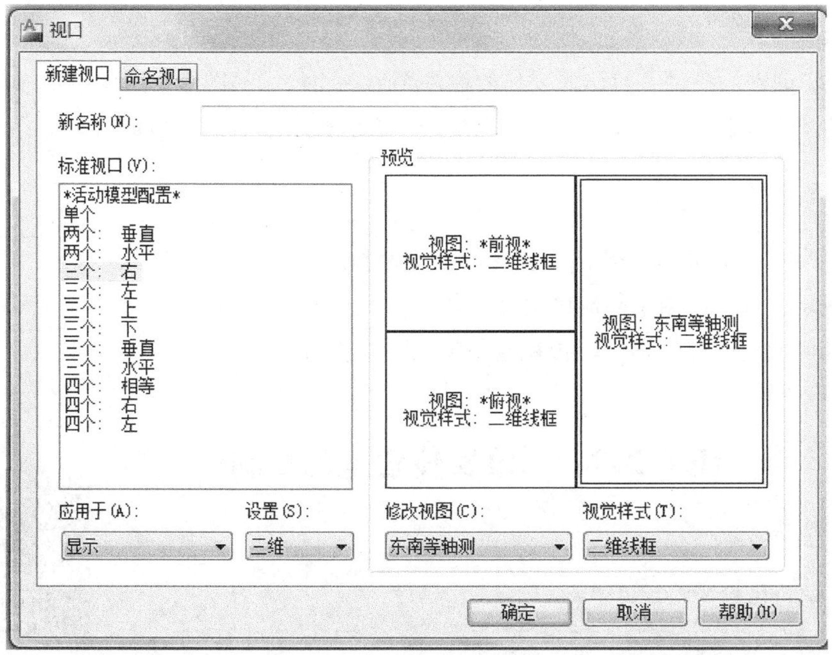

图 2.22 “视口”对话框

（3）使用图幅界限命令（LIMITS）设定图纸范围为 60 mm×45 mm，并在每个视口中作一次全图缩放（ZOOM ALL）操作。

（4）激活正轴测图（屏幕右边视口）。

命令：长方体↙

指定长方体的角点或［中心点（CE）］<0，0，0>：↙

指定角点或［立方体（C）/长度（L）］：40，30↙

指定高度：10↙

（5）激活俯视图（下方视口）。

命令：长方体↙

指定长方体的角点或［中心点（CE）］<0，0，0>：0，5↙

指定角点或［立方体（C）/长度（L）］：8，25↙

指定高度：15↙

命令：楔体↙

指定楔体的第一角点或［中心点（CE）］<0，0，0>：8，12↙

指定角点或［立方体（C）/长度（L）］：33，18↙

指定高度：12↙［图 2.23（a）］

（6）激活主视图（上方视口）：

命令：移动↙

选择对象：用光标选择后画的 2 个形体↙

选择对象：↙

指定基点或［位移（D）］：0，0，10↙

指定第二个点或<使用第一个点作为位移>：↙［图 2.23（b）］

（7）由画好的图可见，选择的正轴测图的投影方向不合适，可以使用视点（VPOINT）命令，把视点改为（1，-1，1），如图 2.23（c）所示。

（8）因为图已经全部完成，还可以执行“视口”命令，从下拉列表中选择单个视口，把多视口转换成单视口，以便使托架的正轴测图看得更清楚些，如图 2.23（d）所示。

（9）将托架消隐后视图如图 2.23（e）所示。

（10）将托架着色后图形如图 2.23（f）所示。

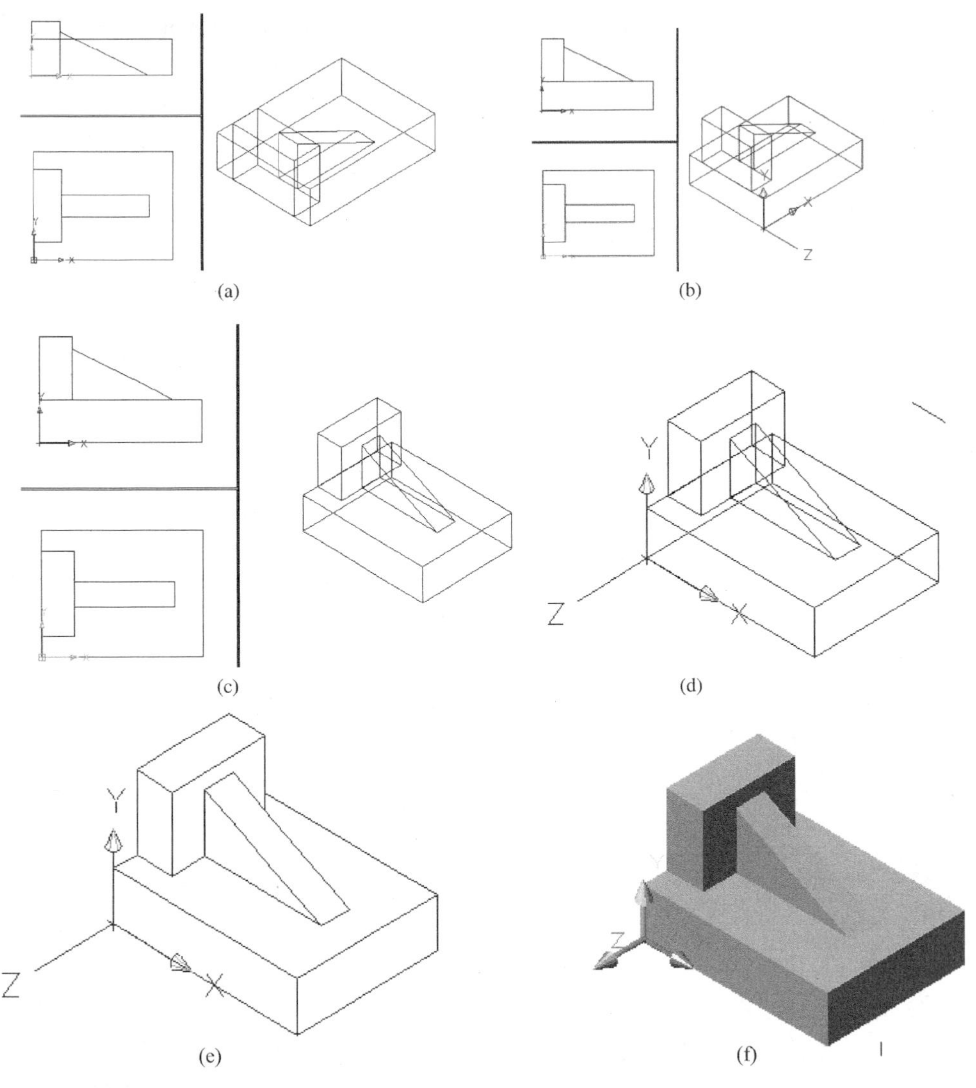

图 2.23　托架作图过程

2. 使用用户坐标，绘制如图 2.24（a）所示挡块的三维实体模型，参考作图步骤如下。

（1）设置回转体素线的密度 ISOLINES 为 12。

（2）将图标设置到原点，即将 UCSICON 设置为 OR。

（3）画出长方体 10×4×8，如图 2.24（b）所示。

（4）使用 UCS 命令，绕 X 轴旋转 90°，如图 2.24（c）所示。

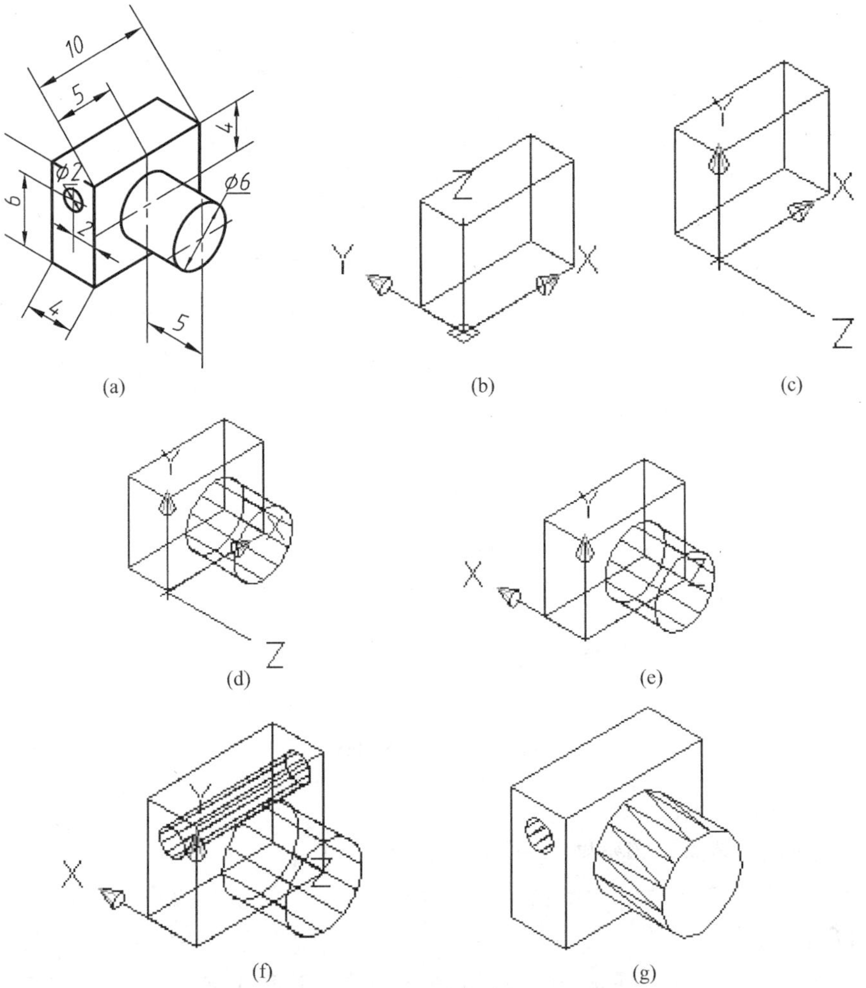

(a)　(b)　(c)

(d)　(e)

(f)　(g)

图 2. 24　挡块作图过程

（5）画出大圆柱体$\phi 3$，高为 5，底圆中心点为（5，4），如图 2. 24（d）所示。

（6）使用 UCS 命令，再绕 *Y* 轴旋转 90°，如图 2. 24（e）所示。

（7）画出小圆柱体$\phi 1$，高为 10，圆心坐标为（2，6），如图 2. 24（f）所示。

（8）执行布尔运算中的并集、差集运算，消隐后视图如图 2. 24（g）所示。可以对视图进行着色。

3. 根据如图 2. 25 所示支架的三视图，绘制其三维实体模型。

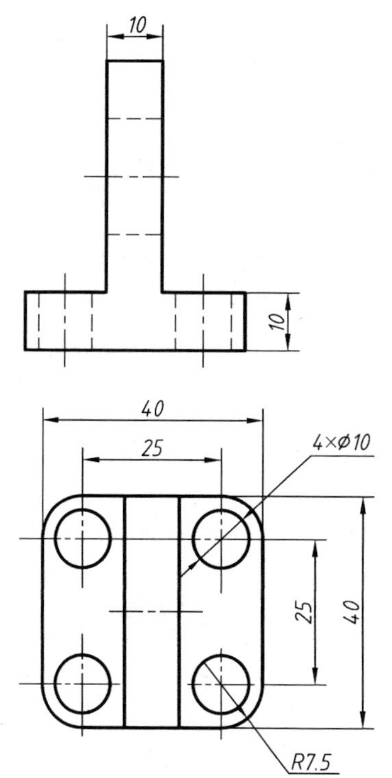

图 2.25　支架三视图

参考作图步骤如下。

（1）设置回转体素线的密度 ISOLINES 至少为 12。

（2）在 WCS 坐标系下，画出表示底板的长方体，并使用“圆角”命令把 4 个棱角修改成 R7.5。

（3）画底板上的 ϕ 10 圆柱孔，可以画出 1 个，然后复制 3 个，如图 2.26（a）所示。

（4）画竖板的 10×40×20 长方体部分，高可以画成 30。若高画成 20，角点坐标取在底面，可以进行平移。

（5）使用 UCS 命令，重新设置原点于竖板长方体的上方，平移并旋转。

（6）绘制 ϕ 40、ϕ 20 圆柱，如图 2.26（b）、图 2.26（c）所示。

（7）执行布尔运算中的并集、差集运算，消隐后视图如图 2.26（d）所示。可以对视图进行着色，如图 2.26（e）所示。

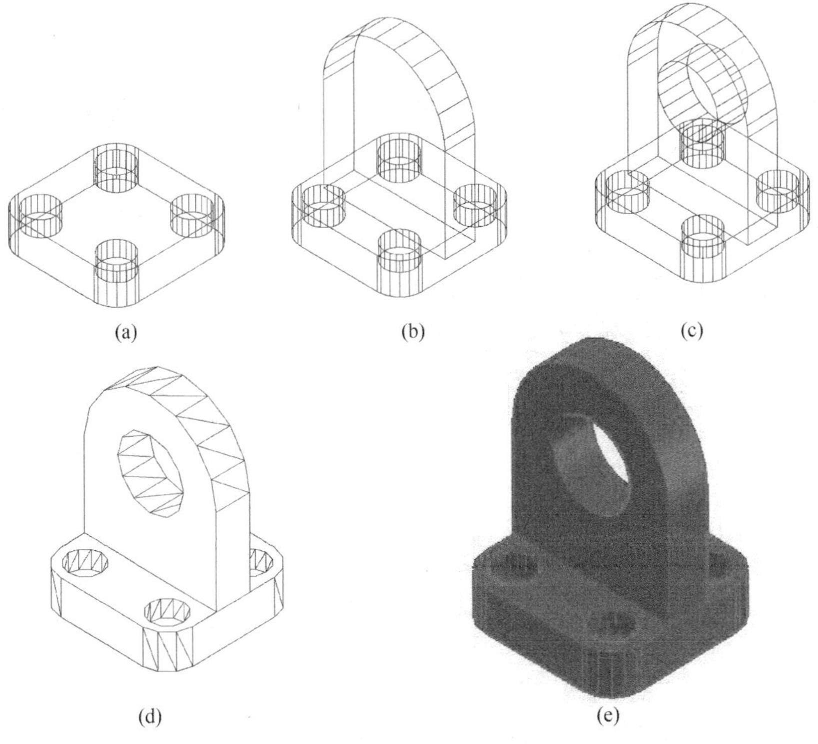

图 2. 26　支架作图过程

特别提示

若使用多视口作图，为了使多个视口坐标系相同，需将 UCSORTHO 变量和 UCSVP 变量设为 0。执行“多视口”命令，在标准视口中选择 Right 建立三个视口。绘图前需点击绘图视口激活视口，在每个视口中可以使用编辑命令。若正轴测图的投影方向选得不太合适，可用 VPOINT 命令更改视点，如图 2. 27 所示。

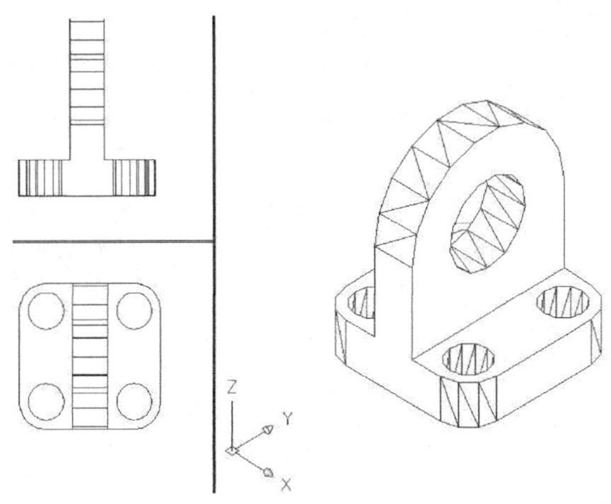

图 2. 27　支架多视口作图

三、作业提交

将绘制的图形发送到指定邮箱或课上通过多媒体教学系统进行提交。文件名格式：班级姓名学号（班号最后两位）.dwg。

四、思考题

1. 写出挡块实体模型绘制过程的命令序列。
2. 写出采用多视口绘制支架实体模型的命令序列。

项目3 综合训练

任务3.1　零件测绘

在生产中使用的零件图，一是根据设计而绘制的图样；二是按照实际零件进行测绘而产生的图样。

以目测的方法，徒手绘制草图，然后进行测量，标记尺寸，提出技术要求，最后根据草图画成零件图，这个过程称为零件测绘。零件测绘广泛应用于机器的仿制、维修或技术改造，它是工程技术人员必须具备的基本素质之一。

一、学习目标

掌握看图的基本方法、作图的基本原理和方法，掌握国家标准中关于《机械制图》《技术制图》的有关规定，并能正确应用其解决实际的工程问题。通过不同形式的自主学习、探究活动，熟悉零件的测绘方法与过程。

（一）知识能力目标

1. 掌握通用量的使用方法，能正确地测量零件的尺寸。
2. 掌握徒手画图的方法、绘图技能和技巧，熟悉零件草图的绘制方法。
3. 能根据测绘草图，使用 AutoCAD 软件绘制符合国家标准规定的零件图。
4. 培养和发展学生的空间想象能力，进一步提升学生对工程零件的图示表达能力。

（二）职业行为目标

1. 培养学生实践的观点、创新的意识及科学的思考方法。
2. 培养学生严肃认真的工作态度及耐心细致的工作作风。
3. 建立标准化的概念，培养良好的工程意识、团队协作精神。
4. 加强学生的绘图、读图能力的培养。
5. 提高学生的自主学习能力。

二、零件测绘的特点

测绘实际零件比测绘制图模型要复杂一些，分析问题的方法有所不同。其特点有如下几点。

1. 测绘对象是在机器中起特定作用并和其他零件有着特定组成关系的实际零件。测绘时不仅要进行形体分析，还要分析它在机器中的作用、运动状态及装配关系，以确保测绘的准确性。

2. 测绘对象是实际零件，随着使用时间的增长而发生磨损，甚至损坏，测绘中既要按照实际形状大小进行测绘，又要充分领会原设计思想，对现有零件尺寸做必要的修正，保证测绘出的零件原有的图形特征。

3. 测绘的工作地点、条件及测绘时间受到一定的制约，测绘中要绘制零件草图，这就要求测绘人员必须熟练掌握草图的绘制方法。

4. 测量零件尺寸时，应考虑它在机器中与其他零件的装配关系。有时需要和其他零件同时测量，才能使测量的尺寸更为准确。

三、零件尺寸的测量方法

测量尺寸是零件测绘过程中的重要步骤，应该集中进行，这样既可提高工作效率，又可避免错误和遗漏。

（一）测量尺寸时常用的量具

1. 钢尺。

可直接测量直线尺寸或与其他量具配合使用，其测量误差一般为 0.25~0.5 mm。

2. 外卡钳和内卡钳。

外卡钳多用于测量回转体的外径；内卡钳用于测量回转体的内径，测量时与钢尺配合使用。

3. 游标卡尺。

游标卡尺常用来测量圆孔或圆柱直径，有时用来测量深度。

4. 千分尺。

千分尺的精度可达 0.002 mm，是精确测量的量具。

5. 其他量具。

螺纹规用于测量螺距，角度规用于测量角度。

（二）零件尺寸的测量方法

零件尺寸常用的测量方法如下。

1. 直接测量法。

对于可直接量得的零件尺寸均使用直接测量法。线性尺寸可用钢尺、直角尺测量，如图 3.1 所示；直径、深度尺寸可用游标卡尺测量，如图 3.2 所示。

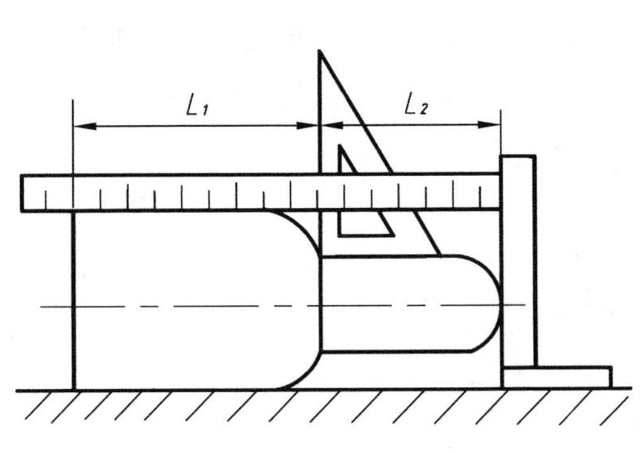

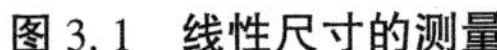

图 3.1　线性尺寸的测量

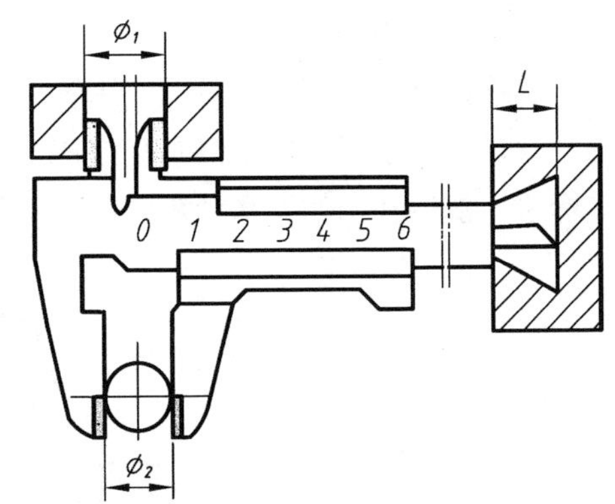

图 3.2　直径、深度尺寸的测量

2. 组合测量法。

当一种量具不能满足要求时，可以使用几种量具组合测量。壁厚尺寸可用两钢尺、卡钳和钢尺配合测量，如图 3.3 所示；孔的中心距可用钢尺、内卡钳测量，如图 3.4 所示；孔的中心高可用钢尺和外卡钳测量，如图 3.5 所示。

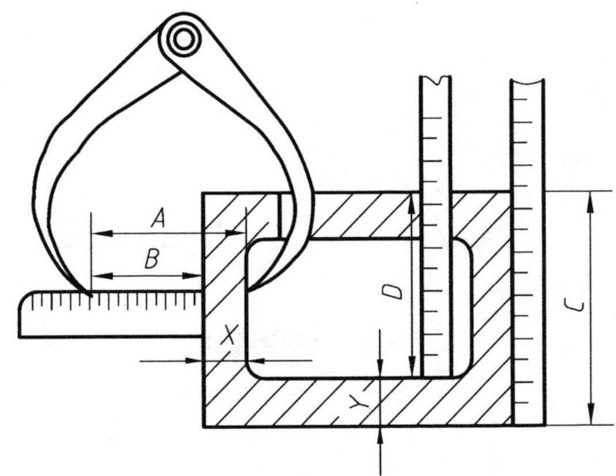

图 3.3　壁厚尺寸的测量

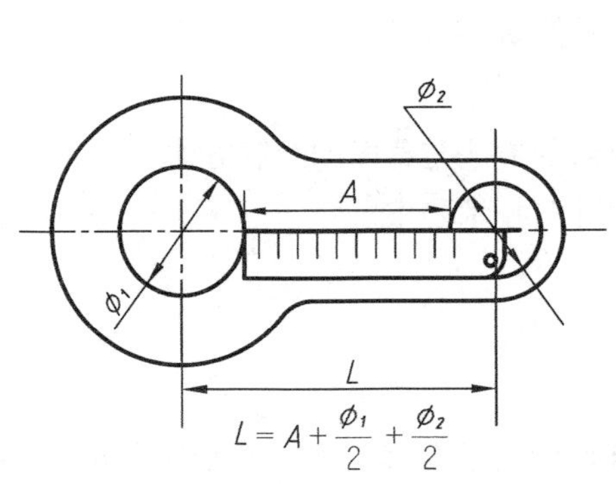

图 3.4　孔的中心距的测量

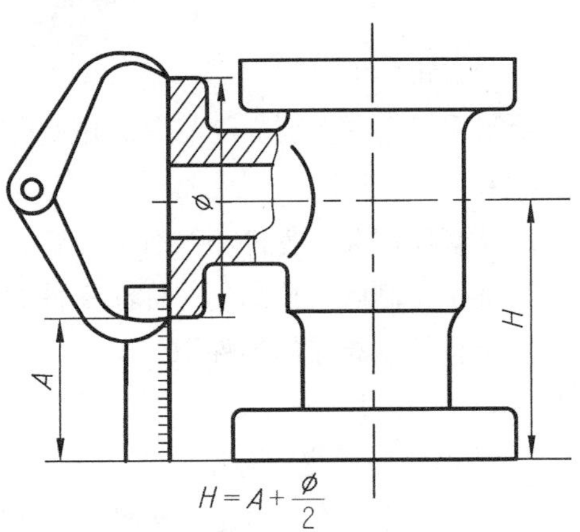

图 3.5　孔的中心高的测量

3. 其他测量法。

螺纹的测量如图 3.6 所示，用螺纹规测量螺距，用卡尺测量螺纹大径，再查表校核螺纹直径。对于不能使用量具直接测量的圆弧线、曲线等，可以采用铅丝法、拓印法或坐标法，然后利用作图和计算求出尺寸值，如图 3.7 所示。

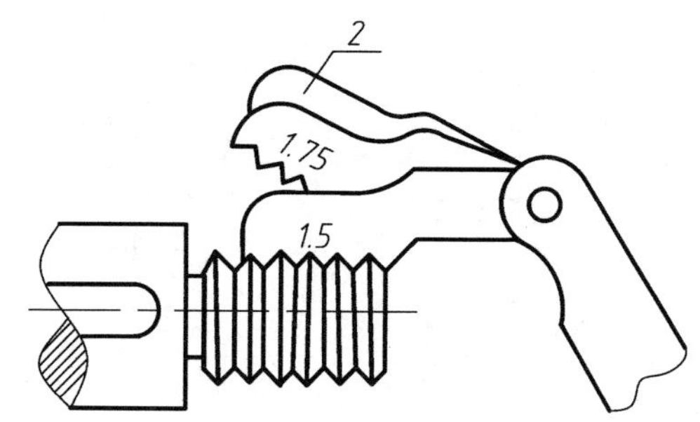

图 3.6　螺纹的测量

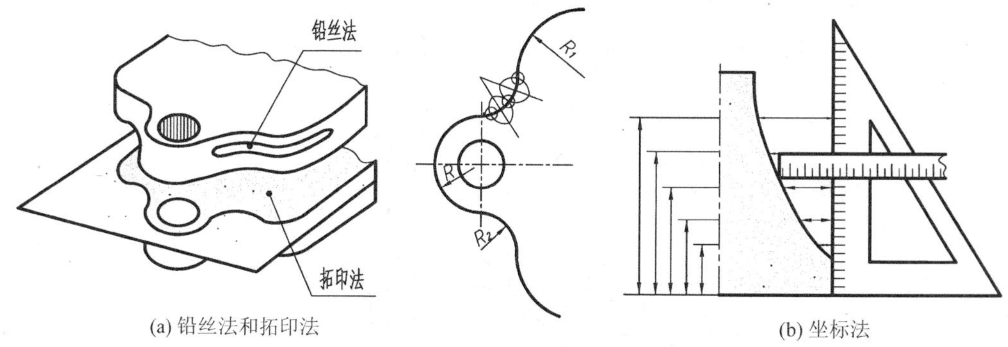

图 3.7　其他测量法

四、测绘实例

情境一　阀盖的测绘

（一）测绘内容

绘制阀盖零件实物测绘草图，并上机绘制其零件图。

（二）测绘要求

1. 认真阅读关于零件测绘有关内容，了解测绘的方法与草图的绘制方法。

2. 徒手绘制阀盖草图，并标注零件的所有尺寸与技术要求。

3. 上机绘制阀盖的零件图。

（三）测绘过程与方法

1. 了解和分析测绘对象。

了解零件的名称、用途、材料、在机器或部件中的位置和作用，分析零件的结构、加工方法。

阀盖是常见球阀上的一个零件，通过螺柱与阀体连接在一起，起密封作用，主体结构由多个同轴内孔和带圆角的复合圆柱体组成，左边具有螺纹结构，与其他件进行连接，右边的圆柱凸台压紧密封圈起密封作用，中间的空心圆柱体使液压油流动。

主要的加工面为右边的凸台各面及其中间部分的阶梯孔，加工方法主要是半精车与精车加工。

2. 确定表达方案。

根据零件的结构特点，按照视图选择原则，确定最佳表达方案。

根据阀盖在球阀上的工作情况及主要加工面的加工方法，遵循加工位置原则及工作位置原则水平放置，绘制其视图，采用主、左视图来表达其结构，主视图采用全剖视图表达阀盖的内部结构和各端面的轴向位置，左视图主要表达零件外形轮廓及主体上的凸缘、沉孔分布情况。

3. 绘制零件草图。

零件草图是通过目测比例徒手绘制的图样。应该做到：草图不草、线条规范清晰、图样表达关系正确、尺寸比例关系恰当、内容整齐完整。下面以图 3.8 所示阀盖为例说明草图的绘制步骤。

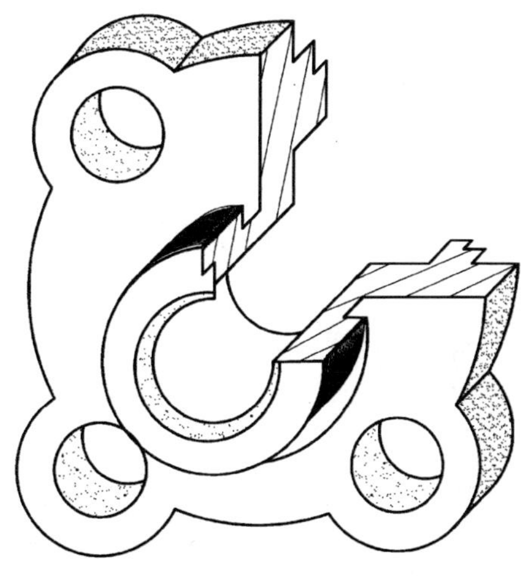

图 3.8 阀盖模型参考

(1) 布置视图。

画出主、左视图的对称中心线和作图基准线，并留出标注尺寸的位置，如图 3.9(a) 所示。

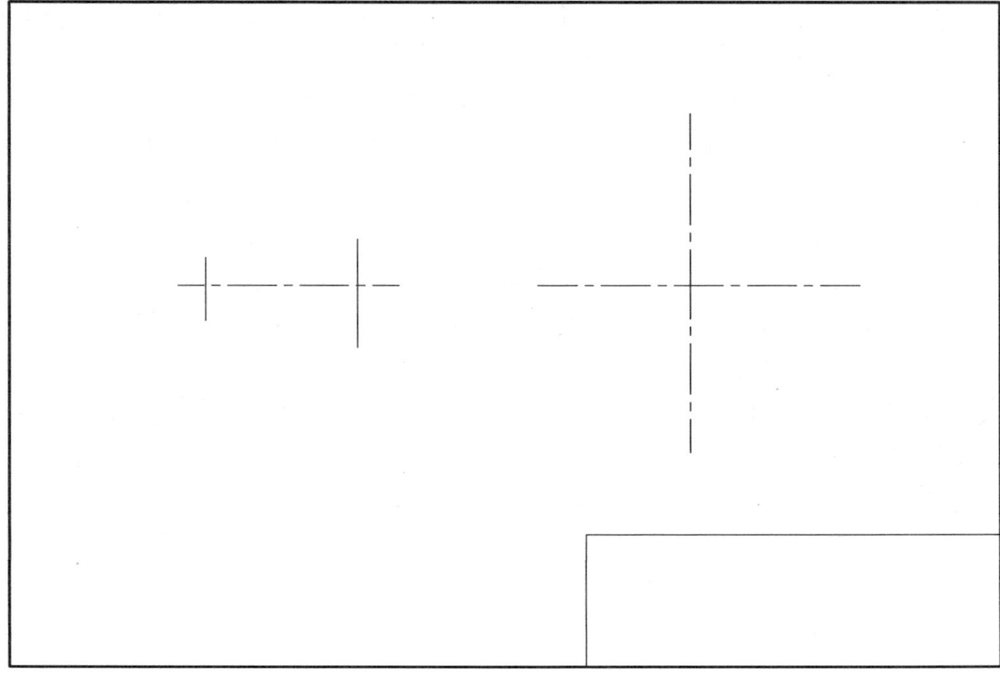

(a)

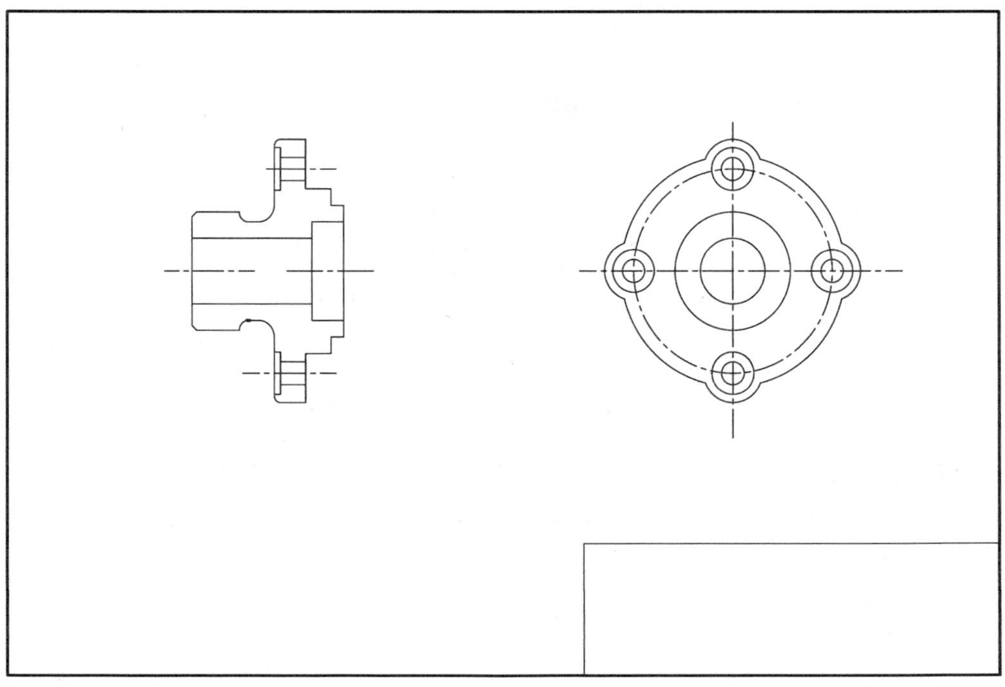

(b)

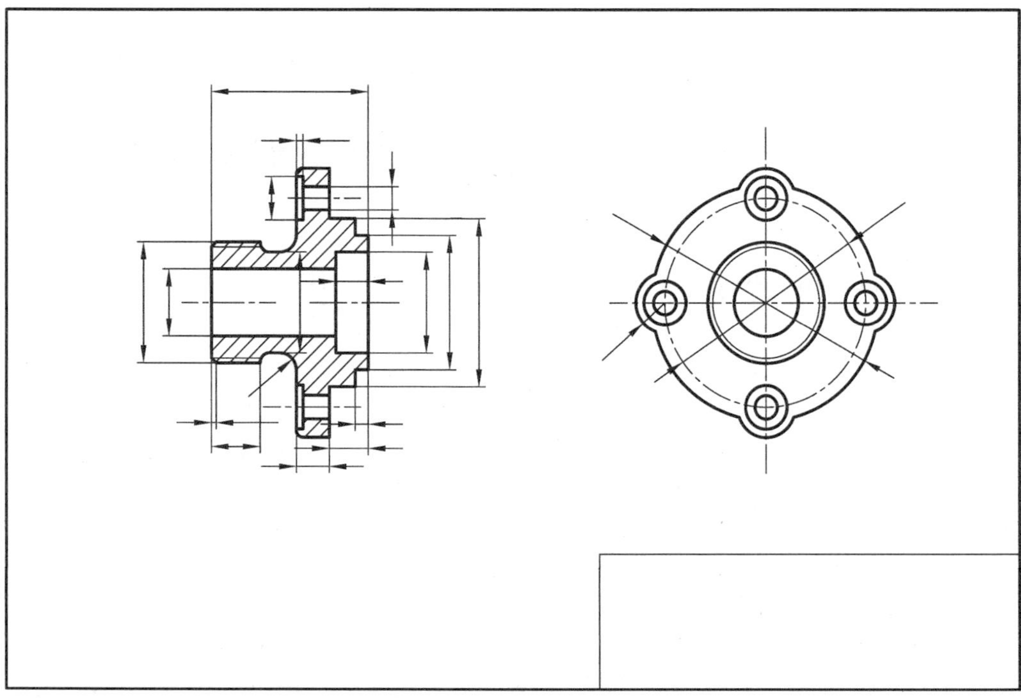

(c)

48
2
4XΦ8
Φ0.03 A
Φ12
Φ70
Φ62
M36X2
Φ20
30
$10^{0}_{-0.1}$
Φ30H7
Φ40
Φ50f7
R9
R5
C1.5
15
4
$12^{+0.15}_{0}$
10
0.04 A
Ra12.5
Ra3.2
Ra6.3
Ra1.6

技术要求：

1. 铸件须经时效处理。
2. 铸件不允许有裂纹、缩松、砂眼等影响机械性能的铸造缺陷。
3. 未注倒角R1-R3。

阀 盖			数量	1	(图号)
			比例	1:1	
班级		(学号)	材料	HT350	成绩
制图		(日期)	××××职业技术学院		
审核		(日期)			

(d)

图 3.9　阀盖草图绘制步骤

（2）绘制视图。

根据表达方案和目测比例，绘制零件的结构形状，如图 3.9（b）所示。

（3）标注尺寸。

选定尺寸基准，按照零件图的尺寸标注要求，画出全部尺寸界线、尺寸线和箭头，如图 3.9（c）所示。

（4）描深图线。

仔细检查后，按照国家标准规定的线型描深图线。

（5）测量尺寸。

逐个测量尺寸，并标注在图上，如图 3.9（d）所示。

（6）标注技术要求，填写标题栏。

（7）校核，绘制零件工作图。

对零件草图进行仔细校核，上机绘制零件工作图。

特别提示

（1）零件表面上的各种缺陷如铸造的砂眼、缩孔、加工刀痕等不要绘出。

（2）零件上的工艺结构如倒角、圆角、退刀槽、中心孔、凸台、凹坑等应该绘出。

（3）损坏的零件应该按照原形绘出，对于零件不合理或不必要的结构，可做必要的修改。

（4）已经磨损的零件尺寸，要做适当分析，最好能测量与其配合的零件尺寸，得出合适的尺寸。

（5）零件上的配合尺寸，一般只需测出基本尺寸，根据使用要求选择合理的配合性质，查表后确定其相应的偏差值。对于非配合尺寸或不重要的尺寸，应对测得的尺寸进行圆整。

（6）对螺纹、齿轮、键槽、沉孔等标准化的结构，将测得的主要尺寸与国家标准对照后采用标准结构尺寸标出。

情境二　直齿圆柱齿轮的测绘

（一）测绘内容

测绘给定的齿轮，绘制其测绘草图与零件工作图。

（二）测绘要求

1. 认真阅读零件测绘有关内容，了解测绘的方法与草图的绘制方法。
2. 徒手绘制齿轮草图并标注零件的所有尺寸与技术要求。
3. 上机绘制齿轮的零件图。

（三）过程与方法

根据现有齿轮，通过测量其主要参数及各部分尺寸，绘制齿轮草图并绘制出工作图的过程称为齿轮测绘。

1. 数齿轮的齿数 z。

2. 测量齿轮的齿顶圆 d_a。

对偶数齿，可以直接测量齿顶圆 d_a，如图 3. 10（a）所示；对奇数齿，用如图 3. 10（b）所示方法测量 d_a 是错误的，应先测出孔径 d 及孔壁到齿顶间的径向距离 H，求得 $d_a=2H+d$，如图 3. 10（c）所示。

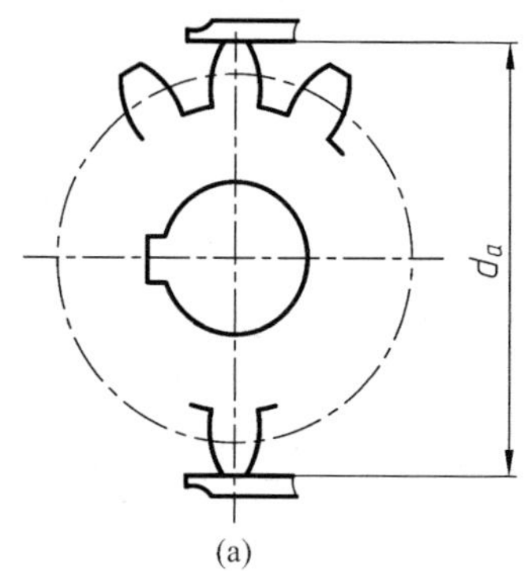

(a)

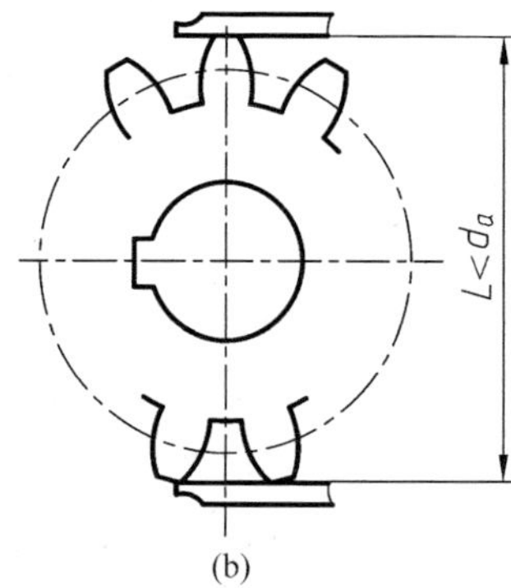

(b)

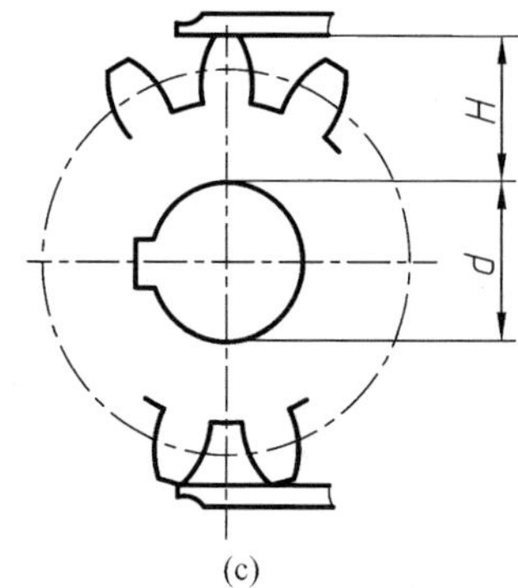

(c)

图 3. 10 齿轮 d_a 的测量

3. 计算齿轮的模数 m。

根据 $m=\dfrac{d_a}{z+2}$，计算出 m，然后将计算结果与标准值对比，取接近的标准模数。

4. 计算齿轮的分度圆 d。$d=mz$，与相啮合的齿轮两轴中心距校对，应符合中心距 $a=\dfrac{d_1+d_2}{2}=\dfrac{m(z_1+z_2)}{2}$。

5. 测量与计算齿轮的其他各部分尺寸。

6. 绘制齿轮的测绘草图。

7. 根据草图绘制齿轮的工作图。

如图 3. 11 所示为圆柱直齿轮零件图。

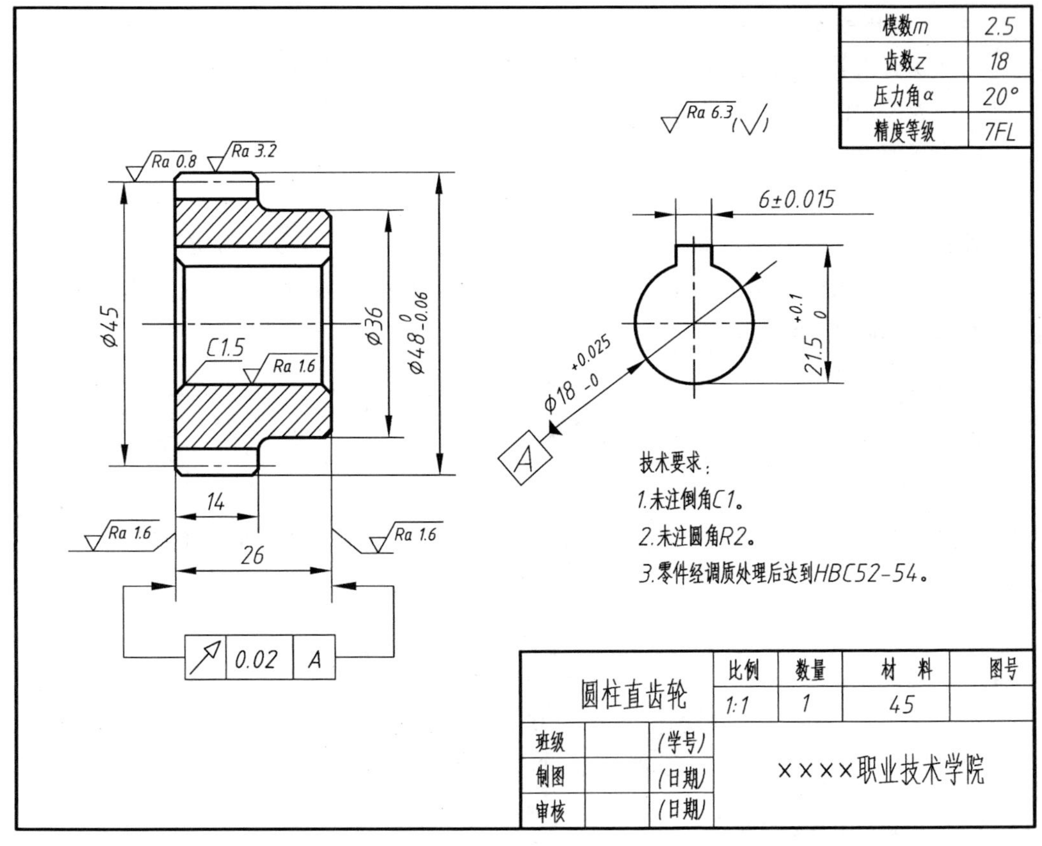

图 3.11　圆柱直齿轮零件图

任务 3.2　部件测绘

对机器或部件及它们的所属零件进行测量，绘制草图，经过整理后绘制出一套完整图纸的过程称为部件测绘。测绘工作是机械技术人员必须掌握的基本技能。

一、学习目标

部件测绘是“机械制图”课程教学的一个重要组成部分，它对后续课程的学习、毕业设计等有着重要的意义。

（一）知识能力目标

1. 掌握使用测量工具和徒手画图的方法，进一步提高绘图技能和技巧。
2. 能根据国家标准的规定，绘制正确的零件图和装配图。
3. 培养和发展学生的空间想象能力，并且具有三维形体构思和思维能力。
4. 提高运用计算机绘图软件绘制零件图和装配图的能力。

（二）职业行为目标

1. 培养学习者实践的观点、创新的意识及科学的思考方法。

2. 建立标准化的概念，培养良好的工程意识及团队协作精神。

3. 培养学习者耐心细致的工作作风及严肃认真的工作态度。

4. 提升学习者自主学习的能力。

二、过程与方法

部件测绘一般步骤如下。

1. 了解测绘对象。

认真观察、分析测绘对象，了解其用途、性能、工作原理、结构特点、各零件间的装配关系、主要零件的作用及其加工方法等。

了解的方法：一是参阅有关资料、说明书或同类产品的图纸；二是通过拆卸，对部件及其零件进行全面的了解、分析，并为绘制零件图做准备。

2. 拆卸部件和绘制装配示意图。

（1）拆卸部件时的注意点。

① 认真分析并确定拆卸顺序，按照拆卸顺序逐个拆下零件。

② 确定零件间的配合关系，弄懂其配合性质。对于过盈配合的零件，原则上不进行拆卸；对于过渡配合的零件，如果不影响对零件结构形状的了解和尺寸的测量，也可以不拆卸。

③ 要妥善保管好拆卸后的零件，以避免丢失。为了防止混乱，建议按照拆卸顺序进行编号并做好相应的记录。

④ 对重要的零件或零件上重要的表面，要防止碰伤、变形、生锈，以影响其精度。

⑤ 对零件较多的部件，为了便于拆卸后的组装，应该绘制装配示意图。

（2）绘制装配示意图时的注意点。

装配示意图是通过目测，徒手用简单的线条示意性地画出的机器或部件的图样。它用于表示机器或部件的结构、装配关系、工作原理和传动路线等，可以作为重新组装机器或部件及绘制装配图的参考。

① 装配示意图应该采用国家标准《机构运动简图符号》（附录1）绘制。

② 对于一般零件，可以按照其外形和结构特点用简单线条绘出大致轮廓。

③ 绘图时可以从主要零件入手，按照装配顺序逐个绘出。

④ 所有零件应该尽量集中在一个视图上表达，如果不能集中在一个视图上表达，可以绘制第二个示意图。

⑤ 示意图上应该对各零件进行编号或写出零件的名称，并与拆卸零件时的编号一致。如图3.12所示为球阀的装配示意图。

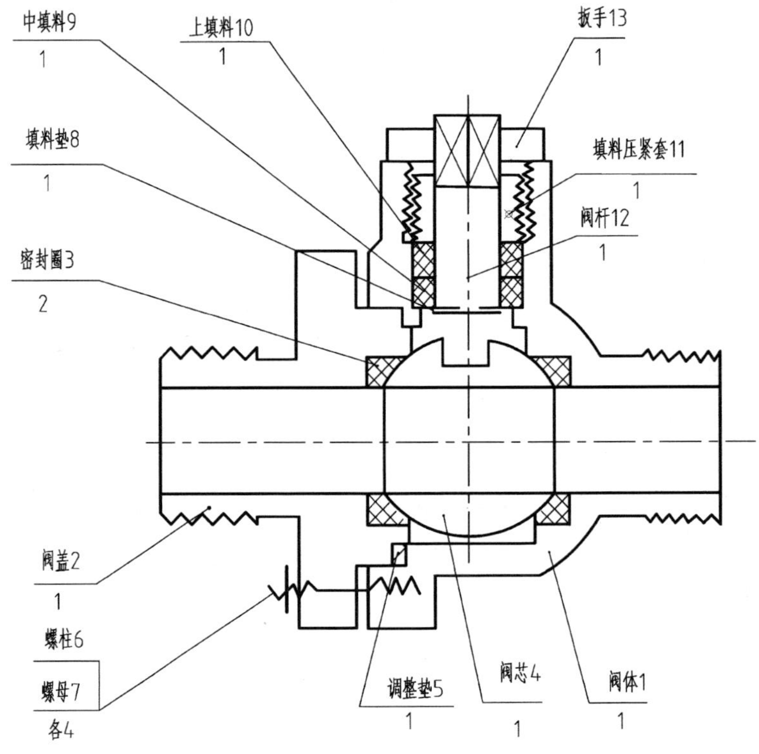

图 3.12　球阀的装配示意图

3. 绘制零件草图。

零件草图是绘制装配图和零件图的依据，在拆卸工作结束后，必须对零件进行测绘，绘制出零件草图，其绘制方法见本项目任务 3.1 中“情境一　阀盖的测绘”。

特别提示

(1) 对标准件，可以不绘制草图，但是必须测绘出其结构上的主要参数，如螺纹的公称直径、螺距，键的长、宽、高尺寸，写出其规定标记。

(2) 零件的配合尺寸，应该在两个零件草图上同时进行标注，以避免尺寸测量不一致。

(3) 相互关联的零件，应该考虑其联系尺寸。测绘全部完毕后，必须对相互关联的零件进行仔细审查校核。

4. 绘制零件图。

根据零件草图绘制零件工作图。

5. 绘制装配图。

根据装配示意图和零件工作图，绘制装配图。请参阅有关《机械制图》教材中绘制装配图的方法与步骤进行。

绘制装配图时，一定要按照尺寸准确绘制，如果发现零件草图中有错误，要及时更正。

三、测绘实例

情境一　安全阀的测绘

（一）测绘目的

部件测绘是“机械制图”课程的一个非常重要的实践教学环节，学生通过部件实物测绘，可全面和系统地复习、检查、巩固、深化、拓展所学的基础理论、基本知识与基本技能，进一步提高绘图、读图的质量和速度，为后续课程的学习打下坚实的基础。测绘后应达到以下目的。

1. 了解徒手绘制草图、测绘零部件的意义。

2. 掌握测绘装配体的一般方法和步骤。

3. 综合运用、巩固“机械制图”课程所学内容，进一步提高绘制零件图、装配图的能力，提升读图能力。

4. 掌握常用测绘工具的使用方法。

5. 掌握国家标准中有关制图的规定，初步具有查阅国家标准和手册的能力。

6. 培养自主学习意识、工程意识、分析问题与解决问题的能力，强化严格、细致的工作作风，培养科学严谨的工作态度和团体协作能力。

（二）测绘内容

1. 绘制安全阀部件的装配示意图。

2. 绘制非标准件的零件草图及标准件明细表（A3）。

3. 绘制非标准件的零件工作图（A3），如阀体、阀盖、螺杆等。

4. 绘制部件装配图（A2）。

5. 书写测绘体会。

（三）测绘对象、装配示意图及工作原理

1. 测绘对象。

测绘对象为安全阀，共有 12 种零件，总计 18 件。

2. 绘制安全阀的装配示意图。

根据国家标准《机构运动简图符号》，所绘制安全阀的装配示意图如图 3. 13 所示。

3. 安全阀的工作原理。

安全阀是安装在供油管路上的装置，在正常状态下阀门 3 靠弹簧的压力处在关闭的位置，此时油从阀体 1 右孔注入，经阀体下部的孔进入导管，当导管中油压由于某种原因增高而超过弹簧压力时，油就顶开阀门顺着阀体左端孔经另一导管流回油箱，这样就能确保管路的安全。

弹簧 2 的压力大小靠螺杆 9 来调节，为防止螺杆 9 松动，在螺杆 9 上部加一螺母 8，用以夹紧螺杆 9。阀罩 10 是用来保护螺杆 9 的。阀门 3 两侧有一小圆孔，这些小圆孔可使进入阀门内腔的油流出来，阀门内腔的小螺孔是工艺孔。阀体 1 与阀盖 5 用 4 个螺钉 11（螺柱）连接，中间夹一垫片 4，以防止漏油。

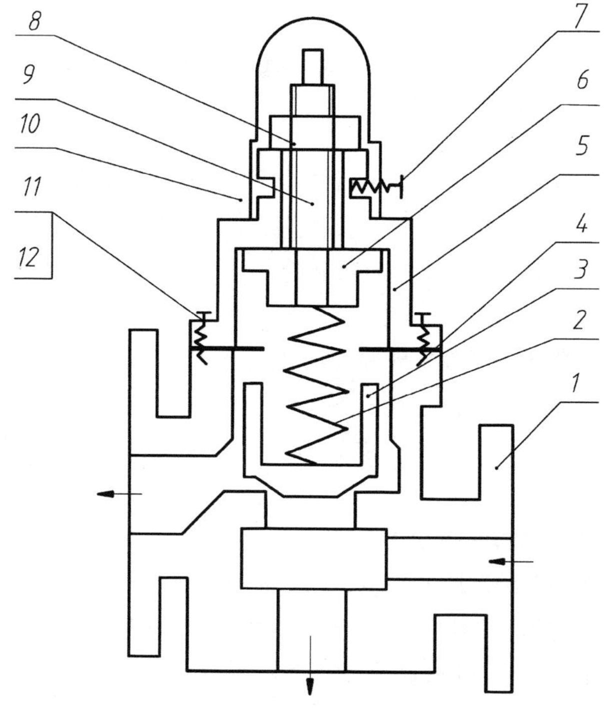

图 3.13　安全阀的装配示意图

4. 零件参考明细列表。

安全阀部件参考明细列表如表 3.1 所示。

表 3.1　安全阀部件参考明细列表

序号	名称	数量	材料	备注
1	阀体	1	HT20-40	
2	弹簧	1	60Mn	
3	阀门	1	H62	
4	垫片	1	纸	
5	阀盖	1	HT15-33	
6	托盘	1	H62	
7	固定螺钉	1	（规格自查）	GB 号请查阅有关国家标准
8	螺母	1	（规格自查）	GB 号请查阅有关国家标准
9	螺杆	1	35	

续表

序号	名称	数量	材料	备注
10	阀罩	1	ZL101	
11	螺钉	4	（规格自查）	GB号请查阅有关国家标准
12	垫圈	4	（规格自查）	GB号请查阅有关国家标准

备注：若安全阀阀盖与阀体之间用双头螺柱连接，再加4个螺母。

（四）测绘要求

1. 测绘分组进行，每个小组6~10人，选出小组长1人。人人要有大局意识、团队意识，服从小组长的管理，成员间相互配合协作，展现良好的精神风貌。

2. 服从管理，遵守测绘室管理规章制度与测绘室学生守则。

3. 要耐心细致，善始善终，质量第一；爱护器物，丢失赔偿；文明工作，不得喧哗；讲究卫生，专人值日。

4. 测绘前要认真阅读测绘指导书，明确测绘的目的、任务及方法和步骤，熟悉测绘工具的使用方法。

5. 对部件进行全面的分析、研究，了解部件的用途、结构、性能、工作原理及零件间的装配关系。

6. 绘制零件图和装配图时，严格执行国家标准《机械制图》的规定，在规定的时间内圆满完成测绘任务。

7. 将非标准件的零件草图全部画在A3坐标纸上，小零件可以分格绘制，力求排列整齐。

8. 零件草图绘图比例为1∶1，采用简易的标题栏，请参考图3.14绘制。但表达方案必须简洁、合理，尺寸、技术要求标注要齐全。

9. 完成草图后，仔细检查、核对，设计封面，编写图纸目录，装订成册。

10. 清洁部件、测绘工具与仪器，打扫测绘室，上交电子与成册作业。

（五）测绘过程与方法

1. 对照实物及示意图，了解安全阀的用途和工作原理。

2. 拆卸安全阀装配体，了解各零件的功用及装配关系，了解各零件的形状、结构、材料等。

3. 测量安全阀各标准件的规格尺寸，并填入明细表，从《机械制图》教材附录中查出其规定标记与材料名称。

4. 阅读《机械制图》同类参考书，参照同类零件的工作图，确定零件草图的表达方案，绘制安全阀非标准件的零件草图。

5. 在草图上应先画好尺寸界线、尺寸线、箭头，再逐个测量和填写尺寸数字。

6. 参照提示，制定安全阀各零件的技术要求。

7. 根据自己绘制的零件草图，绘制各非标准件的零件工作图，打印零件工作图。

8. 根据安全阀各零件图，绘制其装配图，打印装配图。

9. 全部草图、零件图、装配图完成后，仔细检查、核对，打印出图，设计封面，装订成册。

10. 回装安全阀。

（六）测绘参考及提示

1. 测绘中对零件的缺陷应予以纠正。测量尺寸时要注意各零件间有装配关系的尺寸，使之协调一致。对零件的工艺结构，可以查阅有关标准来确定形状和尺寸。

2. 尺寸公差参考。

一般孔 H7 或 H8，轴类 h6 或 h7，内螺纹 7H，外螺纹 6g。

3. 零件的表面质量参数值参考。

零件的表面质量参数值应根据零件表面的作用及实际情况确定，一般为：静止接触面$\sqrt{Ra\,12.5}$，无相对运动的配合面$\sqrt{Ra\,3.2}$或$\sqrt{Ra\,6.3}$，有相对运动的配合面$\sqrt{Ra\,1.6}$或$\sqrt{Ra\,0.8}$，其余加工面$\sqrt{Ra\,25}$，非加工面$\sqrt{\circ}$。

4. 装配图尺寸标注及配合公差参考。

装配图上应标注的尺寸请阅读《机械制图》教材有关内容。提示如下。

安装尺寸：阀体上左右阀盖、阀座安装孔的尺寸；进油孔的中心线至阀罩顶部的尺寸；阀体左端面至安全阀中心线的尺寸。

外形尺寸：总长、总宽、总高尺寸。

其他重要尺寸：如阀体进出油孔尺寸。

配合尺寸：在零件图选取了尺寸公差后就确定，即 H7/ h6 或 H8/ h7。

5. 草图参考。

（1）封面内容参考。

安全阀的测绘草图（20 号字）

班　级＿＿＿（10 号字）＿＿＿

学　号＿＿＿（10 号字）＿＿＿

姓　名＿＿＿（10 号字）＿＿＿

组　别＿＿＿（10 号字）＿＿＿

日　期＿＿＿（10 号字）＿＿＿

（2）草图绘制参考。

第一页　安全阀装配示意图及明细表

第二页　阀体

第三页　阀盖、罩子、阀门

第四页　垫片、弹簧、螺杆、弹簧垫

第五页　标准件图（记录注意尺寸，便于绘制装配体）及明细表

（3）草图标题栏参考（图3.14）。

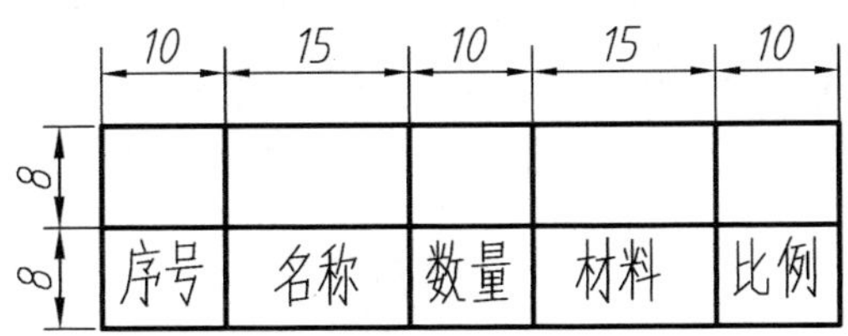

图3.14　草图标题栏参考格式

6. 日程安排参考。

（1）利用两天时间完成零件测绘草图。

（2）利用两天时间完成零件工作图。

（3）利用一天时间完成安全阀装配图。

（4）利用业余时间书写安全阀测绘体会。

（七）测绘注意事项

1. 对于标准件，要区分类型、测量规格尺寸并查阅有关标准，在明细表中填写标准件的规定标记与材料名称，在草图上记录标准件的主要尺寸，以便在绘制装配图时使用。

2. 将零件草图全部画在A3坐标纸上，小零件可分格绘制，力求排列整齐。

3. 相关零件结构尺寸及表面粗糙度应协调一致。

4. 对于不易拆卸的零件，不便硬拆，但草图应分开绘制。

5. 绘制装配图前，要合理选择表达方案，并经指导教师确认后，方可绘制。装配图必须完整、清晰、准确地表达装配结构及装配关系，符合工作位置，等等。做到图面布置合理。配合部位应标注配合公差，尺寸标注要符合装配图的要求。

6. 在动手拆卸前，应弄清拆卸顺序和方法，准备好所需要的拆卸工具和量具。

7. 在拆卸过程中，进一步了解安全阀，记住装配位置，必要时贴上零件的标签，编上顺序号码。有的零件为过盈配合或过渡配合，拆不开或不易拆开。若拆不开或不易拆开，经研究、分析，可以弄清形状和测出基本尺寸。能拆开的，拆卸时不要轻易用锤子敲打；非敲打不可的，应垫上铜块或木块后再敲打。

8. 画装配示意图时，对各零件的表达可以不受前后层次的限制（即当作透明体对待），一般用简单的图线画出零件的大致轮廓。国家标准规定了一些零部件的简图符号，详见附录1。画完的示意图上的零件要编号，并记入名称、件数、材料及标准代号。

9. 拆卸后的注意点。

（1）要保护机件的配合表面，防止损伤。

（2）防止零件丢失，小件应装箱或用铁线串起来保管。

（3）零件的件数较多，怕弄错时，在零件上挂好标签，并编上与装配示意图上一致的编号。

10. 回装齿轮油泵。

在现场测绘时，要在测绘完零件草图后回装机器。回装时，要注意装配顺序（包括零件的正反方向），做到一次安装成功。在装配中不轻易用锤子敲打，在装配前应将全部零件用煤油清洗干净，对配合面、加工面一定要涂上机油，方可装配。

情境二　A型齿轮油泵的测绘

（一）测绘目的

部件测绘是“机械制图”课程的一个非常重要的实践教学环节，学生通过部件实物测绘，可全面和系统地复习、检查、巩固、深化、拓展所学的基础理论、基本知识与基本技能，进一步提高绘图、读图的质量和速度，为后续课程的学习打下坚实的基础。测绘后应达到以下目的。

1. 了解徒手绘制草图、测绘零部件的意义。
2. 掌握测绘装配体的一般方法和步骤。
3. 综合运用、巩固“机械制图”课程所学内容，进一步提高绘制零件图、装配图的能力，提升读图能力。
4. 掌握常用测绘工具的使用方法。
5. 掌握国家标准中有关制图的规定，初步具有查阅国家标准和手册的能力。
6. 培养自主学习意识、工程意识、分析问题与解决问题的能力，强化严格、细致的工作作风，培养科学严谨的工作态度和团体协作能力。

（二）测绘内容

1. 绘制A型齿轮油泵的装配示意图。
2. 绘制A型齿轮油泵非标准件的零件草图及标准件明细表（A3）。
3. 绘制非标准件的零件工作图（A3），如泵盖、泵体、压盖、主动齿轮轴、从动齿轮轴等，打印零件图。
4. 绘制A型齿轮油泵的装配图（A2），打印装配图。
5. 书写测绘体会。

（三）测绘对象、装配示意图及工作原理

1. 测绘对象。

A型齿轮油泵共有16种零件，总计25件。

2. 绘制A型齿轮油泵的装配示意图。

根据国家标准《机构运动简图符号》，所绘制 A 型齿轮油泵的装配示意图如图 3.15 所示。

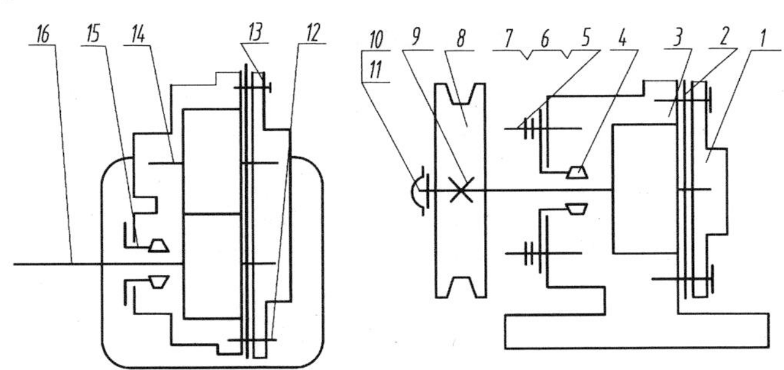

图 3.15　A 型齿轮油泵的装配示意图

3. A 型齿轮油泵的工作原理。

A 型齿轮油泵是液压传动和润滑系统中常用的部件。它通过一对啮合齿轮传动，将油从进油口吸入，由齿轮的齿间将油转至下端，通过出油口压出，以实现供油润滑功能。

A 型齿轮油泵由泵体 3、泵盖 1、主动齿轮轴 16、从动齿轮轴 14、皮带轮 8 等 16 种零件组成。泵体 3 和泵盖 1 之间用 6 个螺钉 15 连接，并用 2 个圆柱销 12 定位，垫片 2 起调节间隙和密封作用。齿轮轴 14、16 两端分别由泵体 3 和泵盖 1 支承。主动齿轮轴 12 的左端装有皮带轮 8，并用螺母 10、垫圈 11 拧紧，防止轴向松动。主动齿轮轴 16 上装有填料 4，通过填料压盖 13 和双头螺柱 5、垫圈 6、螺母 7 压紧，防止油沿轴向渗出，起密封作用。动力通过皮带轮 8 及平键 9 输入，使主动齿轮轴 16 旋转，带动从动齿轮轴 14 旋转。一对啮合的齿轮旋转，在泵体 3 上方进油口处产生局部真空，使压力降低，油被吸入，油从齿轮的齿隙被带到下方出油口处。当齿轮连续转动时出油口的油压增高，齿轮油泵起到加压和输油作用（图 3.16）。

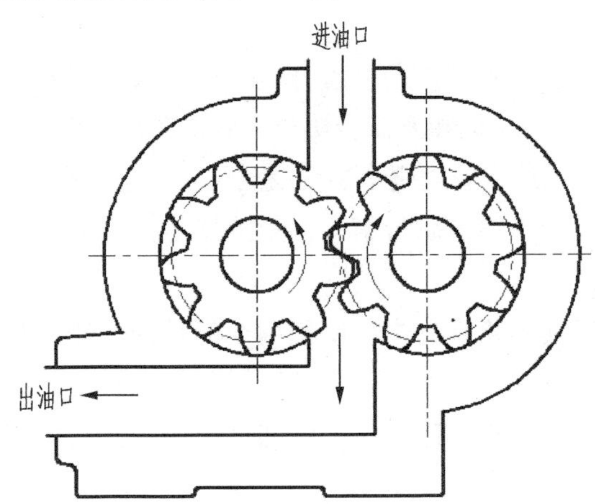

图 3.16　A 型齿轮油泵的工作原理图

4. 零件参考明细列表。

A 型齿轮油泵零件参考明细列表如表 3. 2 所示。

表 3. 2　A 型齿轮油泵零件参考明细列表

序号	名称	数量	材料	备注
1	泵盖	1	HT200	
2	垫片	1	工业用纸	
3	泵体	1	HT200	
4	填料	1	石棉绳	
5	双头螺柱	2	（自查确定）	GB 号请查阅有关国家标准
6	垫圈	2	（自查确定）	GB 号请查阅有关国家标准
7	螺母	2	（自查确定）	GB 号请查阅有关国家标准
8	皮带轮	1	HT150	
9	平键	1	（自查确定）	GB 号请查阅有关国家标准
10	螺母	1	（自查确定）	GB 号请查阅有关国家标准
11	垫圈	1	35（自查确定）	GB 号请查阅有关国家标准
12	圆柱销	2	（自查确定）	GB 号请查阅有关国家标准
13	压盖	1	HT200	
14	从动齿轮轴	1	45	$m=$　　，$z=$
15	螺钉	6	（自查确定）	GB 号请查阅有关国家标准
16	主动齿轮轴	1	45	$m=$　　，$z=$

备注：根据油泵上是否有保险装置而对零件进行增补，如图 3. 19 所示。

（四）测绘要求

1. 测绘分组进行，每组 6~10 人，选出小组长 1 人，人人要有大局意识、团队意识，服从小组长的管理，成员间相互配合协作，展现良好的精神风貌。

2. 服从管理，遵守测绘室管理规章制度及测绘室学生守则。

3. 要耐心细致，善始善终，质量第一；爱护器物，丢失赔偿；文明工作，不得喧哗；讲究卫生，专人值日。

4. 测绘前要认真阅读测绘指导书，明确测绘的目的、任务及方法和步骤，熟悉测绘工具的使用方法。

5. 对部件进行全面的分析、研究，了解部件的用途、结构、性能、工作原理及零件间的装配关系。

6. 严格执行国家标准《机械制图》的规定，绘制零件图和装配图，独立完成绘图任务。

7. 将零件草图全画在A3坐标纸上，小零件可分格绘制，力求排列整齐。

8. 零件草图绘图比例为1∶1，采用简易的标题栏，请参考图3.14绘制。但表达方案必须简洁、合理，尺寸、技术要求标注要齐全。

9. 完成草图后，仔细检查、核对，设计封面，编写图纸目录，装订成册。

10. 清洁部件、测绘工具与仪器，打扫测绘室，上交电子与成册作业。

（五）测绘过程与方法

1. 对照实物及示意图，了解A型齿轮油泵的用途和工作原理。

2. 拆卸A型齿轮油泵装配体，了解各零件的功用及装配关系，了解各零件的形状、结构、材料等。

3. 测量A型齿轮油泵各标准件的规格尺寸，并填入明细表，从《机械制图》教材附录中查出其规定标记与材料名称。

4. 阅读《机械制图》同类参考书，参照同类零件的工作图，确定零件草图的表达方案，绘制A型齿轮油泵非标准件的零件草图。

5. 在草图上应先画好尺寸界线、尺寸线、箭头，再逐个测量和填写尺寸数字。

6. 参照提示，制定A型齿轮油泵各零件的技术要求。

7. 根据自己所绘制的草图，绘制A型齿轮油泵各非标准件的零件工作图。

8. 根据A型齿轮油泵各零件草图，绘制其装配图。

9. 全部图纸完成后，应仔细检查、核对，打印出图，设计封面，装订成册。

10. 回装齿轮油泵。

（六）测绘参考及提示

1. 测绘中对零件的缺陷应予以纠正。测量尺寸时要注意各零件间有装配关系的尺寸，使之协调一致。对零件的工艺结构，可以查阅有关标准来确定形状和尺寸。

2. 尺寸公差参考。

一般孔H7或H8，轴类h6或h7，内螺纹7H，外螺纹6g。

3. 零件的表面质量参数值参考。

零件的表面质量参数值应根据零件表面的作用及实际情况确定，一般为：静止接触面$\sqrt{Ra\ 12.5}$，无相对运动的配合面$\sqrt{Ra\ 3.2}$或$\sqrt{Ra\ 6.3}$，有相对运动的配合面$\sqrt{Ra\ 1.6}$或$\sqrt{Ra\ 0.8}$，其余加工面$\sqrt{Ra\ 25}$，非加工面$\mathring{\sqrt{}}$。

4. 装配图尺寸标注及配合公差参考。

装配图上应标注的尺寸请阅读《机械制图》教材有关内容。提示如下。

性能尺寸：进出油口尺寸G3/4英寸。

配合尺寸：轴与泵体、轴与泵盖、轴与齿轮、轴与皮带轮其配合尺寸公差为H7/h6；齿轮齿顶圆与泵体孔腔为H8/h7；压盖与泵体内孔其配合尺寸公差为H11/d11。

安装尺寸：主动齿轮轴与从动齿轮轴间距其技术要求上偏差为+0.3 mm，下偏差为+0.1 mm；泵体底座安装孔及空心距；主动齿轮轴的轴线与泵体底座间距。

外形尺寸：总长、总宽、总高尺寸。

5. 装配图技术要求参考。

（1）泵盖与齿轮间的端面间隙为 0.05~0.12 mm，间隙使用垫片来调节。

（2）安装完成后齿轮油泵使用 18 kgf/cm^2 的柴油进行压力试验，不能有渗漏现象。

（3）装配后齿顶圆与泵体内圈表面间隙为 0.02~0.06 mm。

（4）装配后使用（60±2）℃和 14 kgf/cm^2 的柴油进行试验，当转速为 950 r/min 时，输油量不得小于 10 L/min。

6. 草图参考。

（1）封面内容请参照安全阀的测绘封面内容。

（2）草图绘制参考。

第一页　A 型齿轮油泵装配示意图及明细表

第二页　泵体

第三页　泵盖、压盖、从动齿轮轴、皮带轮

第四页　垫片、主动齿轮轴

第五页　标准件图（记录注意尺寸便于绘制装配体）及明细表

（3）草图标题栏参考。

请参照图 3.14 绘制。

7. 日程安排参考。

（1）利用两天时间完成零件测绘草图。

（2）利用两天时间完成指定的 A 型齿轮油泵的零件工作图。

（3）利用一天时间完成 A 型齿轮油泵的装配图。

（4）利用业余时间书写测绘体会。

（七）测绘注意事项

1. 对于标准件，要区分类型、测量规格尺寸并查阅有关标准，在明细表中填写标准件的规定标记与材料名称，在草图上记录标准件的主要尺寸，以便在绘制装配图时使用。

2. 将零件草图全部画在 A3 坐标纸上，小零件可分格绘制，力求排列整齐。

3. 相关零件结构尺寸及表面粗糙度应协调一致。

4. 对于不易拆卸的零件，不便硬拆，但草图应分开绘制。

5. 绘制装配图前，要合理选择表达方案，需经指导老师确认后，方可绘制。装配图必须完整、清晰、准确地表达装配结构和装配关系，符合工作位置，等等。做到图面布置合理。配合部位应标注配合公差，尺寸标注要符合装配图的要求。

6. 在动手拆卸前，应弄清拆卸顺序和方法，准备好所需要的拆卸工具和量具。

7. 在拆卸过程中，进一步了解齿轮泵，要记住装配位置，必要时贴上零件的标签，编上顺序号码。有的零件呈过盈配合或过渡配合，拆不开或不易拆开（如主动齿轮与轴、泵盖与轴套、泵座与轴套等）。若拆不开或不易折开，经研究、分析，可以弄清形状和测出基本尺寸。能折开的，拆卸时不要轻易用锤子敲打；非敲打不可的，应垫上铜

块或木块后再敲打。

8. 画装配示意图时，对各零件的表达可以不受前后层次的限制（当作透明体对待），一般用简单的图线画出零件的大致轮廓，国家标准规定了一些零部件的简图符号，尽可能使用。画完的示意图上的零件要编号，并记入名称、件数、材料及标准代号。

9. 拆卸后的注意点。

（1）要保护机件的配合表面，防止损伤。

（2）防止零件丢失，小件应装箱或用铁线串起来保管。

（3）零件的件数较多，怕弄错时，在零件上挂好标签，并编上与装配示意图上一致的编号。

10. 回装A型齿轮油泵。

在现场测绘时，要在测绘完零件草图后回装机器。回装时，要注意装配顺序（包括零件的正反方向），做到一次安装成功。在装配中不轻易用锤子敲打，在装配前应将全部零件用煤油清洗干净，对配合面、加工面一定要涂上机油，方可装配。

情境三　B型齿轮油泵的测绘

（一）测绘目的

部件测绘是"机械制图"课程的一个非常重要的实践教学环节，学生通过部件实物测绘，可全面和系统地复习、检查、巩固、深化、拓展所学的基础理论、基本知识与基本技能，进一步提高绘图、读图的质量和速度，为后续课程的学习打下坚实的基础。测绘后应达到以下目的。

1. 了解徒手绘制草图、测绘零部件的意义。
2. 掌握测绘装配体的一般方法和步骤。
3. 综合运用、巩固"机械制图"课程所学内容，进一步提高绘制零件图、装配图的能力，提升读图能力。
4. 掌握常用测绘工具的使用方法。
5. 掌握国家标准中有关制图的规定，初步具有查阅国家标准和手册的能力。
6. 培养自主学习意识、工程意识、分析问题与解决问题的能力，强化严格、细致的工作作风，培养科学严谨的工作态度和团体协作能力。

（二）测绘内容

1. 绘制B型齿轮油泵的装配示意图。
2. 绘制B型齿轮油泵非标准件的零件草图及标准件明细表（A3）。
3. 绘制B型齿轮油泵非标准件的零件工作图（A3），如泵盖、泵体、压盖、主动齿轮轴、从动齿轮轴等。
4. 绘制B型齿轮油泵的装配图（A2）。
5. 书写测绘体会。

（三）测绘对象、装配示意图及工作原理

1. 测绘对象。

B 型齿轮油泵共有 16 种零件，总计 22 件。

2. 绘制 B 型齿轮油泵的装配示意图。

根据国家标准《机构运动简图符号》，所绘制 B 型齿轮油泵的装配示意图如图 3. 17 所示。

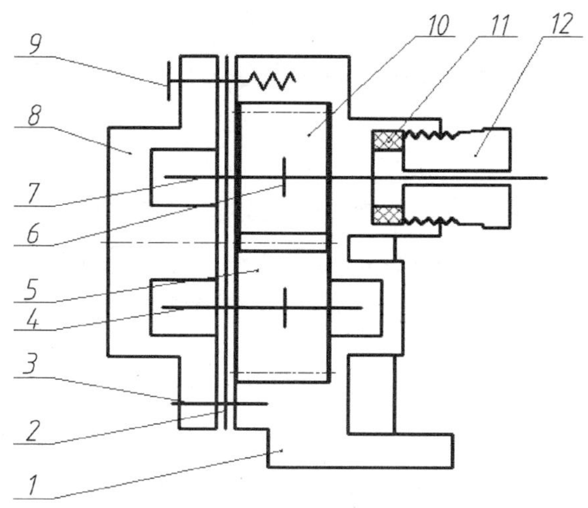

图 3. 17　B 型齿轮泵装配示意图

3. B 型齿轮油泵的工作原理。

B 型齿轮油泵用来给润滑系统提供压力油，其工作原理如图 3. 18 所示。当主动齿轮顺时针方向旋转时，带动从动齿轮逆时针方向旋转，此时，相啮合的两个齿轮左边的轮齿逐渐分开，空腔内体积增大，压力降低，油液被吸入并随着齿轮的旋转被带到右腔；右边的轮齿逐渐啮合，空腔内的体积减小，不断挤出油液，使之成为高压油从出油口压出，经管道输送到指定部位。

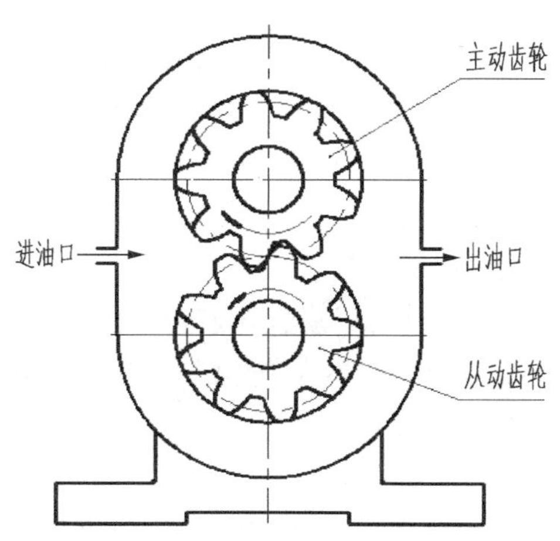

图 3. 18　B 型齿轮油泵的工作原理图

为了使输出油液的油压处于某一范围内，保证油路的安全，有些油泵的高压区一边的泵盖上设计了一个保险装置（类似于溢流阀），如图 3. 19 所示。当高压区油压过高，超过弹簧的调定压力时，油液会将钢球顶开，从高压区流回低压区。而当高压区油压下降后，弹簧推动钢球再将高、低压区的通道堵死。

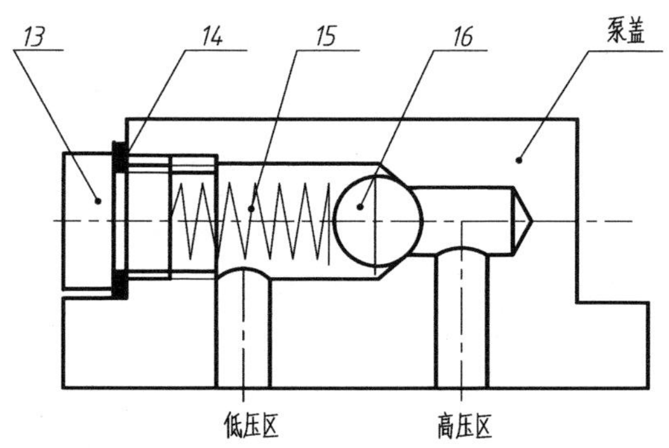

图 3. 19 泵盖上的保险装置

为防止油液泄漏，泵体和泵盖之间使用密封垫片，垫片也能起到调整轴向间隙的作用。主动轴输出端与泵体之间有密封及其调节装置（填料和调节螺塞），泵体上油液的输入、输出孔使用管螺纹与油管连接。

4. 零件参考明细列表。

B 型齿轮油泵零件参考明细列表如表 3. 3 所示。

表 3. 3 B 型齿轮油泵零件参考明细列表

序号	零件名称	件数	材料	备注
1	泵体	1	HT200	
2	垫片	1	工业用纸	
3	销	2	（自查确定）	GB 号请查阅有关国家标准
4	从动轴	1	45	
5	从动齿轮	1	45	$m=$ ， $z=$
6	销	1	（自查确定）	GB 号请查阅有关国家标准
7	主动轴	1	45	
8	泵盖	1	HT200	
9	螺栓	1	（自查确定）	GB 号请查阅有关国家标准
10	主动齿轮	1	45	$m=$ ， $z=$
11	密封填料	6	粗羊毛毡	

续表

序号	零件名称	件数	材料	备注
12	填料螺塞	1	45	
13	调压螺柱	1	45	
14	垫片	1	Q235A	
15	弹簧	1	65Mn	$D=$　　，$n=$
16	钢球	1	45	

备注：根据油泵上是否有保险装置，对零件进行取舍。

（四）测绘要求

1. 测绘分组进行，每小组6~10人，选出小组长1人。人人要有大局意识、团队意识，服从小组长的管理，成员间相互配合协作，展现良好的精神风貌。

2. 服从管理，遵守测绘室管理规章制度及测绘室学生守则。

3. 要耐心细致，善始善终，质量第一；爱护器物，丢失赔偿；文明工作，不得喧哗；讲究卫生，专人值日。

4. 测绘前要认真阅读测绘指导书，明确测绘的目的、任务及方法和步骤，熟悉测绘工具的使用方法。

5. 对部件进行全面的分析、研究，了解部件的用途、结构、性能、工作原理及零件间的装配关系。

6. 严格执行国家标准《机械制图》的规定，绘制零件图和装配图，独立完成绘图任务。

7. 将零件草图全画在A3坐标纸上，小零件可分格绘制，力求排列整齐。

8. 零件草图绘图比例为1∶1，采用简易的标题栏，请参考图3.14绘制。但表达方案必须简洁、合理，尺寸、技术要求标注要齐全。

9. 完成草图后，应仔细检查、核对，设计封面，编写图纸目录，装订成册。

10. 清洁部件、测绘工具与仪器，打扫测绘室，上交电子与成册作业。

（五）测绘过程与方法

1. 对照实物及示意图，了解B型齿轮油泵的用途和工作原理。

2. 拆卸B型齿轮油泵装配体，了解各零件的功用及装配关系，了解各零件的形状、结构、材料等。

3. 测量B型齿轮油泵各标准件的规格尺寸，并填入明细表，从《机械制图》教材附录中查出其规定标记与材料名称。

4. 阅读《机械制图》同类参考书，参照同类零件的工作图，确定零件草图的表达方案，绘制B型齿轮油泵非标准件的零件草图。

5. 在草图上应先画好尺寸界线、尺寸线、箭头，再逐个测量和填写尺寸数字。

6. 参照提示，制定 B 型齿轮油泵各零件的技术要求。

7. 根据 B 型齿轮油泵的泵体与主动齿轮轴草图，绘制其零件工作图。

8. 根据 B 型齿轮油泵各零件草图，绘制其装配图。

9. 全部图纸完成后，仔细检查、核对，打印出图，设计封面，装订成册。

10. 回装齿轮油泵。

（六）测绘参考及提示

1. 测绘中对零件的缺陷应予以纠正。测量尺寸时要注意各零件间有装配关系的尺寸，使之协调一致。对零件的工艺结构，可以查阅有关标准来确定形状和尺寸。

2. 尺寸公差参考。

一般孔 H7 或 H8，轴类 f6 或 f7，内螺纹 7H，外螺纹 6g。

3. 零件的表面质量参数值参考。

零件的表面质量参数值应根据零件表面的作用及实际情况确定，一般为：静止接触面$\sqrt{Ra\ 12.5}$，无相对运动的配合面$\sqrt{Ra\ 3.2}$或$\sqrt{Ra\ 6.3}$，有相对运动的配合面$\sqrt{Ra\ 1.6}$或$\sqrt{Ra\ 0.8}$，其余加工面$\sqrt{Ra\ 25}$，非加工面$\sqrt[\circ]{}$。

4. 装配图尺寸标注及配合公差参考。

装配图上应标注的尺寸请阅读《机械制图》教材有关内容。提示如下。

性能尺寸：进出油口尺寸 Rp3/8 英寸。

配合尺寸：齿轮齿顶圆与泵体孔腔、齿轮与轴之间的配合尺寸公差为 H8/f7，主动轴、从动轴与泵盖内孔，主动轴、从动轴与泵体内孔，其配合尺寸公差为 H7/h6。

安装尺寸：主动齿轮轴与从动齿轮轴间距其技术要求上偏差为+0.016 mm，下偏差为-0.016 mm；泵体底座安装孔及空心距；主动齿轮轴的轴线与泵体底座间距。

外形尺寸：总长、总宽、总高尺寸。

5. 装配图技术要求参考。

（1）齿轮油泵只能单方向旋转，不得反转。

（2）装配后必须进行油压试验，任何部位不得有漏油现象。

（3）泵盖与齿轮之间的端面安装间隙为 0.05~0.12 mm，间隙用垫片调整。

齿轮装配后，用手转动应灵活。两齿轮的轮齿啮合长度应在齿长的 3/4 以上。

齿轮侧面与泵盖的间隙为 0.09~0.12 mm，可加纸垫调整。

（4）泵的技术特性参考。

当升温达 (90±3)℃，油压为 6×10^4 Pa；转数为 1 857 r/min；流量为 3 290 L/h。

6. 草图参考。

（1）封面内容请参照安全阀的测绘封面内容。

（2）草图绘制参考。

第一页　B 型齿轮油泵装配示意图及明细表

第二页　泵体

第三页　泵盖、压盖、从动齿轮轴、皮带轮

第四页　垫片、主动齿轮轴

第五页　标准件图（记录注意尺寸便于绘制装配体）及明细表

（3）草图标题栏参考。

请参照图 3.14 绘制。

7. 日程安排参考。

（1）利用两天时间完成 B 型齿轮油泵零件测绘草图。

（2）利用两天时间完成指定的 B 型齿轮油泵的零件工作图。

（3）利用一天时间完成 B 型齿轮油泵的装配图。

（4）利用业余时间书写测绘体会。

（七）测绘注意事项

1. 对于标准件，要区分类型、测量规格尺寸并查阅有关标准，在明细表中填写标准件的规定标记与材料名称，在草图上记录标准件的主要尺寸，以便在绘制装配图时使用。

2. 将零件草图全部画在 A3 坐标纸上，小零件可分格绘制，力求排列整齐。

3. 相关零件结构尺寸及表面粗糙度应协调一致。

4. 对于不易拆卸的零件，不便硬拆，但草图应分开绘制。

5. 绘制装配图前，要合理选择表达方案，需经指导教师确认后，方可绘制。装配图必须完整、清晰、准确地表达装配结构和装配关系，符合工作位置，等等。做到图面布置合理。配合部位应标注配合公差，尺寸标注要符合装配图的要求。

6. 在动手拆卸前，应弄清拆卸顺序和方法，准备好所需要的拆卸工具和量具。

7. 在拆卸过程中，进一步了解齿轮泵，要记住装配位置，必要时贴上零件的标签，编上顺序号码。有的零件呈过盈配合或过渡配合，拆不开或不易拆开（如主动齿轮与轴、泵盖与轴套、泵座与轴套等）。若拆不开或不易折开，经研究、分析，可以弄清形状和测出基本尺寸。能拆开的，拆卸时不要轻易用锤子敲打；非敲打不可的，应垫上铜块或木块后再敲打。

8. 画装配示意图时，对各零件的表达可以不受前后层次的限制（即当作透明体对待），一般用简单的图线画出零件的大致轮廓，国家标准中规定了一些零部件的简图符号，尽可能使用简图。对画完的示意图上的零件要编号，并记入名称、件数、材料及标准代号。

9. 拆卸后的注意点。

（1）要保护机件的配合表面，防止损伤。

（2）防止零件丢失，小件应装箱或用铁线串起来保管。

（3）零件的件数较多，防止混淆，应在零件上挂好标签，并编上与装配示意图上一致的编号。

10. 回装 B 型齿轮油泵。

在现场测绘时，要在测绘完零件草图后回装机器。回装时，要注意装配顺序（包括零件的正反方向），做到一次安装成功。在装配中不轻易用锤子敲打，在装配前应将全部零件用煤油清洗干净，对配合面、加工面一定要涂上机油，方可装配。

附录 1　机构运动简图符号摘录

机构名称	基本符号	可用符号
机架	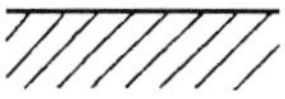	
轴、杆		
组成部分与轴（杆）的固定连接	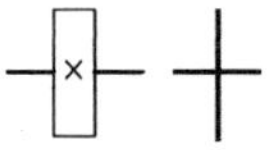	
齿轮传动		
圆柱齿轮	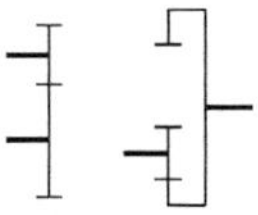	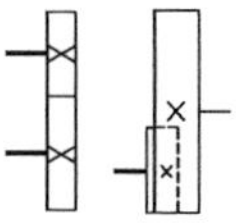
圆锥齿轮	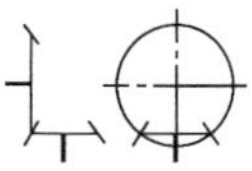	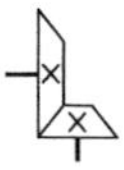
蜗轮与球面蜗杆	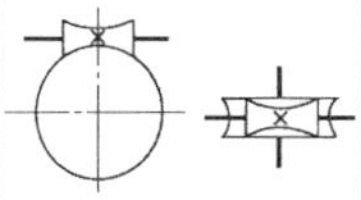	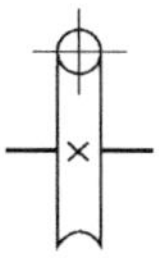
齿条传动	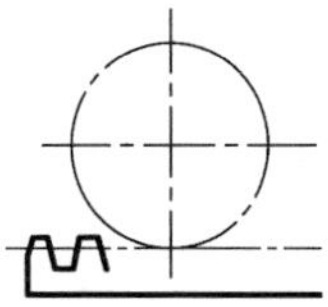	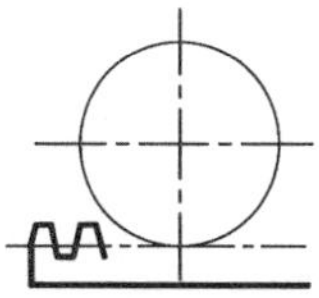
扇形齿轮传动	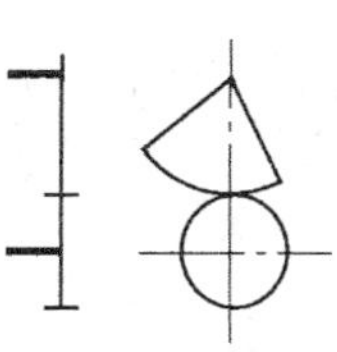	

机构名称	基本符号	可用符号
凸轮机构		
盘形凸轮	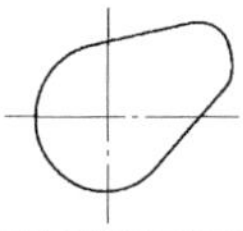	
圆柱凸轮	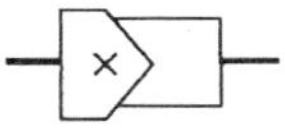	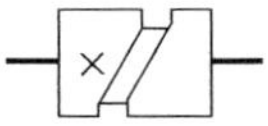
凸轮从动杆		
尖顶	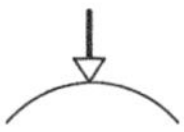	
曲面	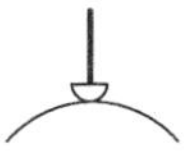	
滚子	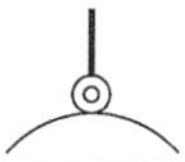	
向心轴承		
滑动轴承	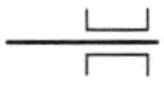	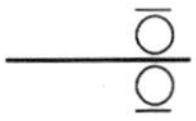
滚动轴承	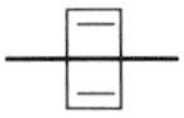	
推力轴承		
单向	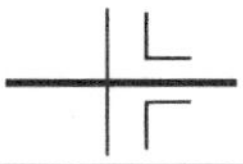	
双向	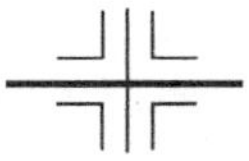	
滚动轴承	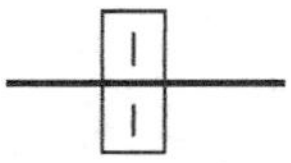	
向心推力轴承		
单向	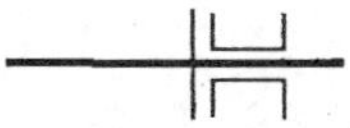	

续表

机构名称	基本符号	可用符号
双向		
滚动轴承		
啮合式离合器		
单向式		
双向式		
摩擦离合器		
单向式		
双向式		
电磁离合器		
安全离合器		
带有易损元件		
无易损元件		
制动器		

机构名称	基本符号	可用符号
弹簧		
压缩弹簧	∅或□	
拉伸弹簧		
扭转弹簧		
涡卷弹簧		
带传动		
链传动		
螺杆传动整体螺母		
挠性轴		

附录 2　标准归档图纸折叠方法

一、各种尺寸的图纸折成 A4 的方法

1. A0 折叠成 A4，需装订，留边：按附图 2.1 中的顺序和尺寸，折完后图号在上，有装订边。将 A0 折叠成 A4 的方法如附图 2.1 所示。注意折叠顺序和尺寸。

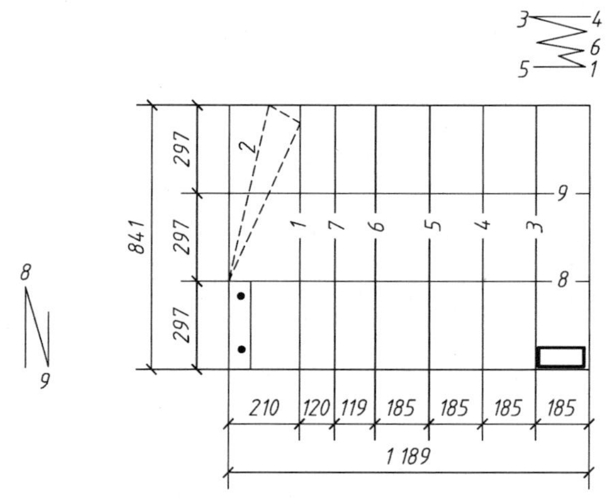

附图 2.1　A0 折叠成 A4

2. A1 折叠成 A4，需装订，留边：按附图 2.2 中的顺序和尺寸，折完后图号在上，有装订边。将 A1 折叠成 A4 的方法如附图 2.2 所示。注意折叠顺序和尺寸。

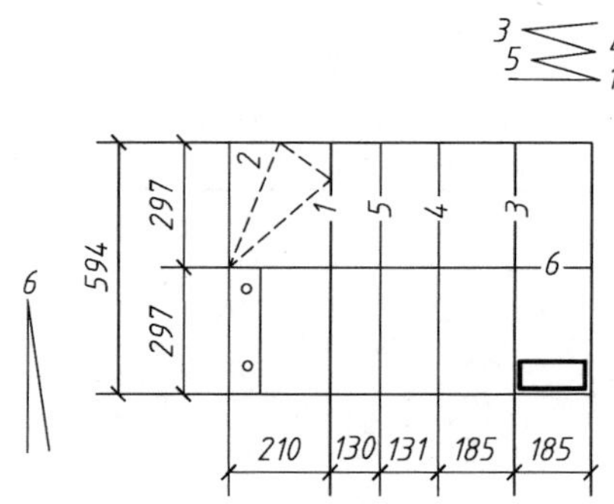

附图 2.2　A1 折叠成 A4

3. A2 折叠成 A4，需装订，留边：按附图 2.3 中的顺序和尺寸，折完后图号在上，有装订边。将 A2 折叠成 A4 的方法如附图 2.3 所示。注意折叠顺序和尺寸。

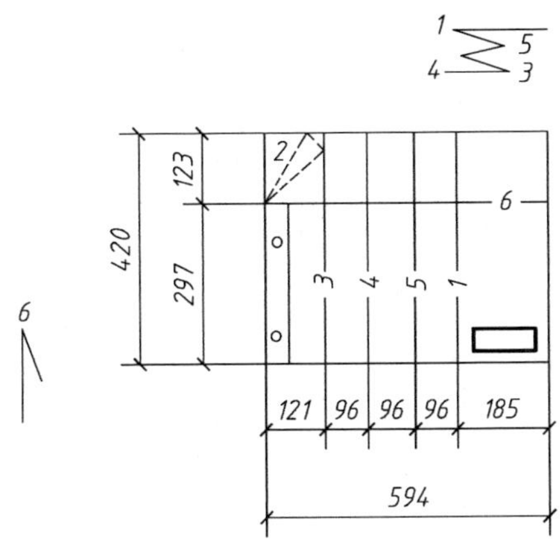

附图 2.3 A2 折叠成 A4

4. A3 折叠成 A4，需装订，留边：按附图 2.4 中的顺序和尺寸，折完后图号在上，有装订边。将 A3 折叠成 A4 的方法如附图 2.4 所示。注意折叠顺序和尺寸。

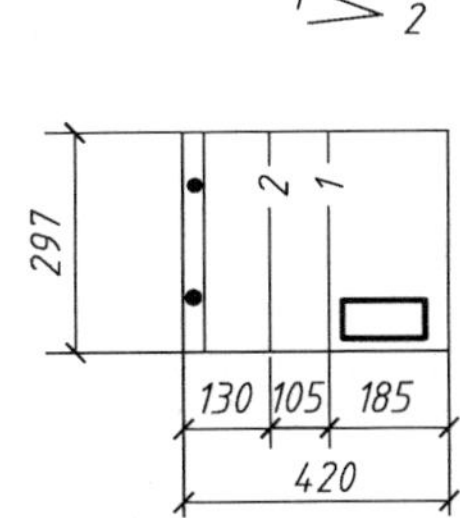

附图 2.4 A3 折叠成 A4

二、各种尺寸的图纸折成 A3 的方法

将各种尺寸的图纸折成 A3 的方法与 A4 类似，但 A3 一般横向装订，尺寸有所不同。

1. A0 折叠成 A3，需装订，留边：按附图 2.5 中的顺序和尺寸，折完后图号在上，有装订边。将 A0 折叠成 A3 的方法如附图 2.5 所示。注意折叠顺序和尺寸。

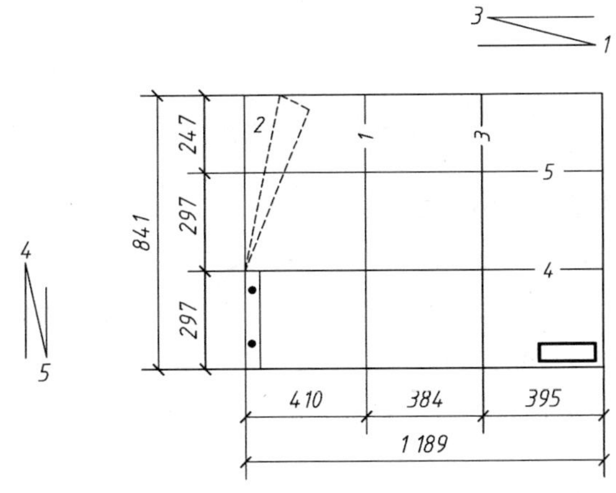

附图 2.5 A0 折叠成 A3

2. A1 折叠成 A3，需装订，留边：按附图 2.6 中的顺序和尺寸，折完后图号在上，有装订边。将 A1 折叠成 A3 的方法如附图 2.6 所示。注意折叠顺序和尺寸。

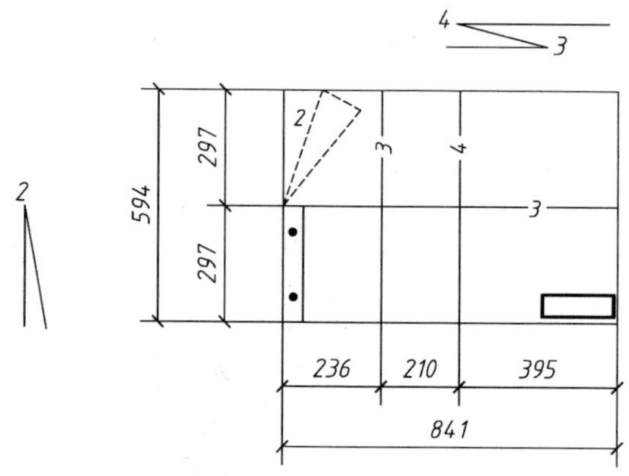

附图 2.6　A1 折叠成 A3

3. A2 折叠成 A3，需装订，留边：按附图 2.7 中的顺序和尺寸，折完后图号在上，有装订边。将 A2 折叠成 A3 的方法如附图 2.7 所示。注意折叠顺序和尺寸。

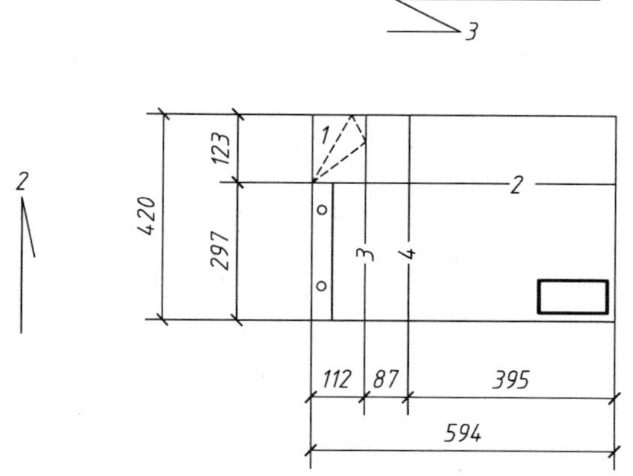

附图 2.7　A2 折叠成 A3

三、不需要装订的图纸折叠方法

不需要装订的图纸折起来要简单一些，各种尺寸的图纸的折叠方法如下。

1. A0 折叠成 A4：按附图 2.8 中的顺序和尺寸，折完后图号在上。将 A0 折叠成 A4 的方法如附图 2.8 所示。注意折叠顺序和尺寸。

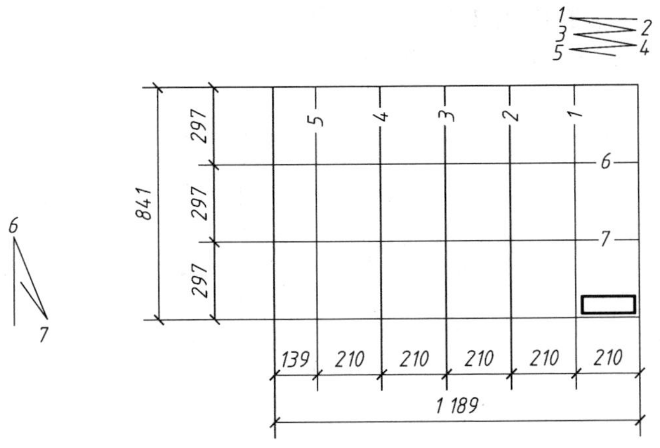

附图 2. 8　A0 折叠成 A4（不装订）

2. A1 折叠成 A4：按附图 2. 9 中的顺序和尺寸，折完后图号在上。将 A1 折叠成 A4 的方法如附图 2. 9 所示。注意折叠顺序和尺寸。

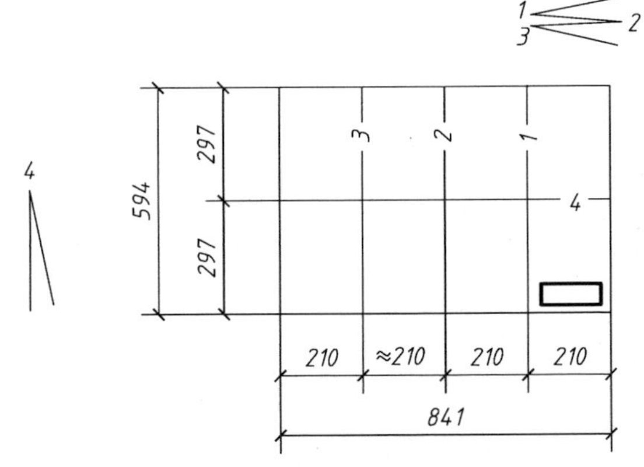

附图 2. 9　A1 折叠成 A4（不装订）

3. A2 折叠成 A4：按附图 2. 10 中的顺序和尺寸，折完后图号在上。将 A2 折叠成 A4 的方法如附图 2. 10 所示。注意折叠顺序和尺寸。

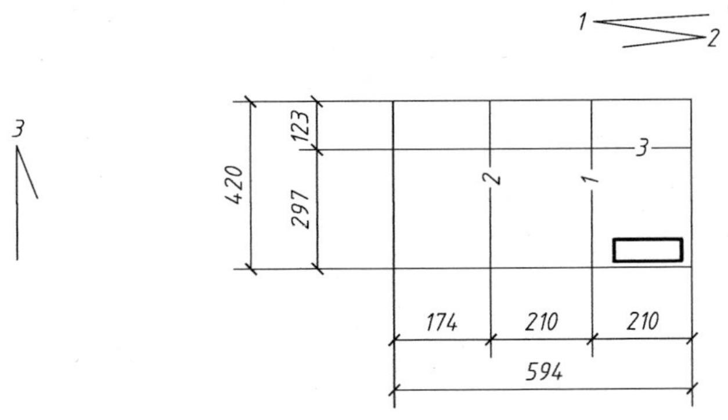

附图 2. 10　A2 折叠成 A4（不装订）

4. A3 折叠成 A4：按附图 2.11 中的顺序和尺寸，折完后图号在上。将 A3 折叠成 A4 的方法如附图 2.11 所示。注意折叠顺序和尺寸。

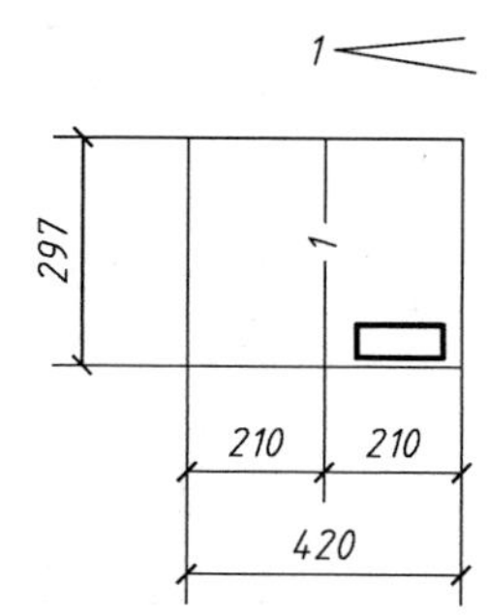

附图 2.11　A3 折叠成 A4（不装订）

附录 3　计算机绘图模拟试题

注意事项：

1. 所绘制的图形线型要正确，绘图要精确。请仔细阅读绘图要求。

2. 试卷要及时保存，请开机建立新文档后立刻点击“保存”按钮，保存位置最好为桌面。考试结束后，点击“保存”按钮，关掉 DWG 文件，通过系统软件上交。文件名格式：学号姓名。本试卷中的“学号”均为学生本人的学号后两位数字。

作图要求：

1. 自己布置视图，将所有图形画在一张 A3 图纸上，尺寸为 297 mm×420 mm，横放。图框线为不留装订边形式（$e=10$），内图框线为粗实线，线宽为 0.5 mm，外图框线为细实线，线宽为 0.2 mm，注意线型。(5 分)

2. 在图框的右下角，按照附图 3.1 中的尺寸与形式画出简易标题栏。建立字体式样名为：工程直体学号（字体名选择 gbenor，使用大字体书写汉字）、工程斜体学号（字体名选择 gbeitc，使用大字体书写数字）；使用 5 号字书写附图 3.1 所有内容，否则扣分。将图名“CAD”、所填写学号定义为属性后，将附图 3.1 定义成学号块（块名为学号）。将图名改成“考试试卷”，学号书写成自己学号后两位数字。(20 分)

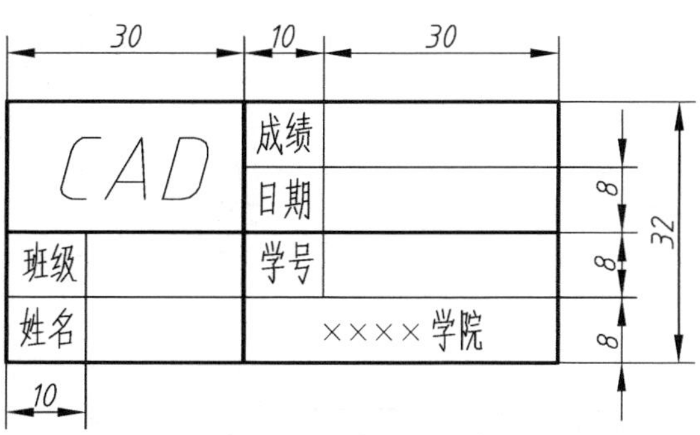

附图 3.1　按照 1∶1 比例绘制，不标注尺寸

3. 按照附表 3.1 中要求建立图层，0 层不变。线宽按照国家标准要求进行选择。另外，根据绘图需要，可以建立其他图层，层名自定。所绘制的图线、书写的文字、标注的尺寸应与图层对应。例如，同一种线型应绘制在同一图层上，颜色、线宽应相同。(5 分)

附表 3.1　图层基本信息

序号	图层名	颜色	线型
1	中心线学号	自选（要使用有明显区别的颜色）	center
2	粗实线学号		continuous

续表

序号	图层名	颜色	线型
3	虚线学号	自选（要使用有明显区别的颜色）	dashed
4	尺寸标注学号		continuous
5	字体学号		continuous

4. 绘制附图 3.2，绘图比例为 1∶1，将其按照图中角度的等份数等分并连线（请保留等分记号），建立名为“尺寸学号”的标注式样并建立角度标注的子式样，标注角度、长度尺寸。(15 分)

5. 绘制附图 3.3，绘图比例为 1∶1，不标注尺寸，单学号绘制附图 3.3（a），双学号绘制附图 3.3（b）。(10 分)

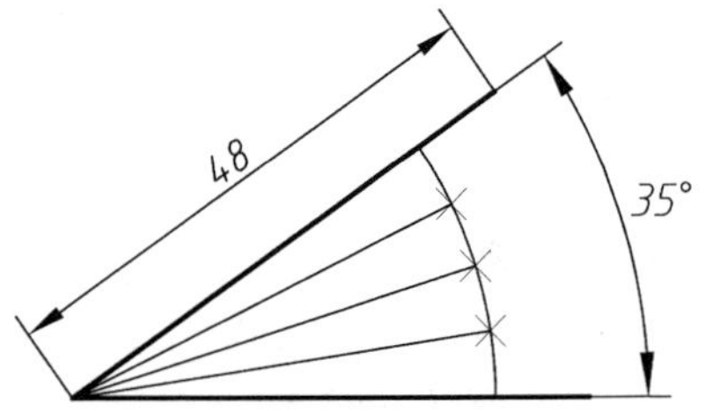

附图 3.2　按照 1∶1 比例绘制，标注尺寸

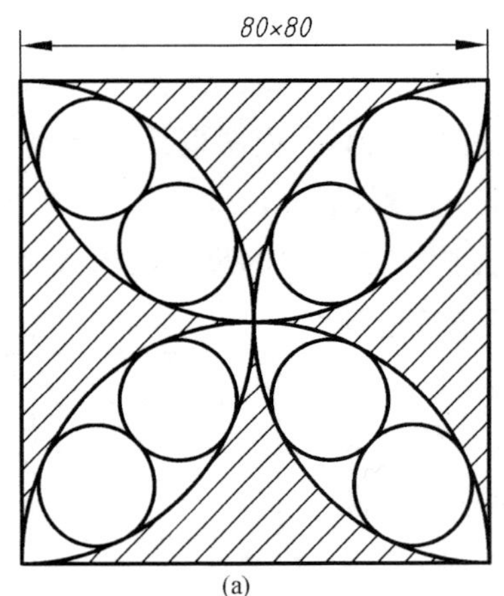

(a)

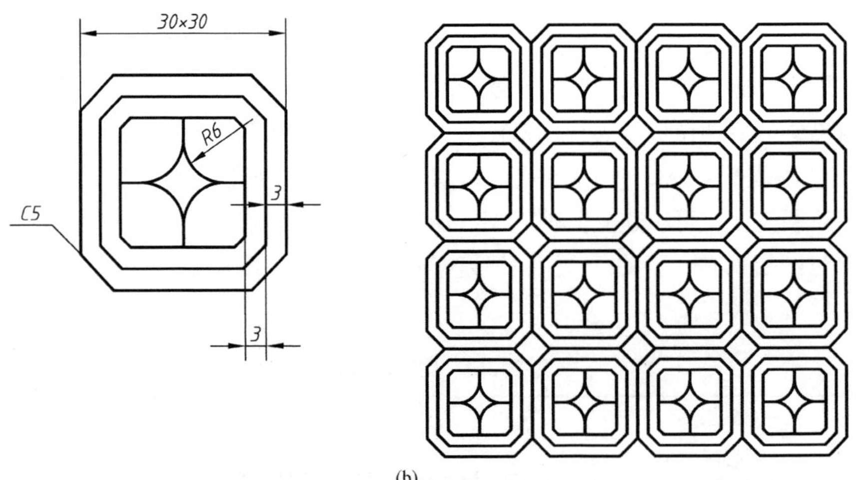

(b)

附图 3.3　按照 1∶1 比例绘图，不标注尺寸

6. 绘制附图 3.4，绘图比例为 1∶2，标注尺寸，单学号绘制附图 3.4（a），双学号绘制附图 3.4（b）。（15 分）

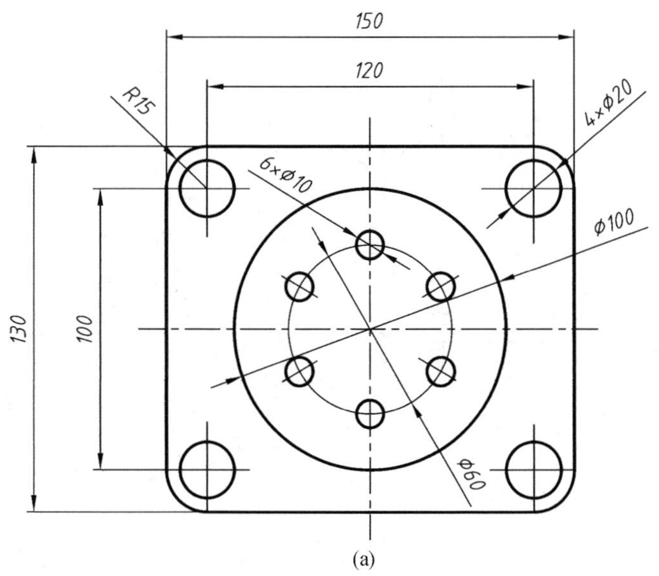

(a)

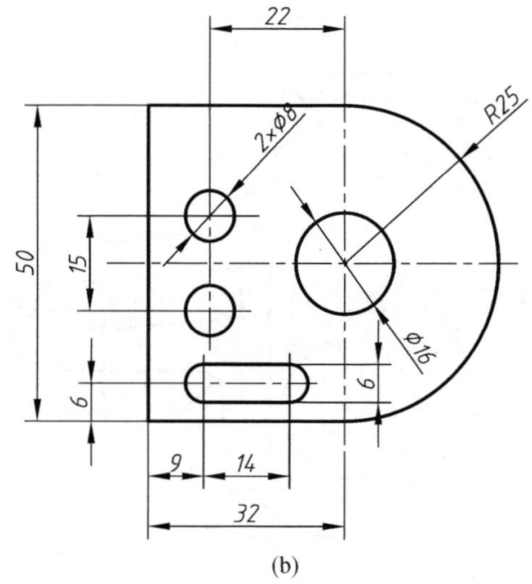

(b)

附图 3.4　按照 1∶2 比例绘制，标注尺寸

7. 绘制附图 3.5，绘图比例为 1∶1，不标注尺寸。单学号绘制附图 3.5（a），双学号绘制附图 3.5（b）。（15 分）

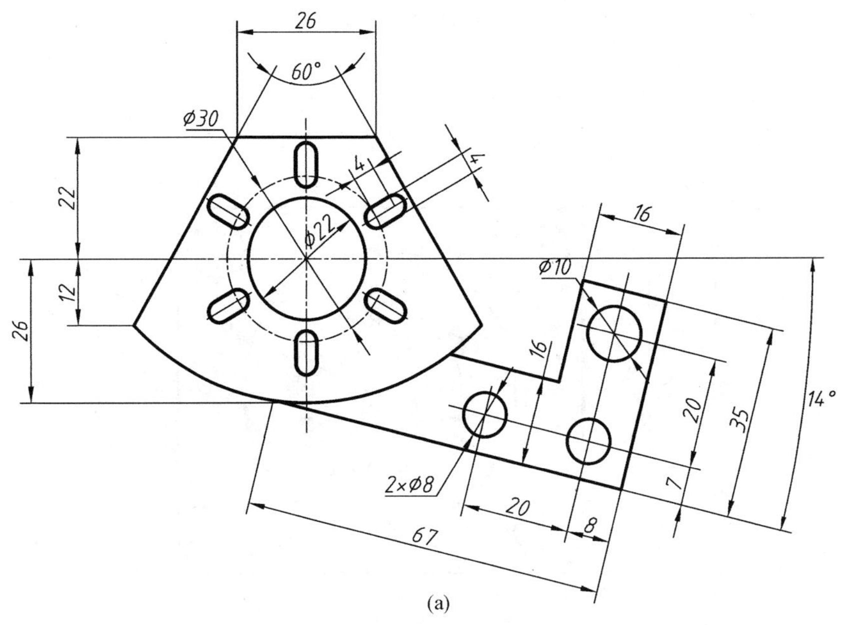

(a)

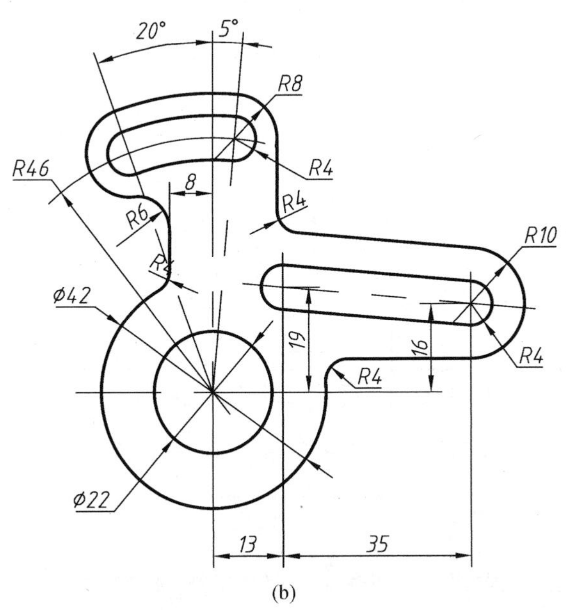

(b)

附图 3.5　按照 1∶1 比例绘制，不标注尺寸

8. 绘制附图 3.6 组合体的三视图，不标注尺寸。单学号绘制附图 3.6（a），双学号绘制附图 3.6（b）。（15 分）

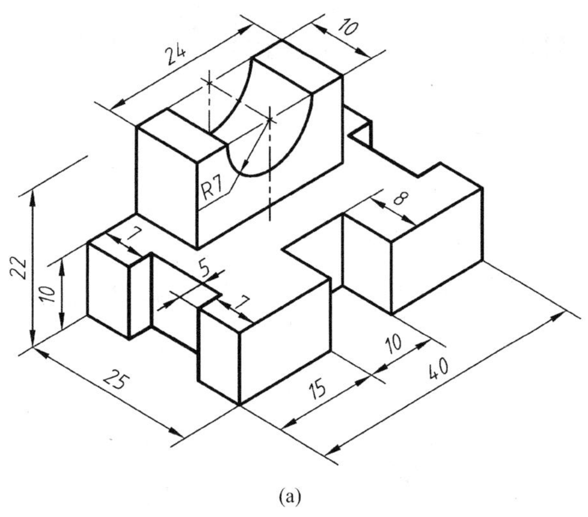

(a)

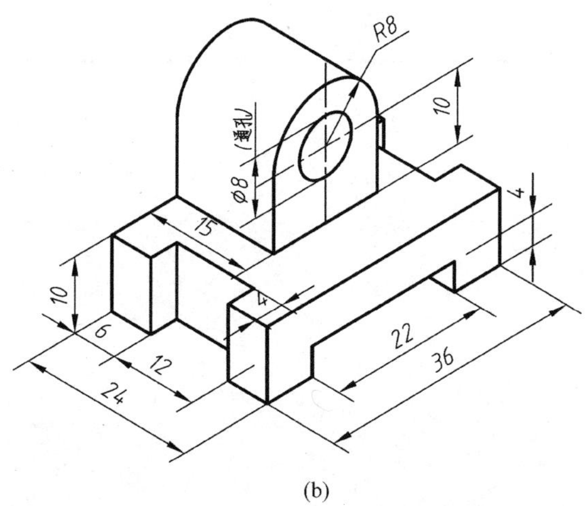

(b)

附图 3.6　按照 2：1 比例绘制三视图，不标注尺寸

附录 4 机械制图模拟试题

一、根据形体的主、俯视图，选择左视图，在正确的左视图（　　）内打√。每小题 3 分。(9 分)

1.

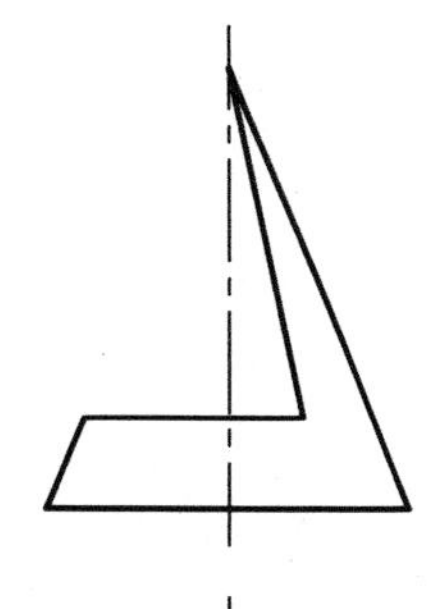

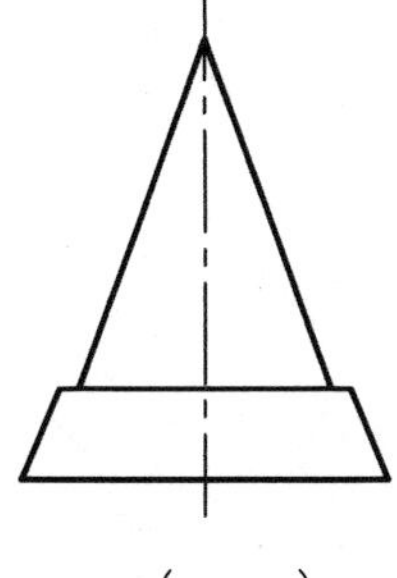

（　　）　　（　　）　　（　　）

2.

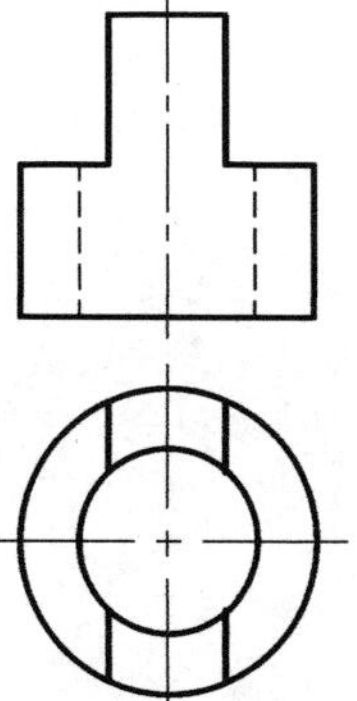

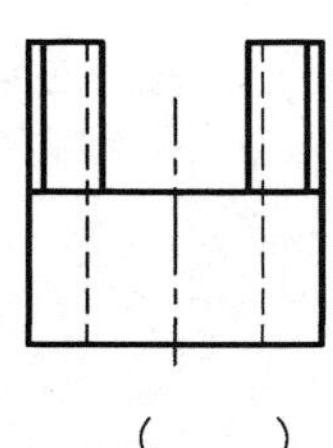

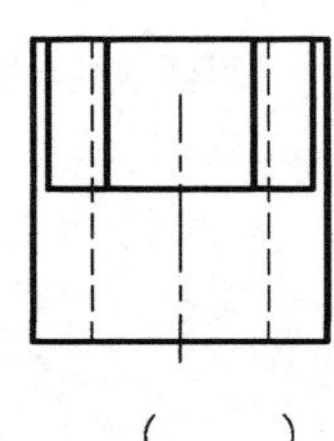

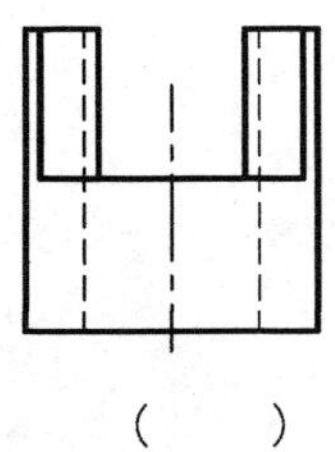

（　　）　　（　　）　　（　　）　　（　　）

3.

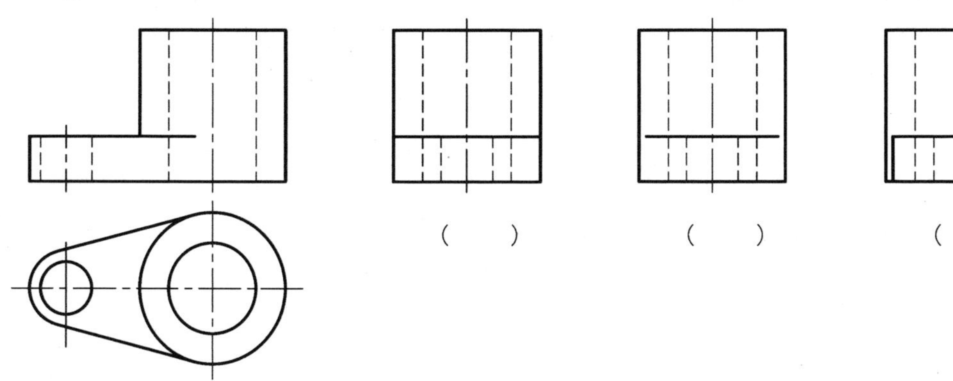

二、补画形体三视图中的漏线。(10分)

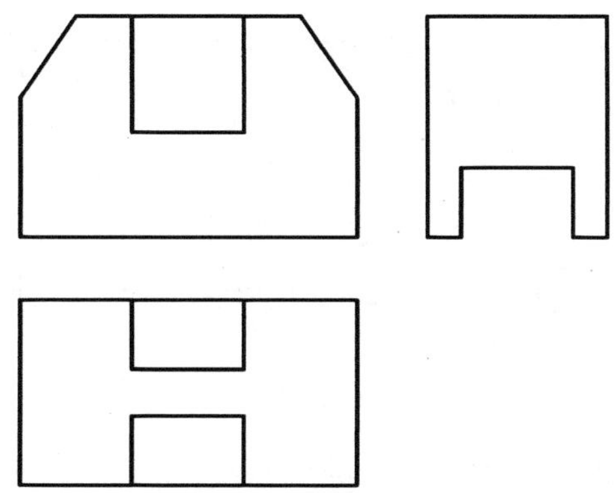

三、根据形体两视图，补画其左视图。(10分)

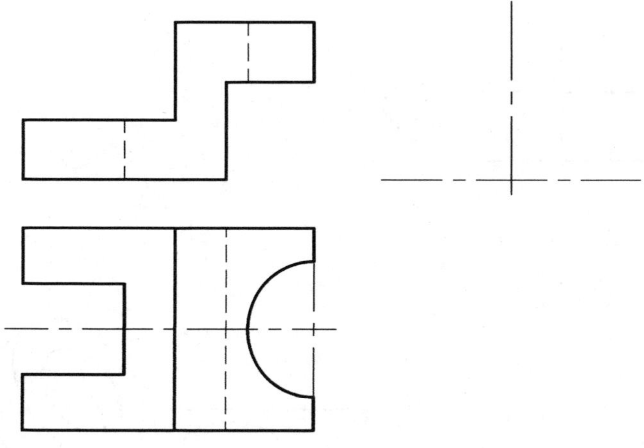

四、根据机件的两视图，在指定位置处用旋转剖画出全剖的主视图，并加以标注。(12分)

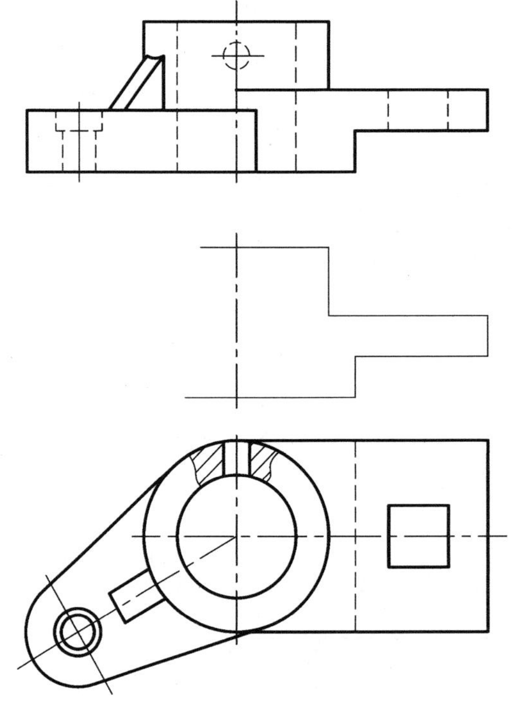

五、根据给出机件的图形与轴测图，画出 A 向斜视图、B 向局部的视图，并加以标注，零件的宽度尺寸为 26 mm。(10分)

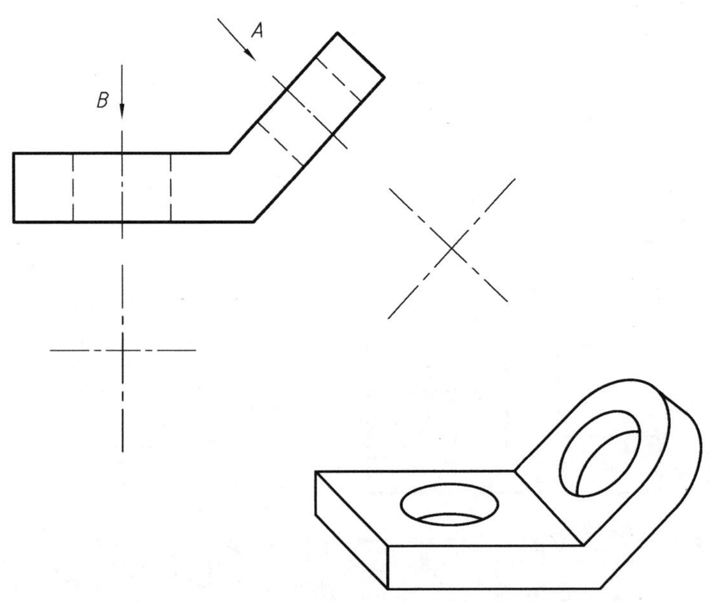

六、阅读轴零件视图，改正其断面图中的错误，并对断面图加以标注。(12 分)

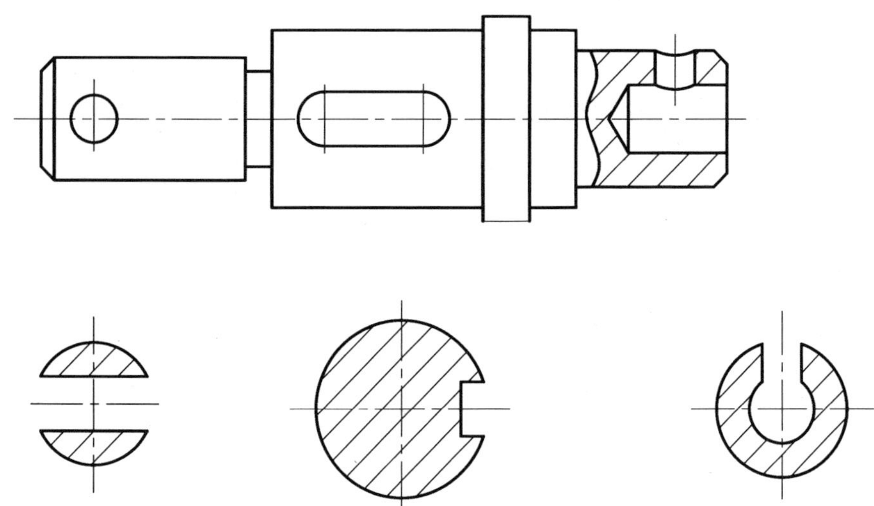

七、已知标准直齿轮的模数 $m=5$，齿数 $z=40$，齿顶倒角为 2×45°，试用 1∶2 比例完成其主、左视图，并标注齿轮齿顶圆和分度圆的直径。(10 分)

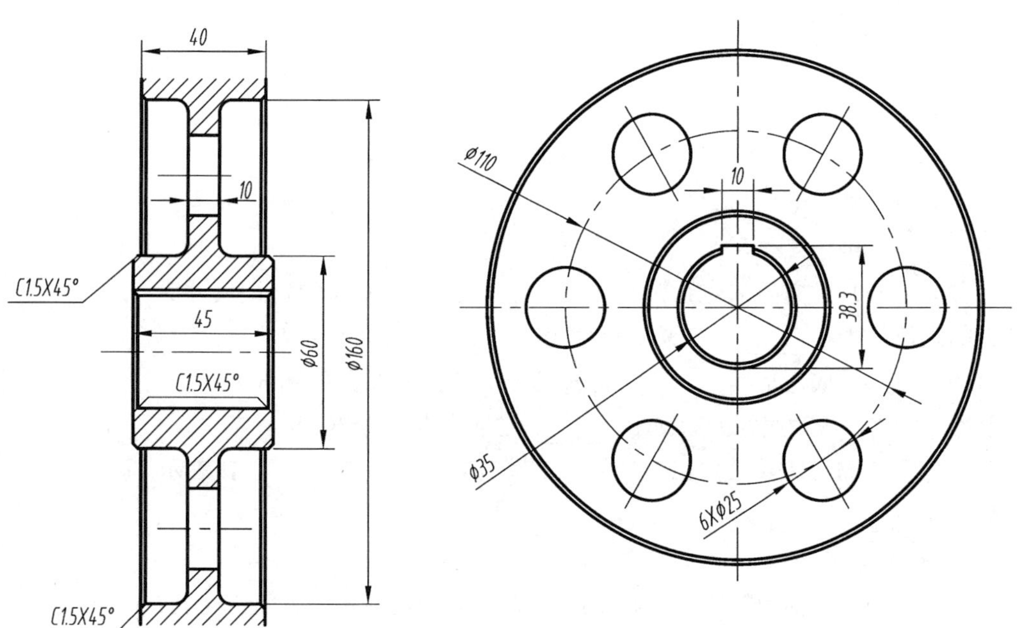

八、识读支架的投影图，按照要求回答问题。(27 分)

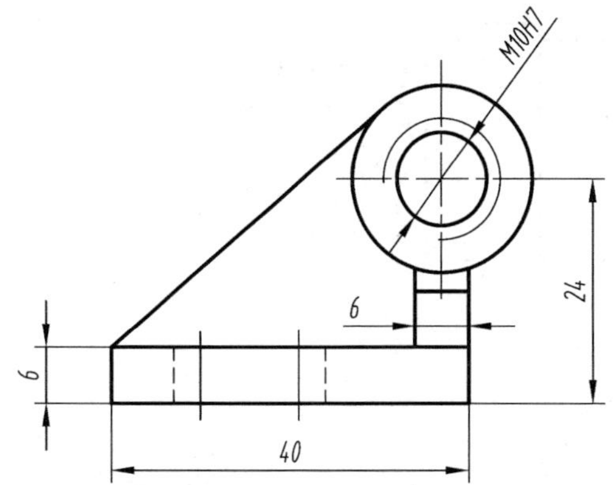

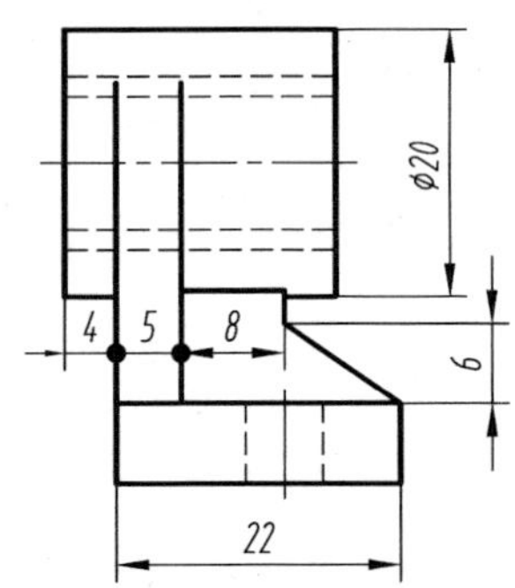

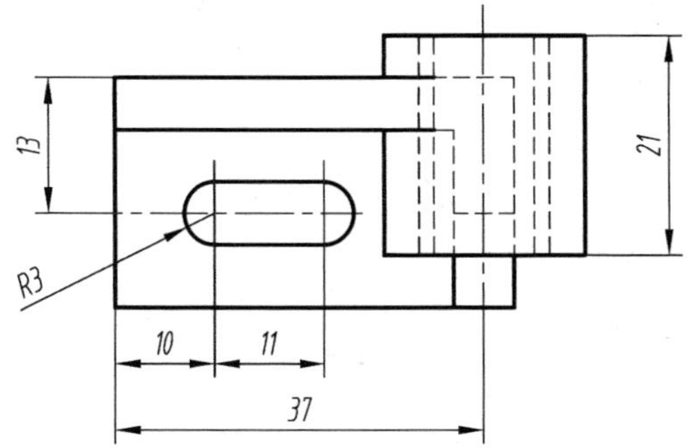

1. 填空题。(17 分)

(1) 圆筒的定形尺寸为________和________；底板的定形尺寸为____________、____________和____________。

(2) 圆筒高度方向的定位尺寸为________，宽度方向的定位尺寸为__________，支架的总长尺寸为________，总宽尺寸为________，总高尺寸为__________。

(3) 支架的底面是________方向的尺寸基准，φ20 孔的轴线是________方向的尺寸基准，后支承板和底板的后面是________方向的尺寸基准。

(4) 尺寸 M10H7 中的 M 表示________，10 表示__________，H 表示__________，7 表示____________________。

2. 标注。(6 分)

(1) 底面的表面粗糙度 Ra 为 25 μm，φ20 套筒的前端面表面粗糙度 Ra 为 3. 2 μm。

(2) φ20 mm 套筒的轴线对支架底面的平行度公差为 0. 002 mm。

3. 在左视图原图上作出套筒的局部剖视图。(4 分)

附录5　华东区大学生CAD应用技能竞赛机械类工程图绘制竞赛任务书

第十一届华东区大学生CAD应用技能竞赛机械类工程图绘制竞赛任务书

任务目标：参赛选手需完成四个任务，见附表5.1。

附表5.1　任务情况表

任务序号	任务类型	分值	竞赛时间
任务一	创建样板文件	8	180分钟
任务二	趣味补图与打印	18	
任务三	绘制零件图	26	
任务四	拼画装配图	48	
合计		100	

命名说明：

1. 文件命名要求：必须按任务要求命名文件名称。

2. 选手设置的文件夹名称和保存的文件名称不符合上述要求的，其内容不能作为正式比赛结果，不作为评分依据。

3. 选手每做完一个任务，要在系统中将文件夹打包上传。

4. 应及时保存文件，建议设置10分钟自动保存一次。

注意事项：

1. 总分100分，时间180分钟。

2. 在规定时间内完成即可，提前交卷的选手不予加分。

3. 考试过程中，所需素材文件均已经放在操作系统桌面上的文件夹“CAD素材”中。

4. 竞赛过程中选手注意自行保存，如保存不及时造成数据丢失，后果自负。

5. 遇到意外情况，应及时向裁判报告，听从裁判安排，不要自行处理。

6. 选手在交答卷前，务必检查文件夹和文件名称是否正确；离开赛场前须将考卷交给裁判，不得带出赛场；离开时不得关机。

7. 选手不得携带信息存储设备和通信设备。

否定项：不能在上交文件中明示或暗示选手身份，如姓名、学校、竞赛账号等信息，不得有雷同卷，否则视为作弊。

任务一　创建样板文件（8 分）

1. 打开素材文件。

打开“CAD 素材”文件夹中的“任务一素材”文件，此文件中已经开设了基本图层、文字样式、标注样式，定制了线型。

2. 创建 A3 布局。

（1）新建布局：删除缺省的视口。

（2）更名布局：将新建布局更名为“A3”。

（3）打印机配置：目标为虚拟打印成 PDF 文件格式。

（4）打印设置：纸张幅面为 A3，横放。打印边界：四周均为 0。打印样式：采用黑白打印。打印比例：1∶1。

3. 绘制图框。

在布局“A3”上绘制：绘图比例为 1∶1，按国家标准中关于 A3 图纸幅面要求，横装、留装订边，在 0 层中绘制图框和边界线。

4. 绘制带属性的块标题栏。

（1）绘制标题栏。

按附图 5.1 所示的标题栏，在 0 层中绘制，不标注尺寸。

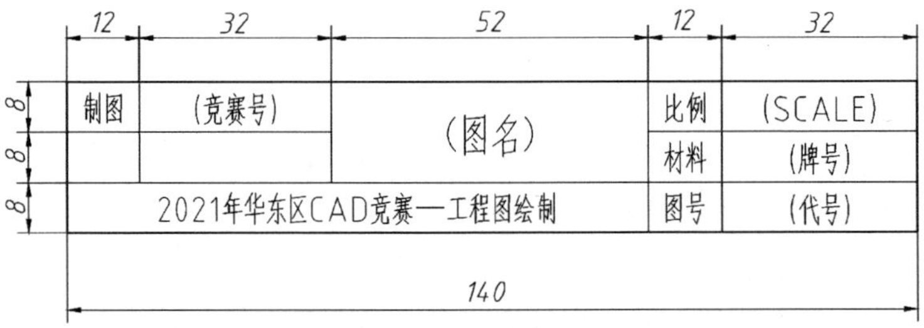

12	32	52	12	32
制图	(竞赛号)	(图名)	比例	(SCALE)
			材料	(牌号)
2021年华东区CAD竞赛—工程图绘制			图号	(代号)

8　8　8　140

附图 5.1　标题栏

（2）定义属性。

将“（竞赛号）”“（图名）”“（SCALE）”“（牌号）”“（代号）”均定义为属性，字高（图名）为 7，其余均为 5。

其余文字为普通文字，字高均为 5。

所有文字均需居中。

（3）定义图块。

将标题栏连同属性一起定义为块，块名为“BTL”，基点为右下角。

（4）插入图块。

插入该图块于图框的右下角，分别将属性“（图名）”和“（竞赛号）”的值改为“基本设置”和“JX2D0000”。

5. 保存为样板文件。

将该文件保存为样板文件，文件名为“TASK01. dwt”，并上传到任务一。

任务二　趣味补图与打印（18 分）

1. 新建图形文件。

打开“CAD 素材”文件夹中的“任务二素材”文件，将其命名为“TASK02. dwg”，并保存到指定的文件夹中。

2. 补第三视图。

素材文件中已经给出了横向排列的 4 组两面视图，如附图 5.2 所示，请补画出它们的第三视图。

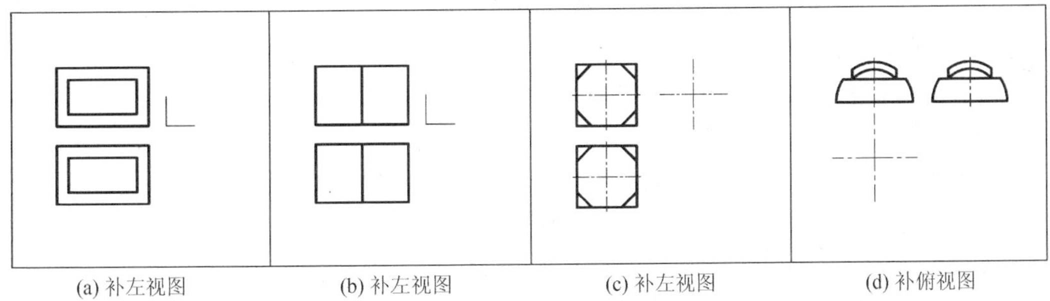

附图 5.2　任务二的 4 组两面视图

3. 布局排布。

（1）引用任务一样板文件“TASK01. dwt”中的“A3”布局。

（2）开设视口。

在布局“A3”上，画出分隔线，开设 4 个大小适当的矩形视口。

（3）布置图形。

在 4 个视口中均按 1∶1 比例分别布置 4 组三视图，并锁定视口，如附图 5.3 所示。

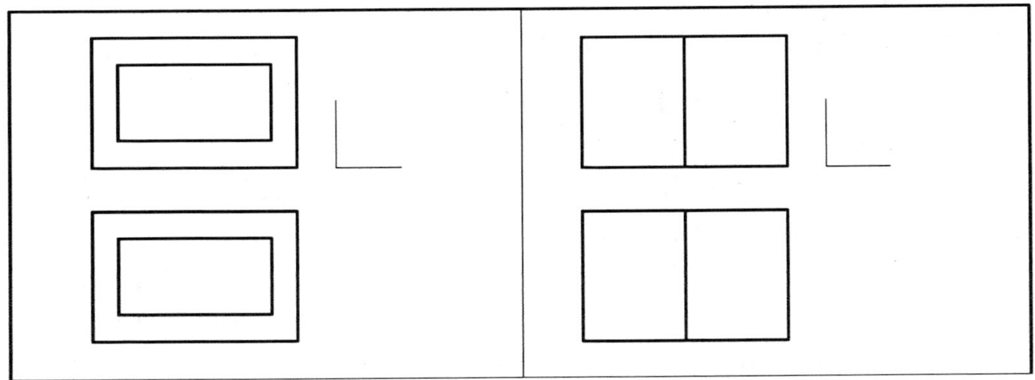

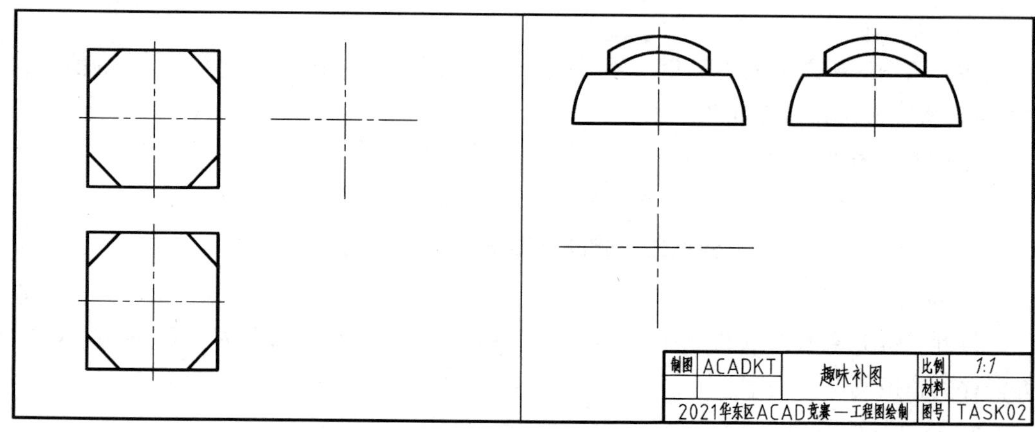

附图 5.3　图形布置

4. 修改属性。

将属性“（图名）”的值改为“趣味补图”。

5. 虚拟打印。

打印该布局，输出为“趣味补图 .pdf”，将本任务所有文件打包压缩成“TASK02. zip”，并上传到任务二。

任务三　绘制零件图（26 分）

绘制零件对象：任务三附图——尾架体。

1. 基于任务一样板文件“TASK01. dwt”，将其重命名为“TASK03. dwg”并保存。

2. 绘制零件图。

根据本题“尾架体”一些已知视图，参照任务四“附图 5.4　仪表车床尾架的装配简图”和“仪表车床尾架的工作原理”，画出尾架体的零件图。

3. 任务要求。

（1）视图简洁而清晰。

（2）确定尾架体的材料，绘制必要的工艺结构。

（3）标注尺寸及公差、表面粗糙度、形位公差。

（4）在布局空间标注技术要求。

（5）在布局空间填写标题栏。

（6）虚拟打印布局，输出为“尾架体 .pdf”，将本任务所有文件打包压缩成“TASK03. zip”，并上传到任务三。

4. 基本依据。

（1）*Ra* 值：一般加工表面 *Ra* 为 12.5~3.2、配合面 *Ra* 为 1.6~0.4，请根据表面的配合要求和加工方法确定具体的 *Ra* 值。

（2）形位公差：请根据几何要素的工作要求确定形位公差的检测项目、公差数值、基准要素等，通常按 6—8 级精度设计，在精度要求较高的场合，按 5 级精度设计。

（3）确定零件的材料、工艺结构、热处理等，正确标注技术要求。

任务四　拼画装配图（48分）

一、任务

根据仪表车床尾架的装配示意图、简化的零件图和任务三的尾架体附图，拼画出装配图，文件以“TASK04.dwg”命名，以PDF虚拟打印“装配图.pdf”，将本任务所有文件一起打包压缩为“TASK04.zip”，并上传到任务四。

1. 设计、绘图、完善。

（1）工作时，轴套8需锁定，请设计上、下夹紧套（3和1，无须出零件图），通过旋转手柄4带动锁紧螺杆2，实现锁紧轴套的功能。

（2）螺杆14的大径为24、螺距为5，请确定螺杆的其他几何参数。

（3）顶尖9与轴套8处配合锥孔的锥度是1∶20，请在装配图中正确标注。

（4）明确所有需要有配合要求的尺寸，确定并标注其配合代号。

（5）确定每个零件和标准件的数量，并为它们选择合适的材料。

2. 在模型空间按1∶1比例绘图。

（1）该任务重点在绘制主视图，并辅以其他视图表达。

（2）螺纹连接件采用近似比例画法。

（3）小间隙要夸大些，使得在出图时间隙明显可见。

（4）可以省略小的工艺结构，但要画出铸造圆角。

（5）引出的零件序号应排列整齐，符合规范。

（6）不要求标注技术要求。

注意：将明细表绘制在图纸空间。

3. 标注尺寸。

装配图中通常需要标注5类尺寸，其中配合尺寸请根据零件图中的公差带代号进行标注。

4. 布置图样。

将该图按1∶1比例布置在合适的图幅的布局中，绘制和填写明细表（零件的顺序可以与附图5.4不同），并在标题栏中完成装配图的名称（仪表车床尾架）、比例和图号（WJ-00）等文字内容。

二、资料

1. 仪表车床尾架的装配简图如附图5.4所示（若图看不清，请打开对应的PDF文档）。

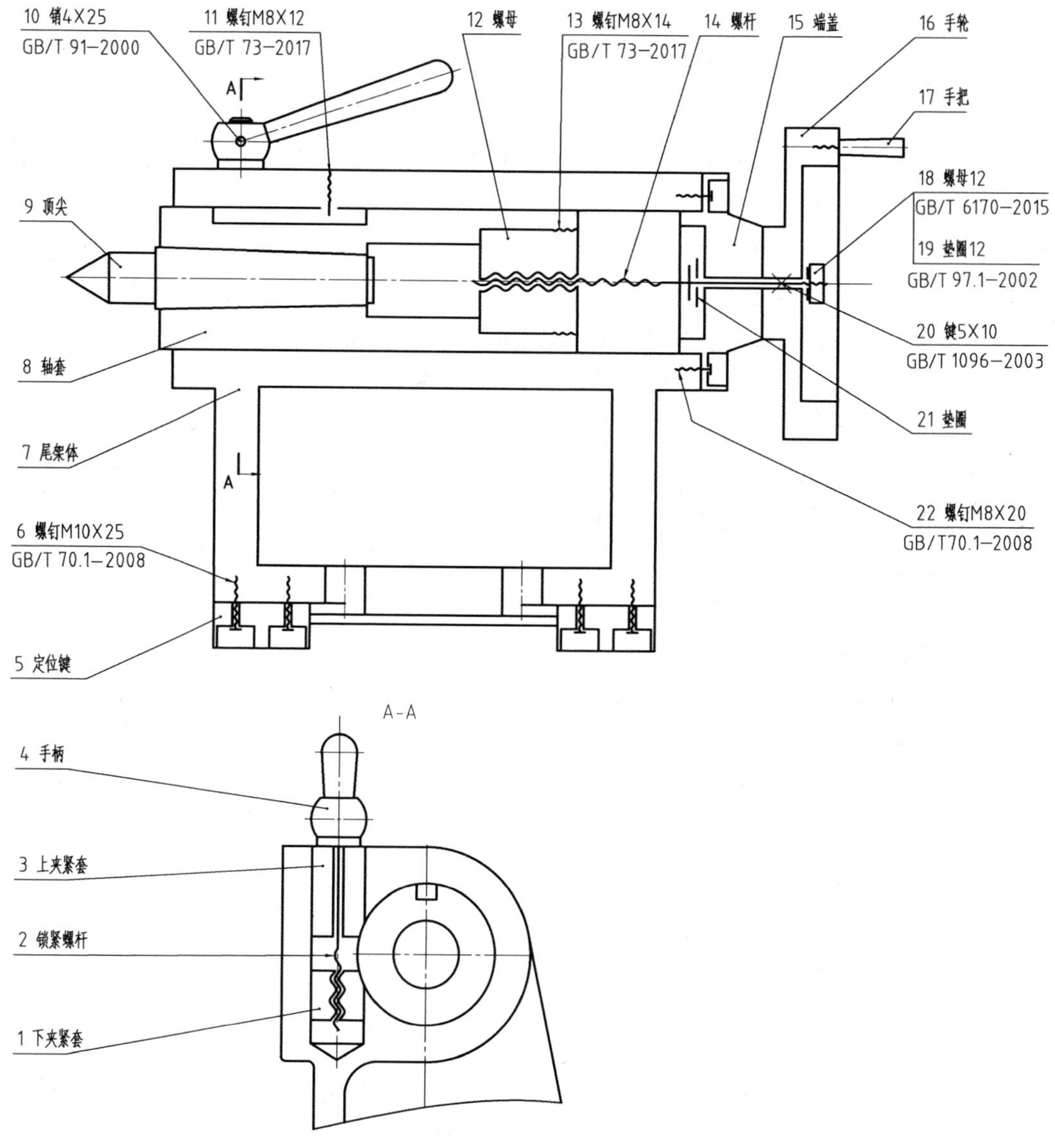

附图 5.4　仪表车床尾架的装配简图

（仪表车床尾架的工作原理：该尾架用于小型车床上加工轴类零件作顶紧用的装置，借助于螺旋机构推动顶尖运动。）

2. 各简化的零件图。

见任务四附图 5.10。

3. 明细表样式如附图 5.5 所示。

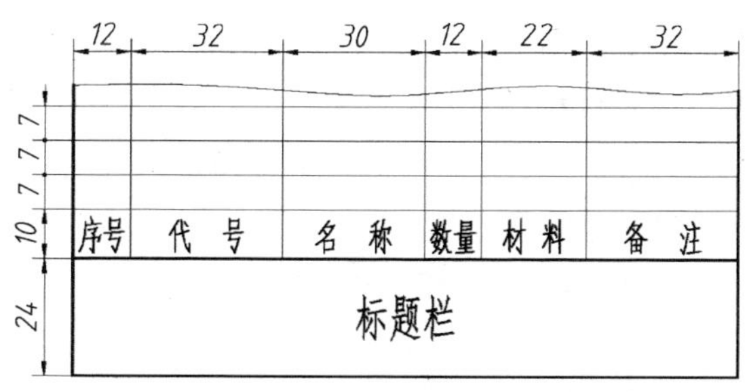

附图 5.5　明细表样式

第十二届华东区大学生 CAD 应用技能竞赛
机械类工程图绘制竞赛任务书

任务目标：参赛选手需完成四个任务，见附表 5.2。

附表 5.2　任务情况表

任务序号	任务类型	分值	竞赛时间
任务一	创建样板文件	10	180 分钟
任务二	趣味补图与打印	18	
任务三	绘制零件图	26	
任务四	拼画装配图	46	
合计		100	

命名说明：

1. 文件命名要求：必须按任务要求命名文件名称。

2. 选手设置的文件夹名称或保存的文件名称不符合上述要求的，其内容不能作为正式比赛结果，不作为评分依据。

3. 选手每做完一个任务，要在系统中将任务文件按题干要求打包上传。

4. 应及时保存文件，建议设置每 10 分钟自动保存一次。

注意事项：

1. 总分 100 分，时间 180 分钟。

2. 在规定时间内完成即可，提前交卷的选手不予加分。

3. 考试过程中，所需素材文件均已经放在操作系统桌面上的文件夹“CAD 素材”中。

4. 竞赛过程中选手注意自行保存，如保存不及时造成数据丢失，后果自负。

5. 遇到意外情况，应及时向裁判报告，听从裁判安排，不要自行处理。

6. 选手在交答卷前，务必检查文件夹和文件名称是否正确；离开赛场前须将考卷交给裁判，不得带出赛场；离开时不得关机。

7. 选手不得携带信息存储设备和通信设备。

否定项：不能在上交文件中明示或暗示选手身份，如姓名、学校、竞赛账号等信息，不得有雷同卷，否则视为作弊。

任务一　创建样板文件（10 分）

1. 基本设置（标准对接制图国家标准）。

（1）开设图层：要求有三个图层，分别是粗实线、虚线、点画线，设置粗实线线宽为 0.5 mm，其余线型的线宽按制图标准设置。

（2）文字样式：要求有两个样式，字体样式名为“SZ”和“HZ”，分别对应“数字、字母”和“汉字”。

（3）尺寸样式：包括父样式、角度、直径和半径三个子样式，使之符合制图规范。

（4）定制线型：对虚线、点画线的线库进行定制，使之符合制图标准。

2. 创建 A3 布局。

（1）新建布局：删除缺省的视口。

（2）更名布局：将新建布局更名为“A3”。

（3）打印机配置：目标为虚拟打印成 PDF 文件格式。

（4）打印设置：纸张幅面为 A3，横放。打印边界：四周均为 0。打印样式：采用黑白打印。打印比例：1∶1。

3. 绘制图框。

在布局“A3”上绘制：绘图比例为 1∶1，按国家标准中有关 A3 图纸幅面的要求，横装、留装订边，在 0 层中绘制图框和边界线。

4. 绘制带属性的块标题栏。

（1）绘制标题栏。

按附图 5.6 所示的标题栏，在 0 层中绘制，不标注尺寸。

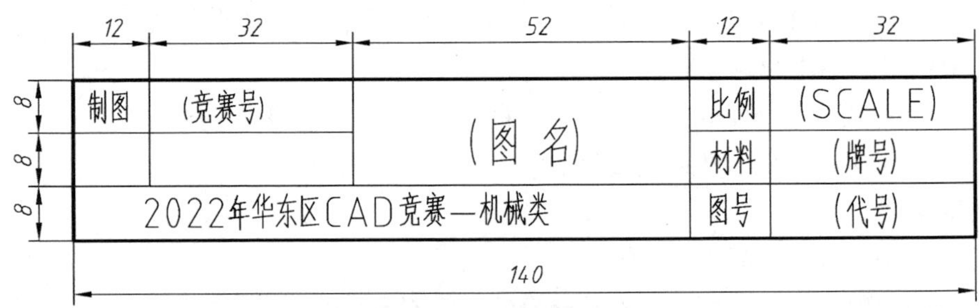

附图 5.6　标题栏

（2）定义属性。

将“（竞赛号）”“（图名）”“（SCALE）”“（牌号）”“（代号）”均定义为属性，字高（图名）为 7，其余均为 5。

其余文字为普通文字，字高均为 5。

所有文字均需居中。

(3) 定义图块。

将标题栏连同属性一起定义为块，块名为“BTL”，基点为右下角。

(4) 插入图块。

插入该图块于图框的右下角，分别将属性“（图名）”的值改为“基本设置”，参赛选手的“竞赛号”的值切勿填写，否则视为作弊。

5. 保存为样板文件。

将该文件保存为样板文件，文件名为“TASK01. dwt”，并上传到任务一。

任务二　趣味补图与打印（18分）

1. 打开素材文件。

打开“CAD素材”文件夹中的“任务二素材”文件，将其命名为“TASK02. dwg”，并保存到指定的文件夹中。

2. 补第三视图。

素材文件中已经给出了横向排列的4组两面视图，如附图5.7所示，请补画出它们的第三视图。

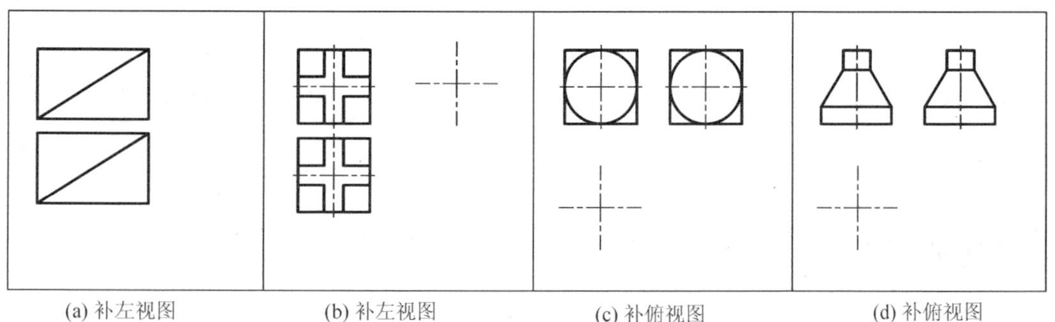

附图5.7　任务二的4组两面视图

3. 布局排布。

(1) 引用任务一样板文件“TASK01. dwt”中的“A3”布局。

(2) 开设视口。

在布局“A3”上，画出分隔线，开设4个大小适当的矩形视口。

(3) 布置图形。

在4个视口中均按1∶1比例分别布置4组三视图，并锁定视口，如附图5.8所示。

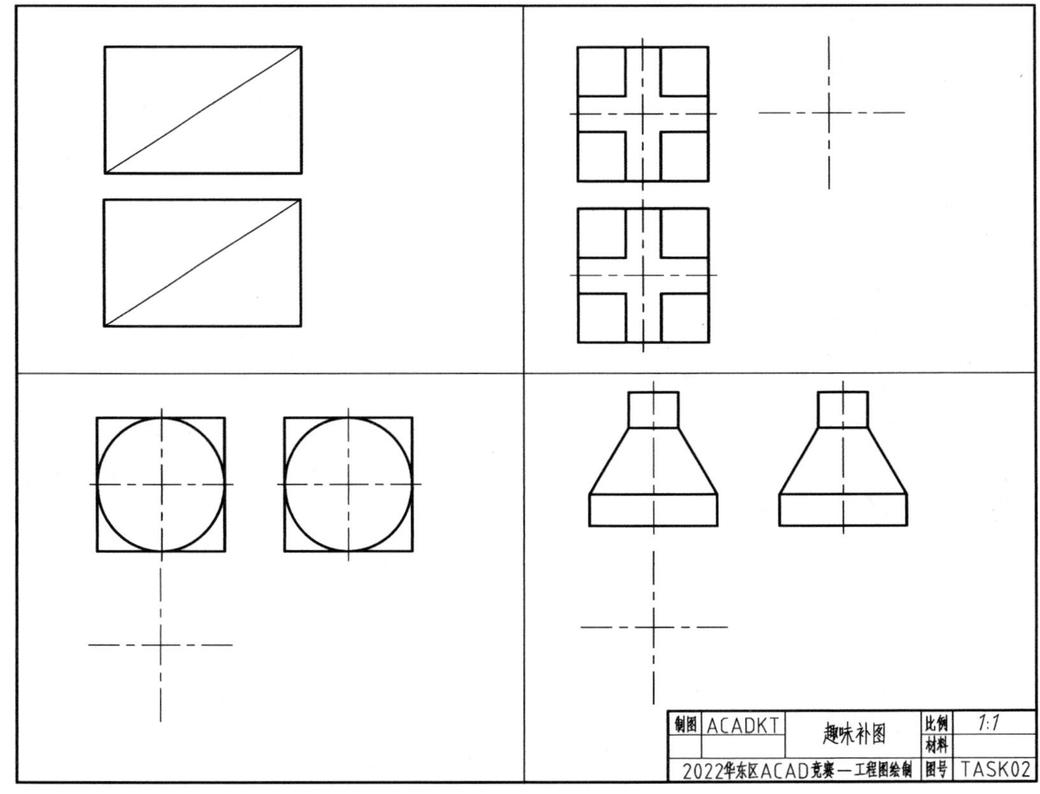

附图 5.8　图形布置

4. 修改属性。

将属性“（图名）”的值改为“趣味补图”。

5. 虚拟打印。

打印该布局，输出为“趣味补图 .pdf”，将本任务所有文件打包压缩成“TASK02.zip”，并上传到任务二。

任务三　绘制零件图（26 分）

绘制零件对象：任务三附图——泵体。

1. 打开素材文件。

打开“CAD 素材”文件夹中的“任务三素材”文件，将其重命名为“TASK03.dwg”，并保存到指定的文件夹中。在素材文件中，存在视图表达不合理、漏投影、缺尺寸、少视图的现象，需按零件图的表达要求，绘制该零件图。

2. 建议引用任务一的布局和标题栏图块等资源。

3. 绘制完整零件图。

根据本题泵体立体图（附图 5.9），参照任务四附图 5.10，画出泵体的零件图。

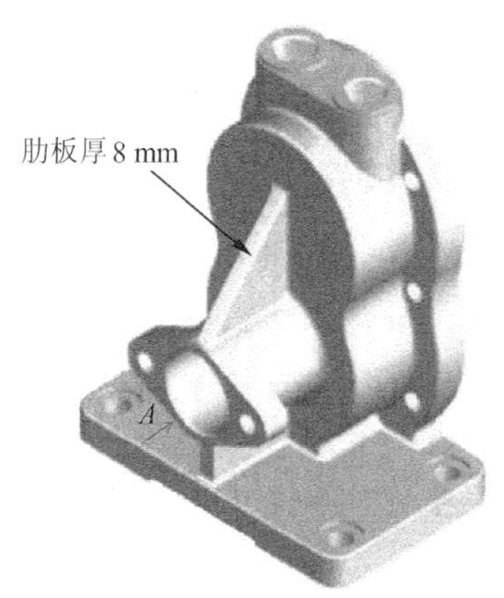

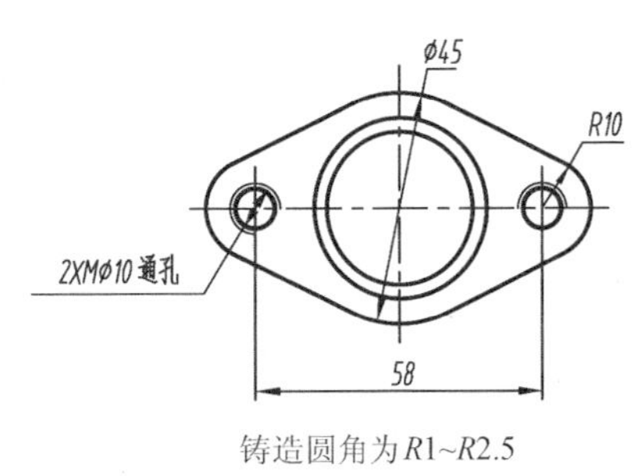

铸造圆角为 R1~R2.5

附图 5.9　泵体立体图

4. 任务要求。

（1）补全视图，视图要求简洁而清晰。

（2）注全尺寸，按素材图 1∶1 比例量取。

（3）确定泵体的材料，绘制出必要的工艺结构，如铸造圆角、倒角等。

（4）标注尺寸及公差、表面粗糙度、形位公差。

（5）选择大小合适的图幅，绘制图框，出图比例为 1∶1。

（6）在布局空间填写标题栏。

（7）虚拟打印布局，输出为“泵体 .pdf”，将本任务所有文件打包压缩成“TASK03. zip”，并上传到任务三。

5. 基本依据。

（1）*Ra* 值。

一般加工的表面 *Ra* 为 12. 5~3. 2、配合面 *Ra* 为 1. 6~0. 4，请根据表面的配合要求和加工方法确定具体的 *Ra* 值。

（2）形位公差。

① 侧面 *B* 面相对于底面 *A* 面的垂直度为 0. 02。

② 上内腔 *C* 面轴线相对于 *B* 面的垂直度为 0. 015。

③ ϕ3. 0 圆柱面 *D* 轴线相对于 *B* 面的垂直度为 0. 015。

（3）确定零件的材料、工艺结构、热处理等，正确标注技术要求。

任务四　拼画装配图（46 分）

一、任务

根据偏心柱塞泵的爆炸图、简化的零件图和任务三的泵体零件图，拼画出装配图，文件以“TASK04. dwg”命名，以 PDF 虚拟打印“装配图 . pdf”，将本任务所有文件一起打包压缩为“TASK04. zip”，并上传到任务四。

1. 设计、绘图、完善。

（1）确定填料材料，选择泵盖和柱塞杆密封圈。

（2）明确所有需要有配合要求的尺寸，确定并标注其配合代号。

（3）确定每个零件和标准件的数量，并为它们选择合适的材料。

2. 在模型空间按 1∶1 比例绘图。

（1）该任务重点在绘制主视图，并辅以其他视图表达。

（2）螺纹连接件采用近似比例画法。

（3）小间隙要夸大些，使得在出图时间隙明显可见。

（4）可以省略小的工艺结构，但要画出铸造圆角。

（5）引出的零件序号应排列整齐，符合规范。

（6）不要求标注“技术要求”。

注意：将明细表绘制在图纸空间。

3. 标注尺寸。

装配图中通常需要标注 5 类尺寸，其中配合尺寸请根据附图中各零件图的公差带代号进行标注。

4. 布置图样。

将该图按 1∶1 比例布置在合适的图幅的布局中，绘制和填写明细表，并在标题栏中完成装配图的名称（偏心柱塞泵）、比例和图号（PXZSP-00）等内容。

二、资料

1. 偏心柱塞泵的爆炸图如附图 5. 10 所示（若图看不清，请打开对应的 PDF 文档）。

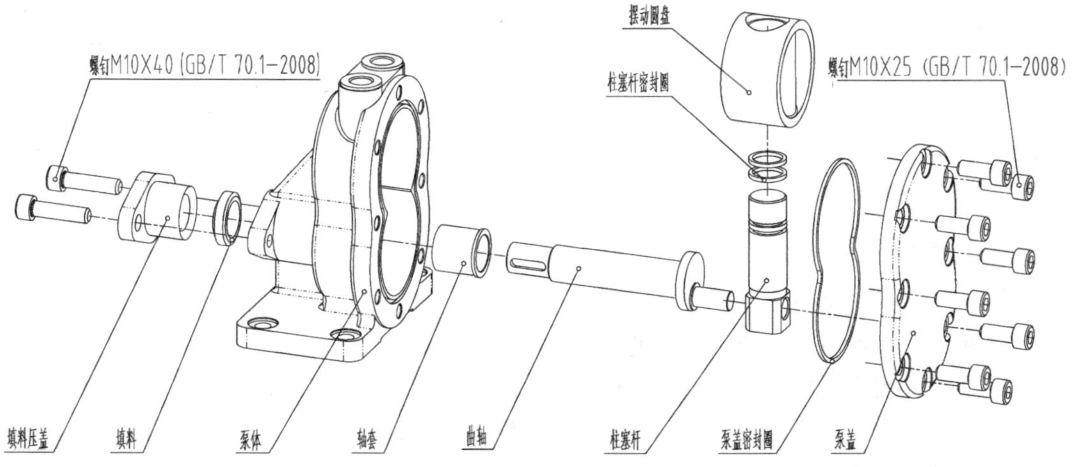

附图 5. 10　偏心柱塞泵的爆炸图

（偏心柱塞泵的工作原理：偏心柱塞泵是一种间歇供油装置，泵轴有一个曲柄，曲柄转动使柱塞做往复运动，柱塞就像活塞一样，不断地吸油和压油，将润滑油吸入泵腔，并排到润滑系统中。）

2. 各简化的零件图。

见任务四附图5.10。

3. 明细表样式。

推荐采用如附图5.5所示的明细表，也可以采用国家标准制图的明细表格式。

附录 6　第一期 CAD 技能考试试题——工业产品类

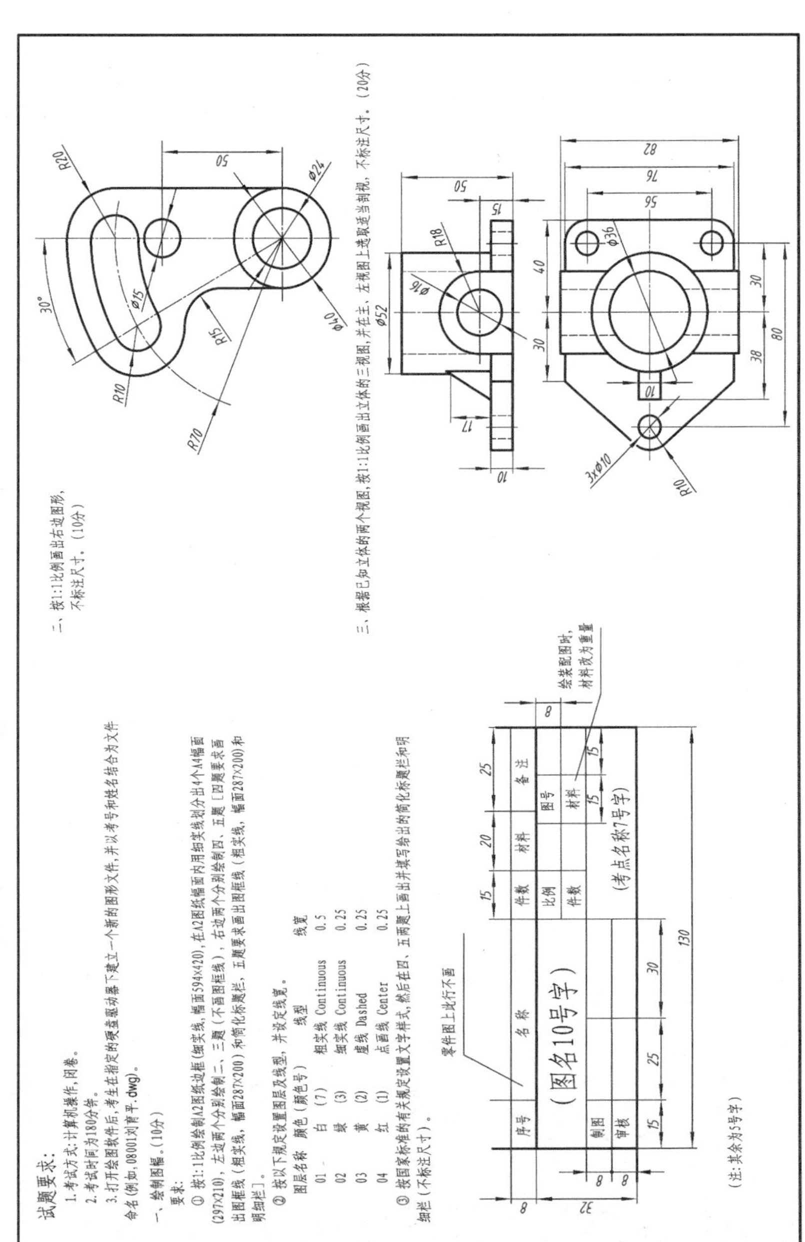

第一期　CAD技能(计算机绘图)考试试题——工业产品类

试题要求:

1.考试方式:计算机操作,闭卷。

2.考试时间为180分钟。

3.打开绘图软件后,考生在指定的硬盘驱动器下建立一个新的图形文件,并以考号和姓名结合为文件命名(例如,08001刘育平.dwg)。

一、绘制图幅。(10分)

要求:

① 按1:1比例绘制A2图纸边框(细实线,幅面594×420),在A2图纸幅面内用细实线划分出4个A4幅面(297×210),左边两个分别绘制二、三题(不画图框线),右边两个分别绘制四、五题[四题要求画出图框线(粗实线,幅面287×200)和简化标题栏,五题要求画出图框线(粗实线,幅面287×200)和明细栏]。

② 按以下规定设置图层及线型,并设定线宽。

图层名称	颜色(颜色号)	线型	线宽
01	白 (7)	粗实线 Continuous	0.5
02	绿 (3)	细实线 Continuous	0.25
03	黄 (2)	虚线 Dashed	0.25
04	红 (1)	点画线 Center	0.25

③ 按国家标准的有关规定设置文字样式,然后在四、五题上画出并填写给出的简化标题栏和明细栏(不标注尺寸)。

(注:其余为5号字)

二、按1:1比例画出右边图形,不标注尺寸。(10分)

三、根据已知立体的两个视图,按1:1比例画出立体的三视图,并在主、左视图上选取适当剖视,不标注尺寸。(20分)

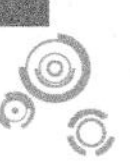

四、画零件图。(30分)

具体要求：

1. 按1:1比例抄画阀体零件图，标注尺寸和技术要求。
2. 图纸幅面为A4，图框和标题栏尺寸按前面要求画出。
3. 不同的图线放在不同的图层上，尺寸标注要放在单独的图层上。

注：G1/2：大径 $D=\phi 20.995$
小径 $D1=\phi 18.631$

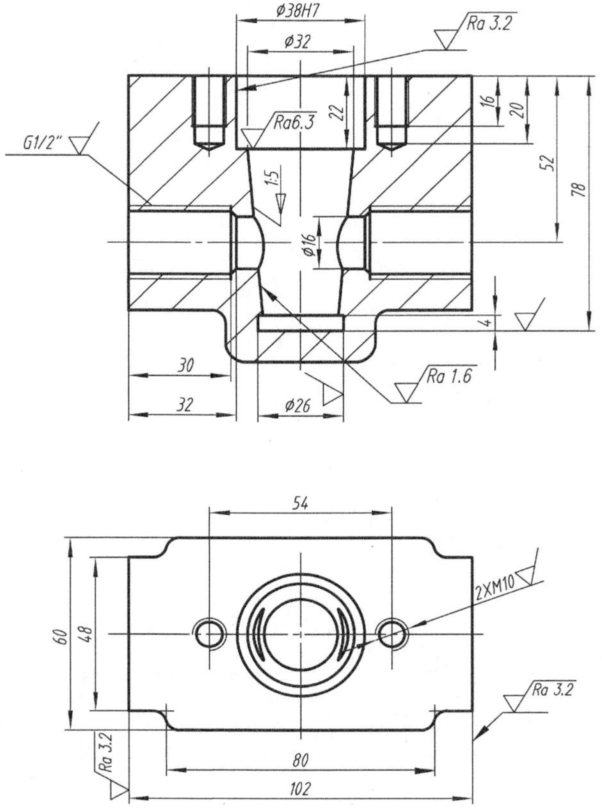

技术要求：

1. 锥孔要与锥形塞配研。
2. 铸造圆角R2-R3。

$\sqrt{} = \sqrt{Ra\ 12.5}$

$\sqrt{Ra\ 25}\ (\sqrt{})$

阀体		比例	1:2	图号	1
		件数	1	材料	HT150
制图		中国工程图学学会			
审核					

五、画装配图。(30分)

具体要求：

1. 根据旋阀装配示意图和零件图拼画旋阀装配图的主视图（采用恰当的表达方法，按1:1比例，清晰地表达旋阀的工作原理、装配关系，并标注必要的尺寸）。
2. 图中的明细栏内容，可参考旋阀零件明细表，按要求画出。

旋阀零件明细表

序号	名　称	件数	材　料	备　注
1	阀体	1	HT150	
2	阀杆	1	45	
3	垫圈	1	35	
4	填料	1	石棉绳	
5	填料压盖	1	35	
6	螺栓M10X25	2	35	
7	手柄	1	HT150	

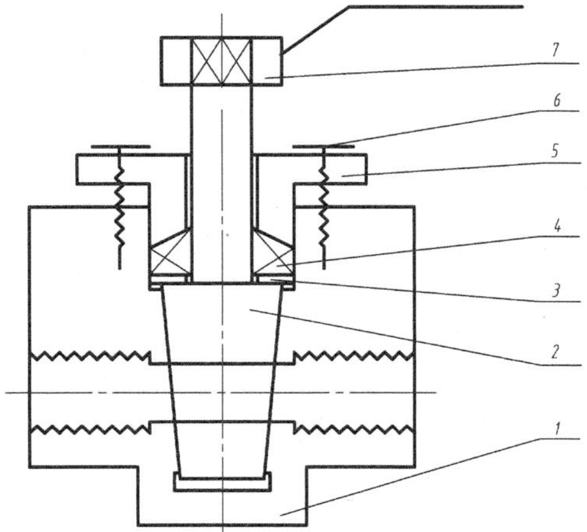

注：4为填料(石棉绳)，无零件图。

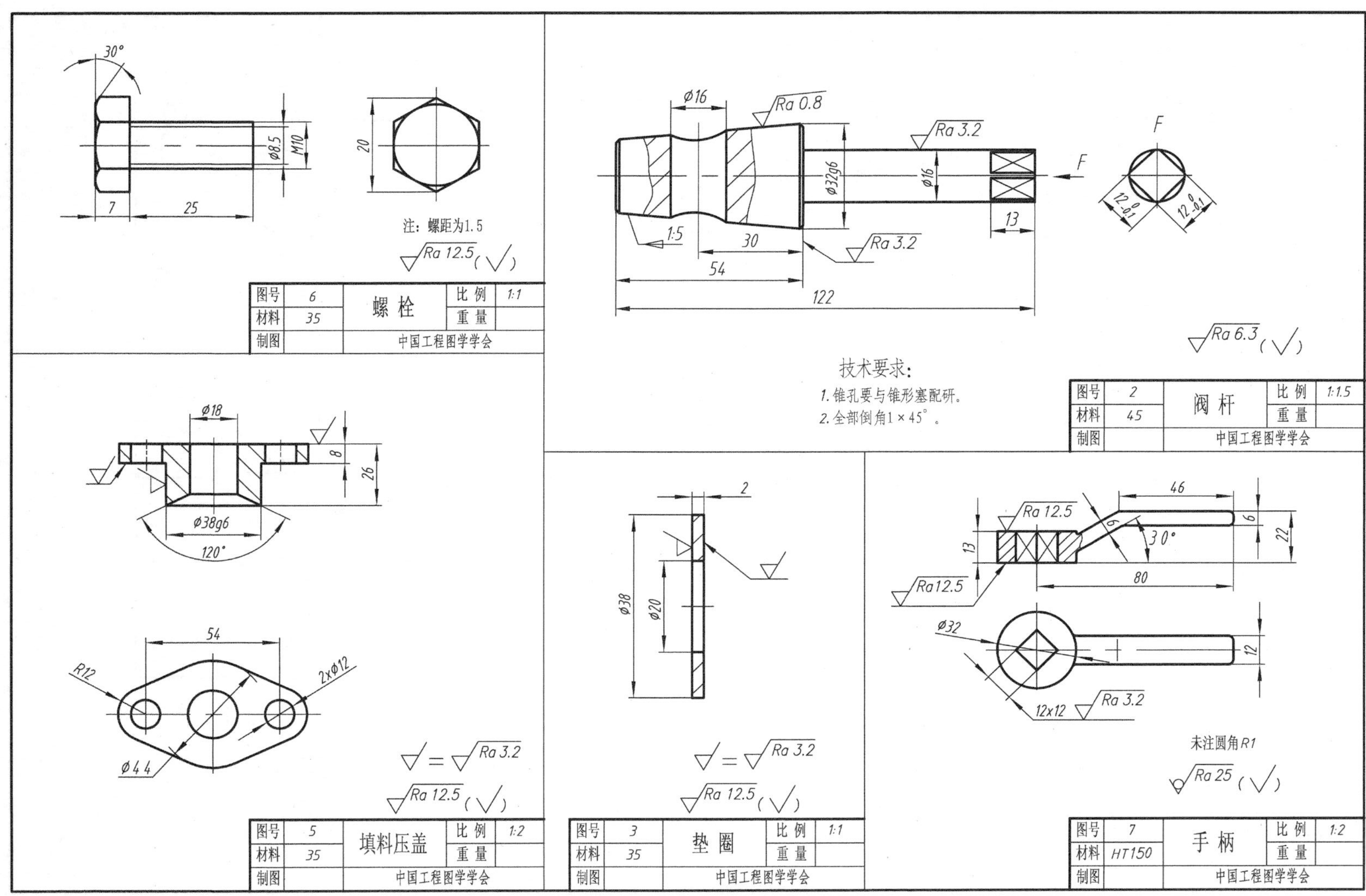

注：螺距为1.5
Ra 12.5 (√)
图号 6
材料 35
制图
螺栓
比例 1:1
重量
中国工程图学学会
技术要求：
1. 锥孔要与锥形塞配研。
2. 全部倒角1×45°。
Ra 6.3 (√)
图号 2
材料 45
制图
阀杆
比例 1:1.5
重量
中国工程图学学会
Ra 3.2
Ra 12.5 (√)
图号 5
材料 35
制图
填料压盖
比例 1:2
重量
中国工程图学学会
Ra 3.2
Ra 12.5 (√)
图号 3
材料 35
制图
垫圈
比例 1:1
重量
中国工程图学学会
未注圆角R1
Ra 25 (√)
图号 7
材料 HT150
制图
手柄
比例 1:2
重量
中国工程图学学会

第一期　CAD技能(三维数字建模师)考试试题——工业产品类

试题要求： 闭卷，计算机操作，考试时间为180分钟。

一、实体造型。(45分)

① 按照各零件图中所注尺寸生成12个零件的实体造型，并做适当润饰：阀体1、套筒2、螺帽3、阀门4、垫圈5、凹环6、填料7、螺帽8、把手9、螺母10、调节螺帽11、凸环12。

②用零件名称作为文件名保存在以考生姓名为名称的文件夹中。

二、装配。(20分)

① 按照旋转开关的装配图，将生成的零件实体装配成旋转开关的装配体。

② 生成爆炸图，拆解顺序要与装配顺序相匹配。

③ 用装配体名作文件名保存在考生文件夹中。

三、根据阀体三维模型生成阀体的二维零件图，或根据旋转开关装配体生成旋转开关的二维装配图。(25分)

要求如下：

① 视图。在A3图纸上采用恰当的表达方法，完整、清晰地表达阀体零件图或旋转开关装配图。

② 尺寸标注。按零件图或装配图的要求标注尺寸。尺寸数字为2.5号字。

③ 技术要求。标注零件图中的表面结构要求（或装配图中的序号），填写标题栏（或明细表）等，汉字采用仿宋体，3.5号字。

④ 用零件名称（或装配体名称）作为文件名，保存在考生文件夹中。

四、曲面造型。(10分)

按照曲面立体的形状（水杯），进行三维曲面造型(不要求添加表面图案)。然后用水杯作文件名保存在考生文件夹中。

80　1.5×45°　ϕ60　ϕ14　M45-6g　40　14　Ra 6.3

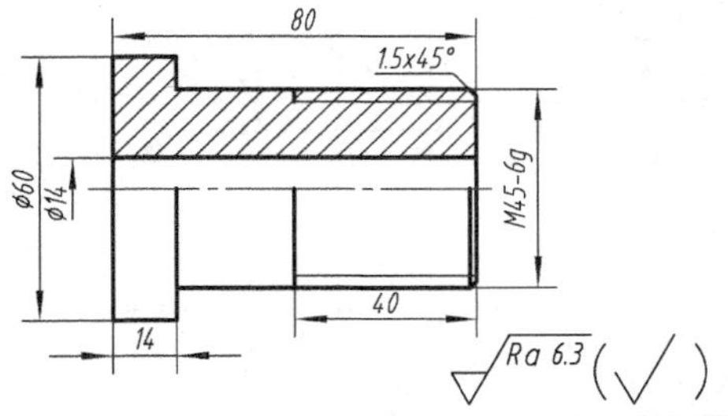

序号	2	套筒	比例	1:2
材料	15		重量	
制图		中国工程图学学会		

38　12　ϕ76　ϕ48　30°　M70-6H　48　82　Ra 6.3

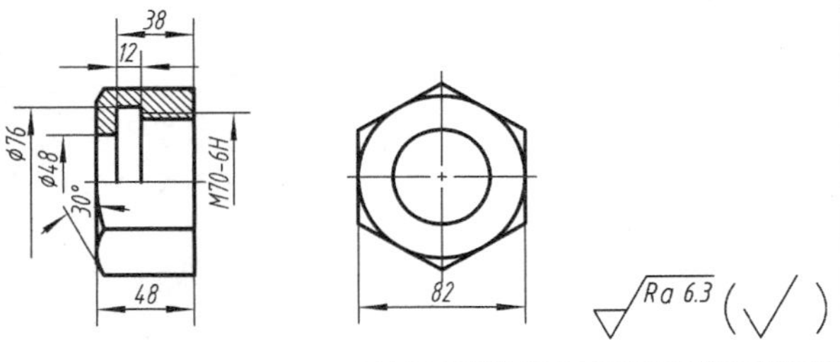

序号	3	螺帽	比例	1:4
材料	20		重量	
制图		中国工程图学学会		

ϕ72h9　15　ϕ30　Ra 3.2　Ra 6.3

未注倒角1×45°。

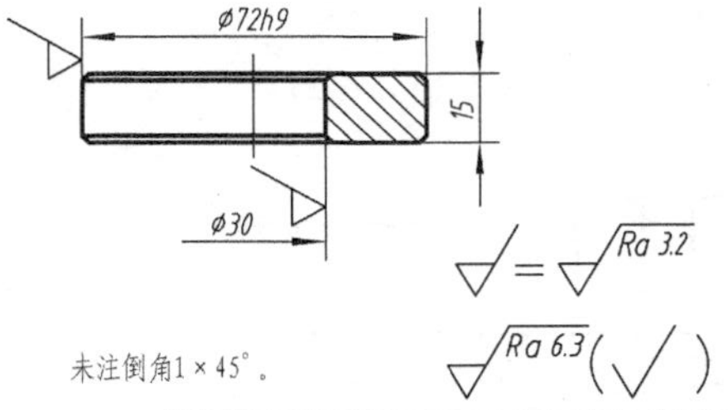

序号	5	垫圈	比例	1:2
材料	20		重量	
制图		中国工程图学学会		

M24　30°　18　36

未注倒角1.5×45°。

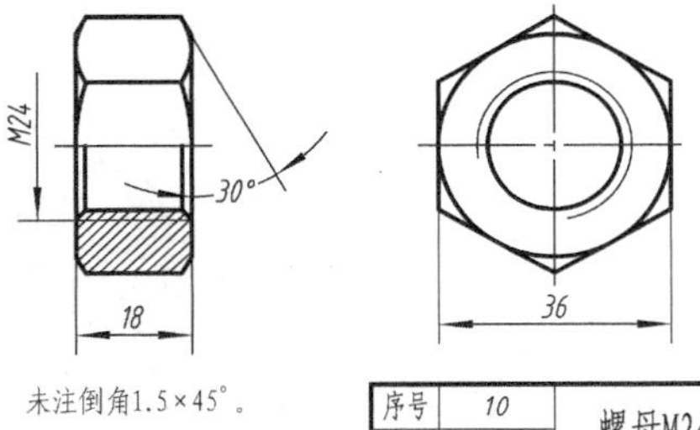

序号	10	螺母M24	比例	1:2
材料	20		重量	
制图		中国工程图学学会		

120°　ϕ72h9　20　ϕ30H7　Ra 3.2　Ra 6.3

未注倒角1×45°。

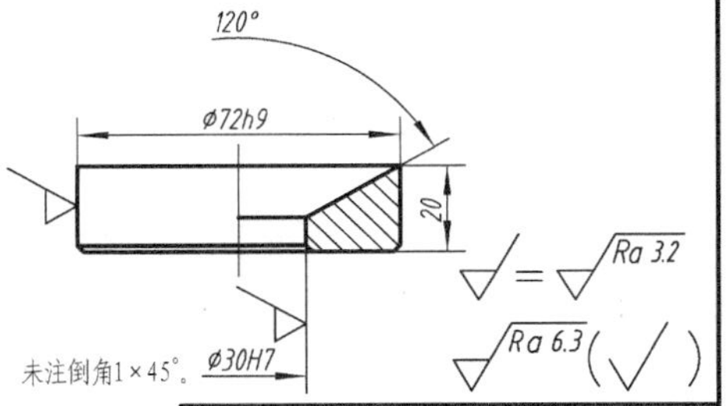

序号	6	凹环	比例	1:2
材料	20		重量	
制图		中国工程图学学会		

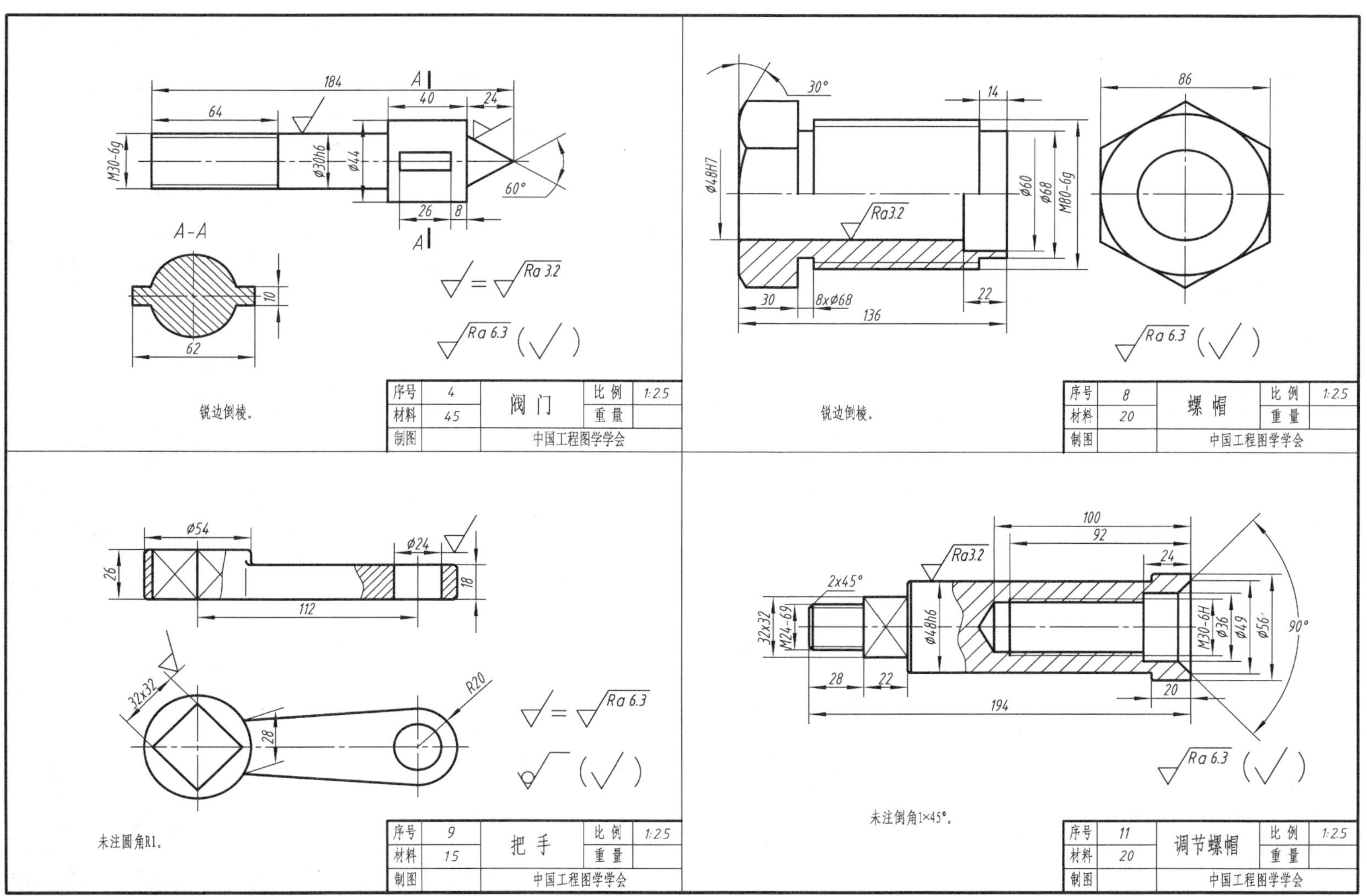

A-A
Ra 3.2
Ra 6.3
锐边倒棱。
序号 4
材料 45
制图
阀门
比例 1:2.5
重量
中国工程图学学会
Ra3.2
Ra 6.3
锐边倒棱。
序号 8
材料 20
制图
螺帽
比例 1:2.5
重量
中国工程图学学会
Ra 6.3
未注圆角R1。
序号 9
材料 15
制图
把手
比例 1:2.5
重量
中国工程图学学会
Ra3.2
Ra 6.3
未注倒角1×45°。
序号 11
材料 20
制图
调节螺帽
比例 1:2.5
重量
中国工程图学学会

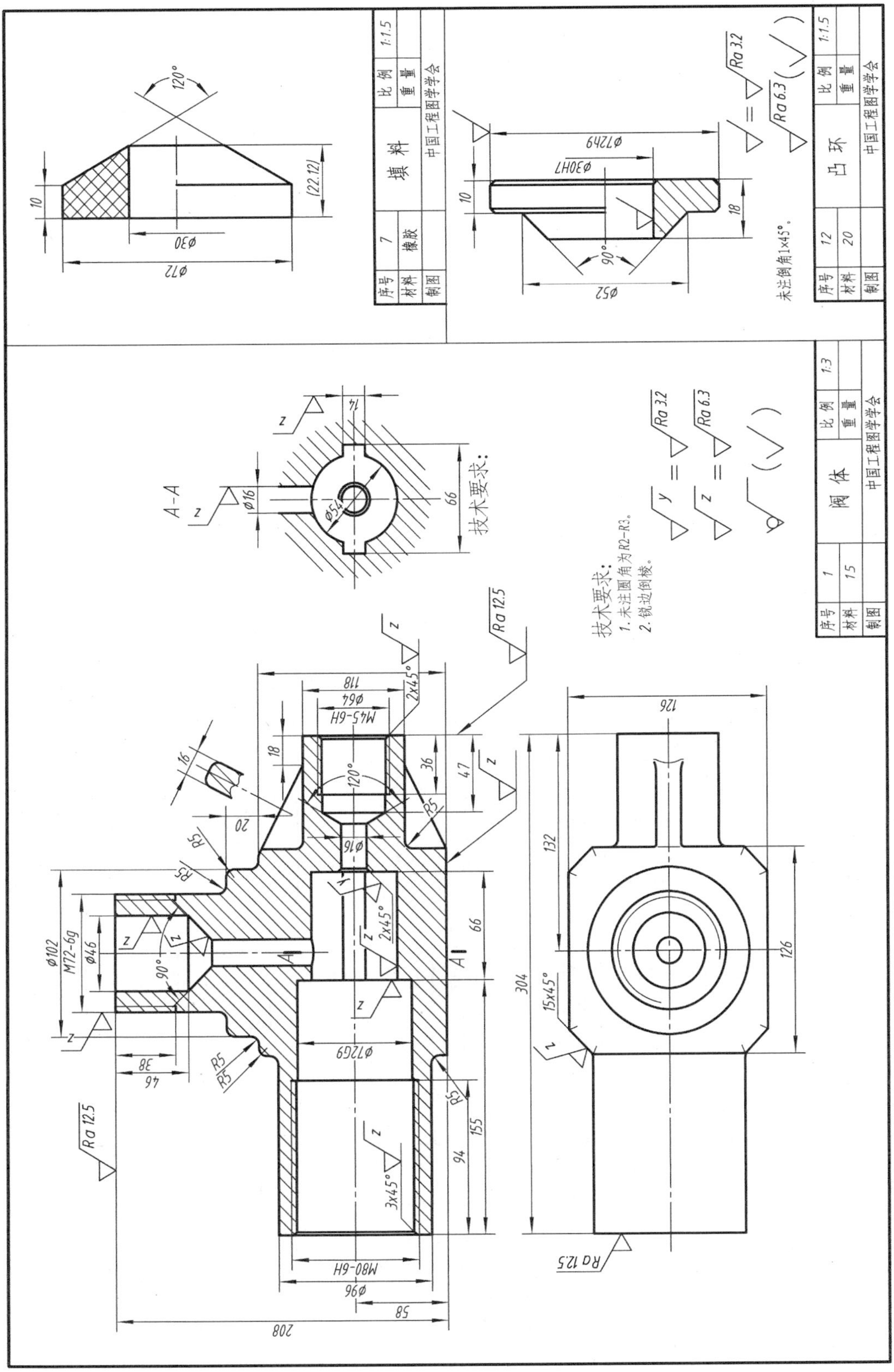

A-A

技术要求:

序号	7	填 料	比 例	1:1.5
材料	橡胶		重 量	
制图		中国工程图学学会		

技术要求:

1. 未注圆角为R2-R3。
2. 锐边倒棱。

$\sqrt{y}$ = $\sqrt{Ra\ 3.2}$

$\sqrt{z}$ = $\sqrt{Ra\ 6.3}$

$\sqrt{}$ ($\sqrt{}$)

序号	1	阀 体	比 例	1:3
材料	15		重 量	
制图		中国工程图学学会		

未注倒角1×45°。

$\sqrt{}$ = $\sqrt{Ra\ 3.2}$

$\sqrt{Ra\ 6.3}$ ($\sqrt{}$)

序号	12	凸 环	比 例	1:1.5
材料	20		重 量	
制图		中国工程图学学会		

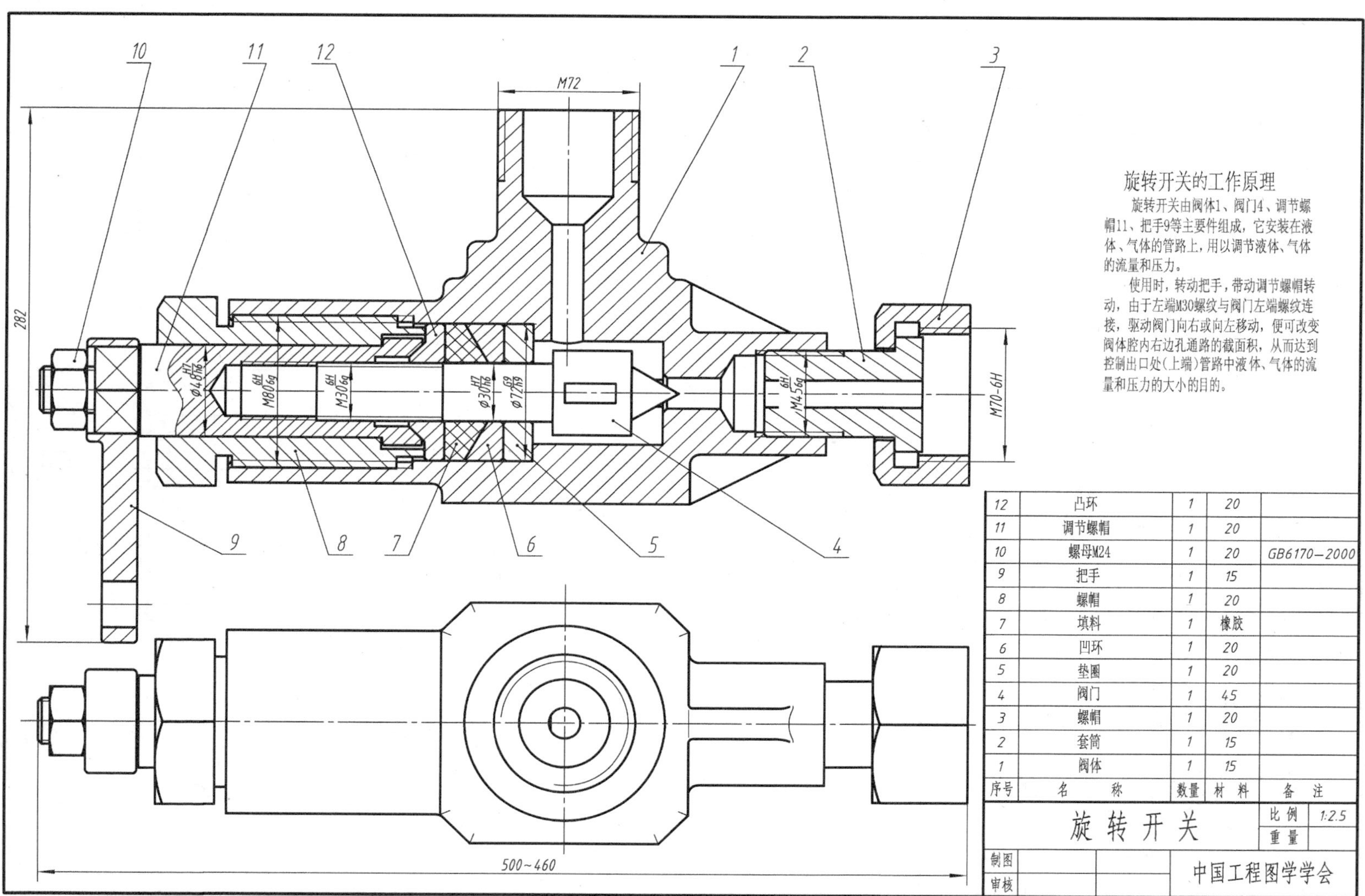

旋转开关的工作原理

旋转开关由阀体1、阀门4、调节螺帽11、把手9等主要件组成，它安装在液体、气体的管路上，用以调节液体、气体的流量和压力。

使用时，转动把手，带动调节螺帽转动，由于左端M30螺纹与阀门左端螺纹连接，驱动阀门向右或向左移动，便可改变阀体腔内右边孔通路的截面积，从而达到控制出口处（上端）管路中液体、气体的流量和压力的大小的目的。

序号	名　称	数量	材　料	备　注
12	凸环	1	20	
11	调节螺帽	1	20	
10	螺母M24	1	20	GB6170—2000
9	把手	1	15	
8	螺帽	1	20	
7	填料	1	橡胶	
6	凹环	1	20	
5	垫圈	1	20	
4	阀门	1	45	
3	螺帽	1	20	
2	套筒	1	15	
1	阀体	1	15	

旋转开关	比例	1:2.5
	重量	
制图		
审核		中国工程图学学会

附录 7　部分任务参考答案

任务 1.10 中钻模装配图拆画钻模板零件图参考如附图 7.1 所示。

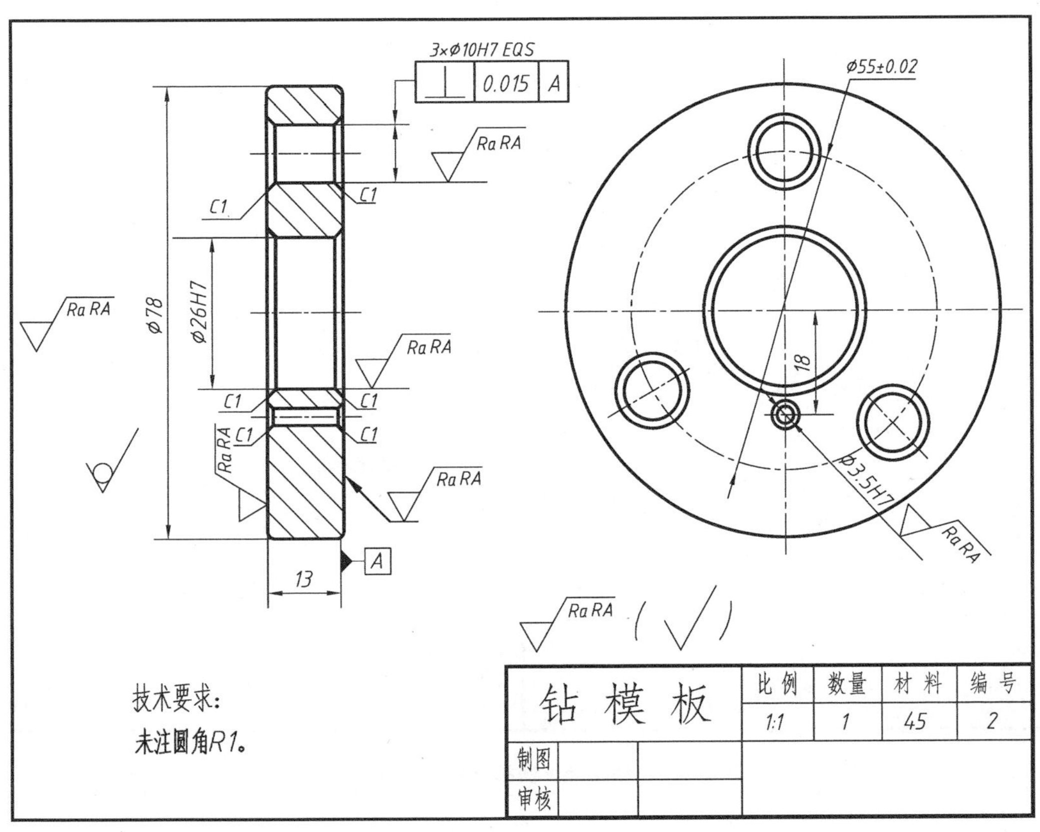

附图 7.1　钻模装配图拆画钻模板零件图参考

任务 1.10 中钻模装配图拆画底座零件图参考如附图 7.2 所示。

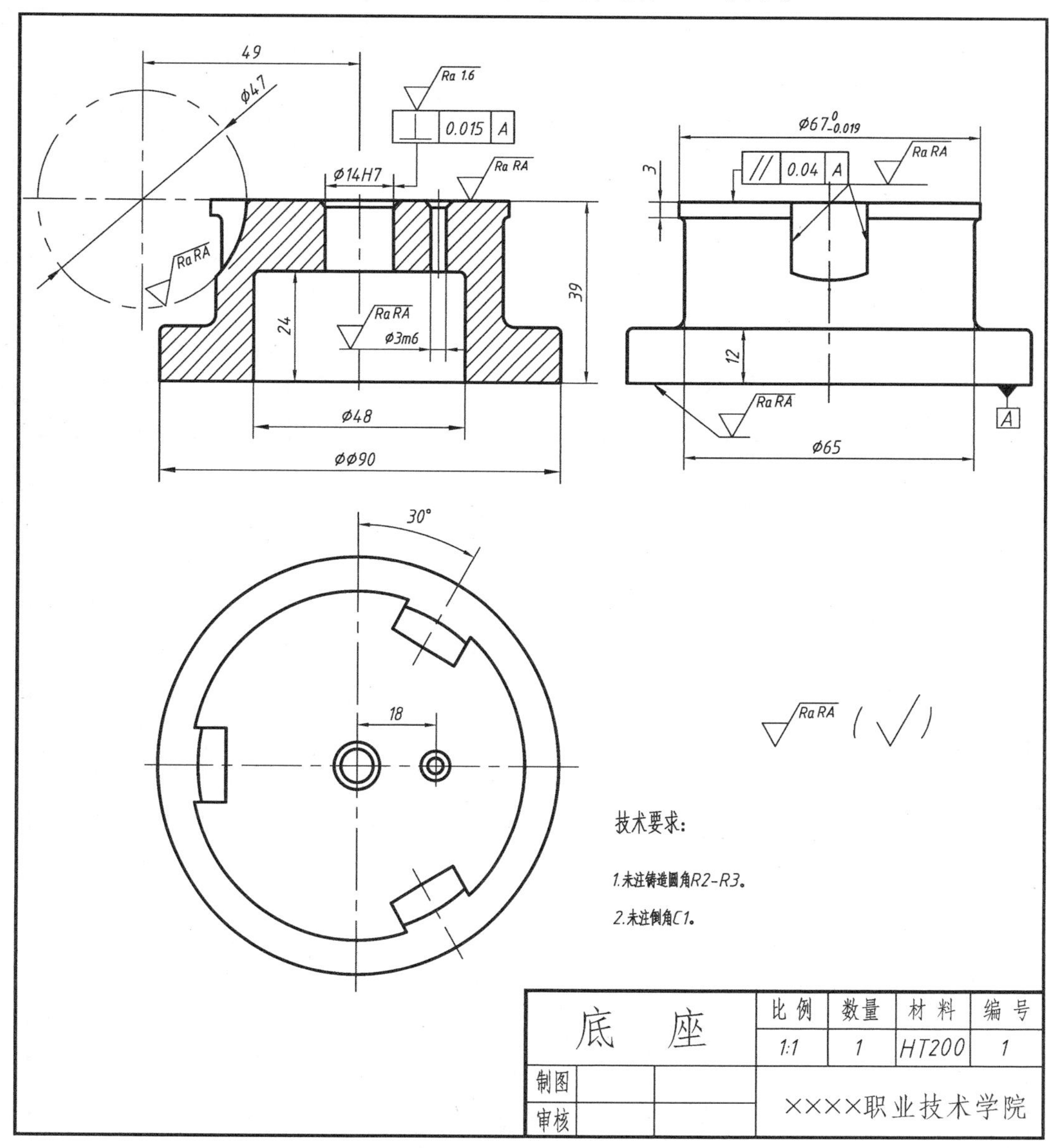

附图 7.2 钻模装配图拆画底座零件图参考

任务 2.6 中绘制组合体三视图参考如附图 7.3 所示。

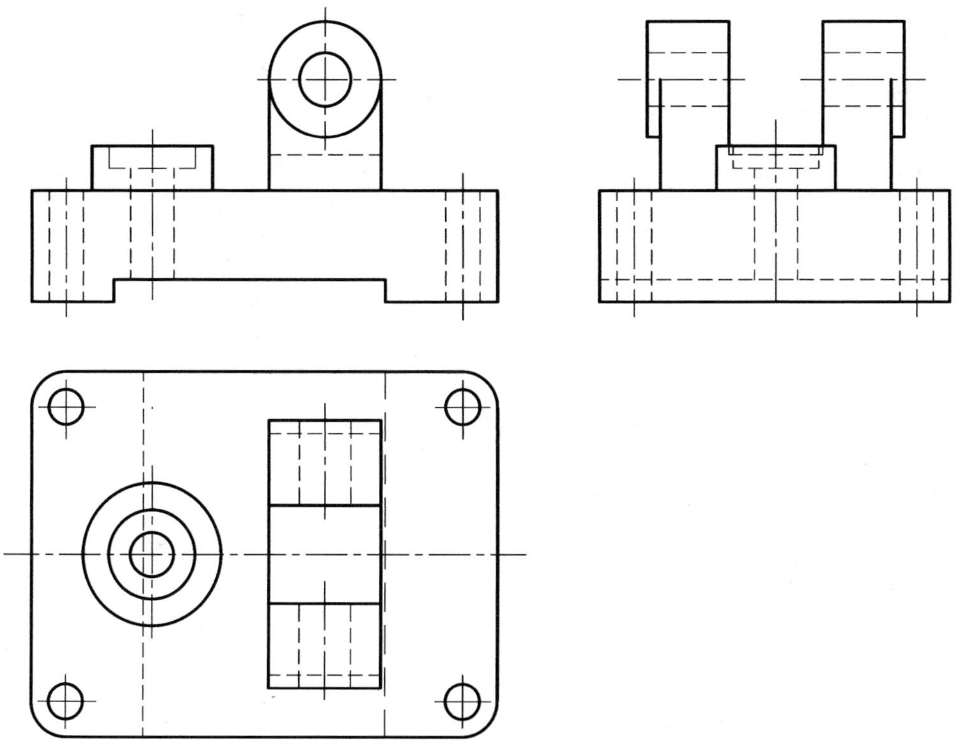

附图 7.3　组合体三视图参考

附录 8　2022 年“彭城工匠”职业技能大赛 CAD 机械设计项目竞赛理论样题

一、单选题

1. 我国最早对于工匠质量管理的规定是（　　）。

A. 商税则例　　B. 物勒工名　　C. 官山海法令　　D. 四民分业

2. （　　）是工匠精神的延伸。

A. 职业素养　　B. 精益求精　　C. 创造创新　　D. 爱岗敬业

3. 下列人物最能体现工匠精神的是（　　）。

A. 蒯祥　　B. 诸葛亮　　C. 宋江　　D. 刘备

4. “工匠”一词最早指的是（　　）。

A. 木工　　B. 陶匠　　C. 侍卫　　D. 手工业者

5. 工匠精神的理念是（　　）。

A. 爱岗敬业　　B. 勤奋踏实　　C. 责任心　　D. 精益求精

6. 工匠精神的核心思想是（　　）。

A. 品质　　B. 意识　　C. 价值观　　D. 责任心

7. 工匠精神的本质是（　　）。

A. 爱岗敬业　　B. 勤奋踏实　　C. 责任心　　D. 精益求精

8. “中国第一卷绕工”张国华经常说的一句话是（　　）。

A. 有技术才有尊严啊　　B. 有学历才有尊严啊

C. 有关系才有尊严啊　　D. 有职称才有尊严啊

9. 爱迪生认为，高效工作的第一要素是（　　）。

A. 专注　　B. 创新　　C. 钻研　　D. 经验

10. 敬业之所以能够持久保持下去，很重要的一个内因是敬业者的（　　）。

A. 信念　　B. 专心　　C. 勤奋　　D. 自律

11. 打造本行业最优质的、其他同行无法匹敌的卓越产品是工匠（　　）。

A. 追求的目标　　B. 执着的信念

C. 坚定的信仰　　D. 扎实的修养

12. 能集技术构思、艺术设计和专业制作三者于一身者，谓之（　　）。

A. 工匠　　B. 巧匠　　C. 匠师　　D. 哲匠

13. 工匠精神是制造业中的（　　）。

A. 载体　　B. 主导　　C. 核心　　D. 灵魂

14. 工匠精神在强调执着、坚守、专注的同时，也内蕴着突破和（　　）。

A. 传承精神　　B. 创新精神　　C. 奋斗精神　　D. 担当精神

15. 在近代出现工匠与工程师的分工，这时工匠的作用在于（　　）。

A. 构思技术　　B. 设计技术

C. 实际操作　　D. 指导技术系统实施

16. 从业者表现出对工作全身心投入、认认真真、尽职尽责的职业精神状态，体现的是（　　）。

A. 敬业精神　　B. 勤奋精神　　C. 专注精神　　D. 踏实精神

17. “魔鬼在细节”一语出自（　　）。

A. 卡耐基　　B. 戴维斯

C. 路德维希 · 密斯 · 凡 · 德罗　　D. 稻盛和夫

18. “天下大事必作于细”出自（　　）。

A. 孔子　　B. 老子　　C. 庄子　　D. 孟子

19. 强化职业责任是（　　）职业道德规范的具体要求。

A. 团结协作　　B. 诚实守信

C. 勤劳节俭　　D. 爱岗敬业

20. 办事公道是指职业人员在进行职业活动时要做到（　　）。

A. 原则至上，不徇私情，举贤任能，不避亲疏

B. 奉献社会，襟怀坦荡，待人热情，勤俭持家

C. 支持真理，公私分明，公平公正，光明磊落

D. 牺牲自我，助人为乐，邻里和睦，正大光明

21.《公民道德建设实施纲要》提出，要充分发挥社会主义市场经济机制的积极作用，人们必须增强（　　）。

A. 个人意识、协作意识、效率意识、物质利益观念、改革开放意识

B. 个人意识、竞争意识、公平意识、民主法制意识、开拓创新精神

C. 自立意识、竞争意识、效率意识、民主法制意识、开拓创新精神

D. 自立意识、协作意识、公平意识、物质利益观念、改革开放意识

22. 职业道德是指从事一定职业劳动的人们，在长期的职业活动中形成的（　　）。

A. 行为规范　　B. 操作程序　　C. 劳动技能　　D. 思维习惯

23. 职业道德是一种（　　）的约束机制。

A. 强制性　　B. 非强制性　　C. 随意性　　D. 自发性

24. 下列不属于劳动争议处理机构的是（　　）。

A. 用人单位的劳动争议调解委员会　　B. 人民法院

C. 劳动争议仲裁委员会　　D. 公安局

25. 职业道德是指从事一定（　　）的人们，在长期的（　　）中形成的行为规范。

A. 职业劳动；职业活动　　B. 社会劳动；社会活动

C. 职业劳动；社会活动　　D. 职业规范；职业活动

26. 有利于调整职业利益关系，有利于提高人民的道德水平，有利于完善人格是职业道德的（　　）。

A. 功能　　B. 关键　　C. 作用　　D. 核心

27. 树立对职业道德的认识，培养职业道德情感是（　　）的内容。

A. 职业道德教育　　B. 职业道德修养

C. 职业道德准则　　D. 职业道德情感

28. 职业道德通过（　　），起着增强企业凝聚力的作用。

A. 增加职工福利　　B. 为员工创造发展空间

C. 协调员工之间的关系　　D. 调节企业与社会的关系

29. 北宋政治家范仲淹“先天下之忧而忧，后天下之乐而乐”是我国传统职业道德中的（　　）。

A. 恪尽职守的敬业精神　　B. 用于革新的拼搏精神

C. 公忠为国的社会责任感　　D. 以礼待人的和谐精神

30. 在市场经济条件下，（　　）是职业道德社会功能的重要表现。

A. 增强决策科学化　　B. 遏制牟利最大化

C. 促进员工行为的规范化　　D. 克服利益导向

31. 爱岗敬业作为职业道德的重要内容，是指员工（　　）。

A. 应该热爱自己的岗位　　B. 应该热爱高收入的岗位

C. 应该强化职业责任　　D. 不应该多转行

32. 职业责任的特点不包括（　　）。

A. 职业责任具有明确的规定性

B. 职业责任与物质利益存在着直接关系

C. 职业责任具有法律及其纪律的强制性

D. 职业责任具有舆论的导向性

33. 行政法规由（　　）制定。

A. 全国人大　　B. 全国人大常委会

C. 国家主席　　D. 国务院

34. 《中华人民共和国劳动法》主要调整的对象是（　　）。

A. 劳动合同关系　　B. 与劳动关系密切的所有关系

C. 劳动关系　　D. 劳动收入问题

35. 我国制定的约束计算机在网络上行为的法律法规是（　　）。

A. 《计算机软件保护条例》

B. 《计算机联网规则》

C. 《计算机信息网络国际联网安全保护管理办法》

D. 《中华人民共和国计算机安全法》

36. 在三面投影体系中，三个投影面英文名称的简写为（　　）、*V* 和 *W* 面。

A. *H*　　B. *E*　　C. *P*　　D. *F*

37. 国家标准规定了公差带由标准公差和基本偏差两个要素组成。标准公差确定公差带大小，基本偏差确定（　　）。

A. 公差数值　　B. 公差等级　　C. 公差带长短　　D. 公差带位置

38. 下列角度标注正确的是（　　）。

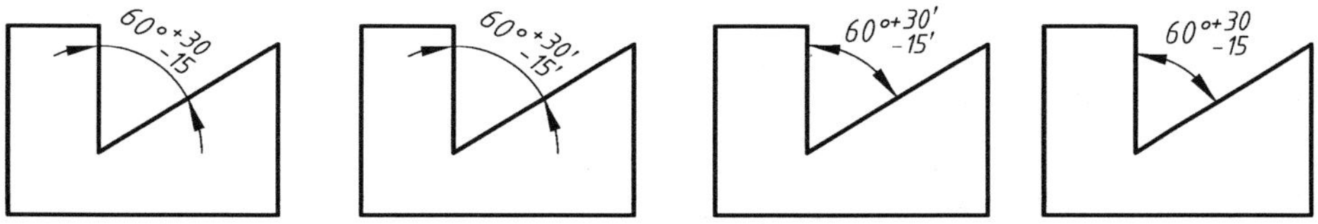

A　　B　　C　　D

39. 一张完整的零件图应包括视图、尺寸、技术要求和（　　）。

A. 细目栏　　B. 标题栏　　C. 列表栏　　D. 项目栏

40. 注写线性尺寸数字，如尺寸线为竖直方向时，尺寸数字规定（　　）书写，字头朝左。

A. 由左向右　　B. 由右向左　　C. 由上向下　　D. 由下向上

41. 已知右图中的尺寸，若要标出它的斜度，则 *X* 应写成（　　）。

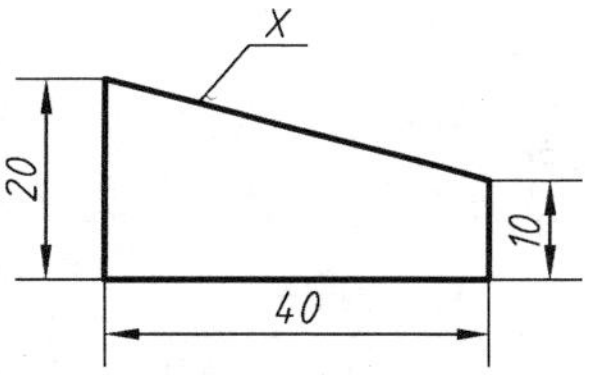

A. ∠1：4　　B. ⊿1：4

C. ∠1.2　　D. ⊿1.2

42. 正等轴测图所用的投影方法是（　　）。

A. 中心投影法　　B. 平行投影法　　C. 正投影法　　D. 斜投影法

43. 社会主义职业道德有利于改善（　　），促进社会主义市场经济的健康发展。

A. 产品质量　　B. 生产效率　　C. 竞争环境　　D. 生产环境

44. 三投影面体系由三个相互（　　）的投影面所组成。

A. 垂直　　B. 倾斜　　C. 平行　　D. 交叉

45. 已知 *C*（0，10，0），则 *C* 点的位置（　　）。

A. 在 *Y* 轴上　　B. 在 *Z* 轴上　　C. 在 *YW* 面上　　D. 在 *YH* 面上

46. 标注尺寸时，圆的直径符号为（　　）。

A. R　　B. ϕ　　C. Sϕ　　D. %%C

47. 侧平面在 *W* 投影面的投影特性为（　　）。

A. 实形性　　B. 积聚性　　C. 类似性　　D. 交叉性

48. 已知直线 AB 的两个投影，判断直线 AB 是（　　）。

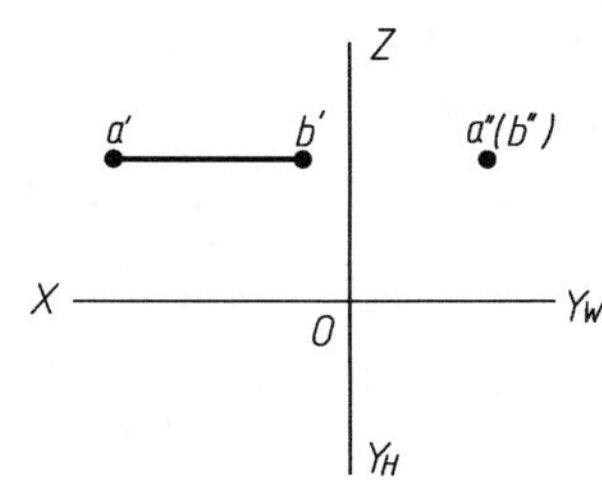

A. 水平线　　B. 侧垂线　　C. 正垂线　　D. 正平线

49. 已知几何体上 A 面的三个投影，则 A 面是（　　）面。

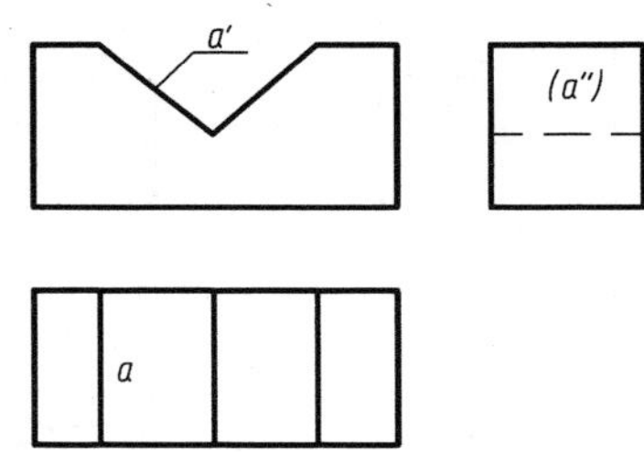

A. 侧垂　　B. 铅垂　　C. 正垂　　D. 水平

50. 螺纹代号 M16×1.5 中，1.5 的单位是（　　）。

A. 米　　B. 厘米　　C. 毫米　　D. 微米

51. 已知直齿圆柱齿轮分度圆的直径 $d=105$ mm，齿数 $z=35$，则齿轮模数 m 为（　　）。

A. 2　　B. 2.5　　C. 3　　D. 5

52. 两直径不等的圆柱正交时，相贯线一般是一条封闭的（　　）。

A. 圆曲线　　B. 椭圆曲线　　C. 空间曲线　　D. 平面曲线

53. 机械制图国家标准规定，内图框线用（　　）画出。

A. 粗实线　　B. 细实线　　C. 波浪线　　D. 细点画线

54. 下列一组视图正确的是（　　）。

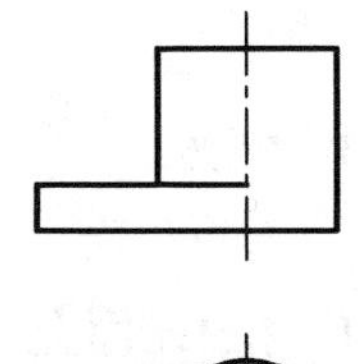
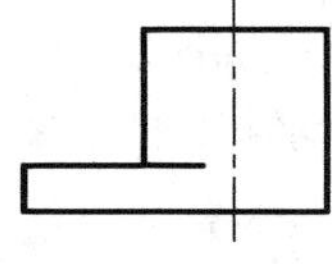
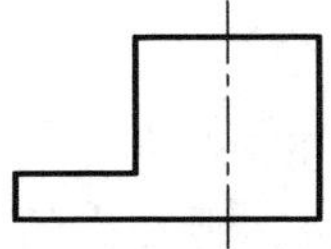
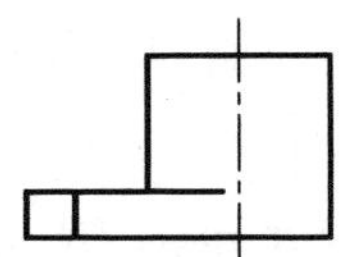

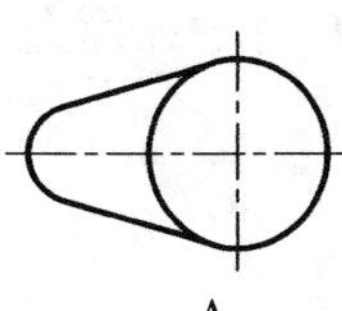
A

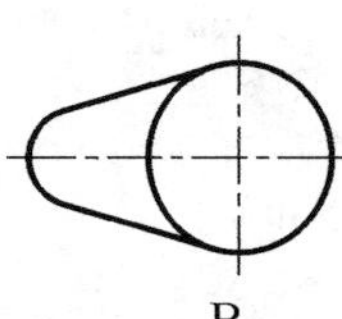
B

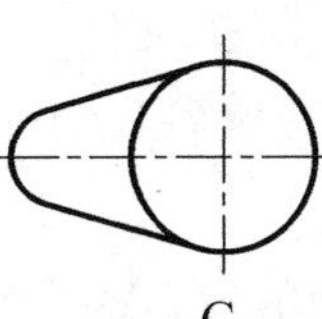
C

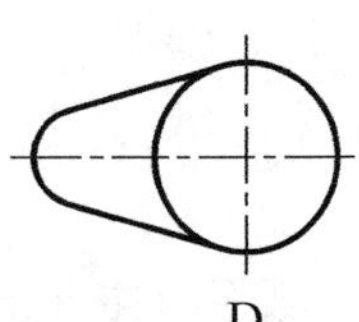
D

55. 图样中，标题栏位于图纸的（　　）。

A. 右上角　　B. 右下角　　C. 左上角　　D. 左下角

56. 根据三视图，则与之对应的轴测图是（　　）。

A　　B　　C　　D

57. 根据下图所示三点的投影，下列选项错误的是（　　）。

A. *A* 上 *B* 下　　B. *A* 下 *C* 上　　C. *A* 左 *B* 右　　D. *A* 前 *B* 后

58. 右图是（　　）连接图。

A. 螺钉

B. 螺栓

C. 双头螺柱

D. 管螺纹

59. 尺寸公差中的极限尺寸是指允许尺寸变动的（　　）极限值。

A. 多个　　B. 一个　　C. 两个　　D. 所有

60. 如下图所示，*A* 向视图的名称是（　　）。

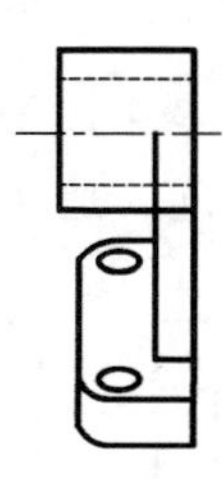

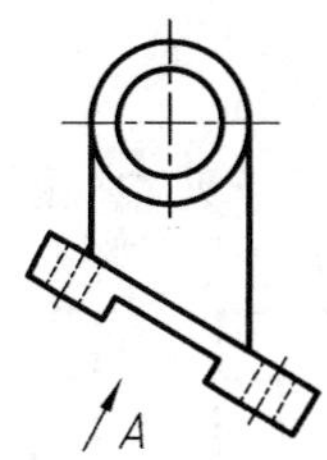

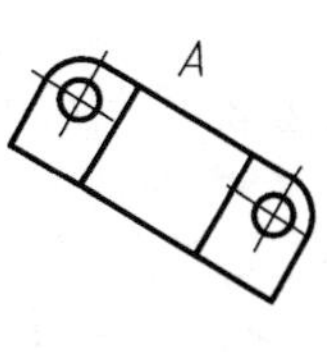

A. 局部视图　　B. 向视图　　C. 斜视图　　D. 辅助视图

61. 加强社会主义（　　），是发展先进文化的重要内容和中心环节。

A. 思想政治建设　　B. 物质文明建设

C. 思想道德建设　　D. 精神文明建设

62. 下列尺寸标注错误的是（　　）。

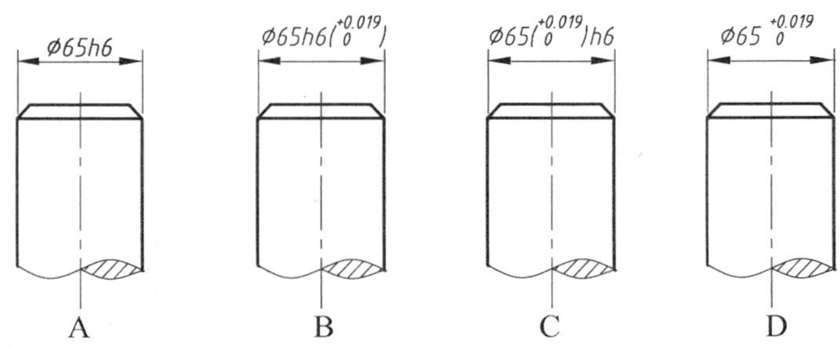

63. 表面粗糙度的（　　）中应用最广泛的轮廓算术平均偏差用 Ra 代表。

A. 主要技术指标　B. 次要技术指标　C. 主要评定参数　D. 次要评定参数

64. 线性尺寸数字一般注在尺寸线的（　　），同一张图样上尽可能采用一种数字注写方法。

A. 上方或中断处　B. 下方或中断处　C. 左方或中断处　D. 右方或中断处

65. 已知物体的主、俯视图，则下列左视图正确的是（　　）。

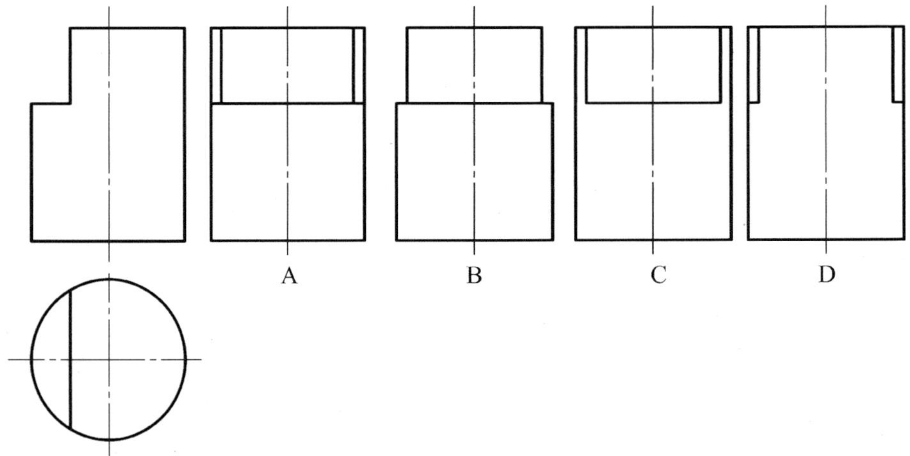

66. 机械制图国家标准规定，（　　）分为不留装订边和留有装订边两种，但同一产品的图样只能采用一种格式。

A. 图框格式　B. 图纸幅面　C. 基本图幅　D. 标题栏

67. 已知物体的主、俯视图，下列左视图正确的是（　　）。

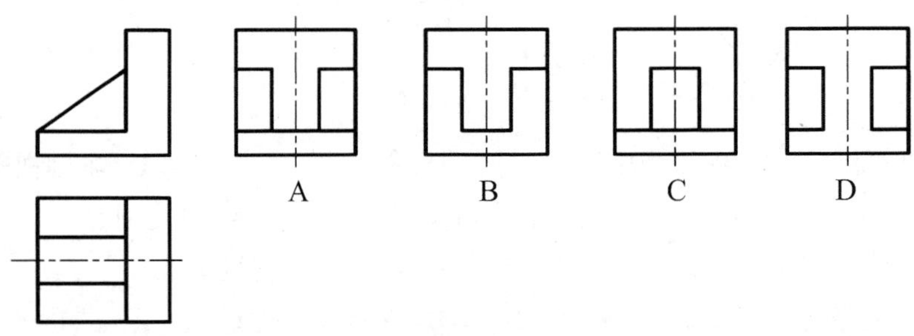

68. 某产品用放大一倍的比例绘图，在标题栏比例项中应填（　　）。

A. 放大一倍　　B. 1×2

C. 2/1　　D. 2∶1

69. 确定物体形状大小的尺寸称为（　　）尺寸。

A. 形状　　B. 定形

C. 定位　　D. 总体

70. 下列全剖视图的画法正确的是（　　）。

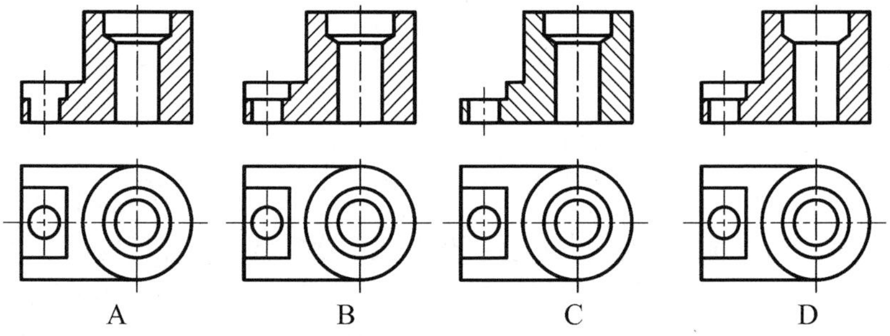

A　B　C　D

71. 下列移出断面图正确的是（　　）。

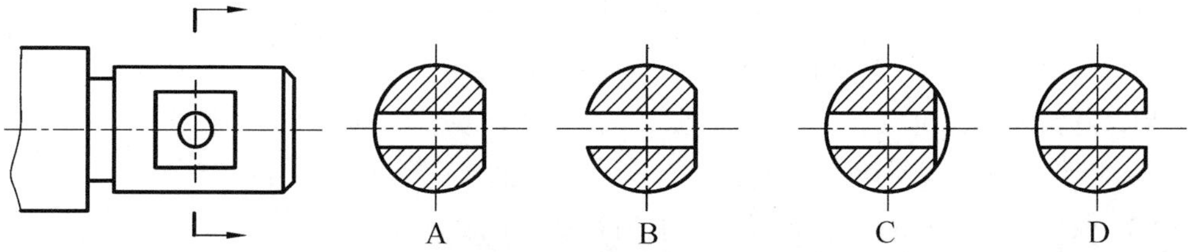

A　B　C　D

72. 按正投影法分别向六个基本投影面投影，可得到（　　）、俯视图、左视图、右视图、仰视图、后视图六个基本视图。

A. 向视图　　B. 局部视图

C. 斜视图　　D. 主视图

73. 螺纹按用途可分为四类，用来传递动力和运动的螺纹为（　　）螺纹。

A. 密封　　B. 传动

C. 标准　　D. 特殊

74. 螺纹相邻两牙在中径线上对应两点间的轴向距离称为（　　）。

A. 螺距　　B. 导程

C. 线数　　D. 旋向

75. 普通螺纹有粗牙和细牙两种，粗牙螺纹的（　　）不标注。

A. 旋向　　B. 导程

C. 螺距　　D. 线数

76. 下列单个齿轮的画法正确的是（　　）。

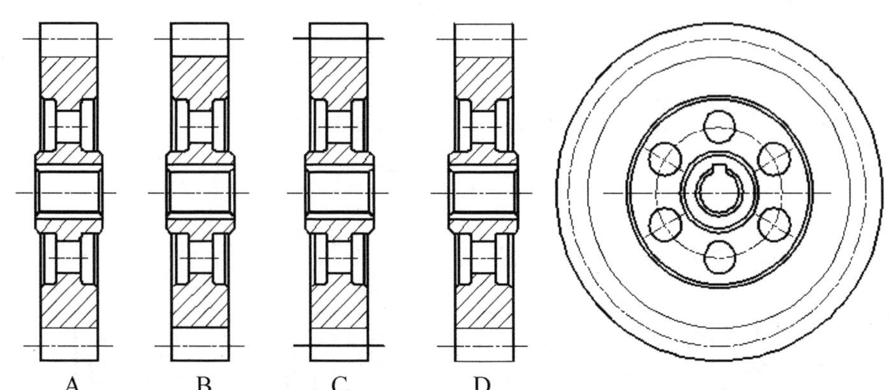

77. 向视图通常用（　　）指明投射方向。

A. 字母　　B. 剖切符号　　C. 箭头　　D. 剖面符号

78. 金属材料的剖面线应与机件的主要轮廓或剖面区域的对称线成（　　）角。

A. 135°　　B. 45°　　C. 90°　　D. 60°

79. 社会风气是社会文明程度的重要标志，是社会（　　）导向的集中体现。

A. 利益　　B. 价值　　C. 法律　　D. 道德

80. 局部剖视图中，视图与剖视图的分界线可用（　　）表示。

A. 粗实线　　B. 细点画线　　C. 细实线　　D. 波浪线

81. 齿轮模数的单位是（　　）。

A. 微米　　B. 毫米　　C. 厘米　　D. 个

82. 根据下图所示的主、俯视图，下列斜视图正确的是（　　）。

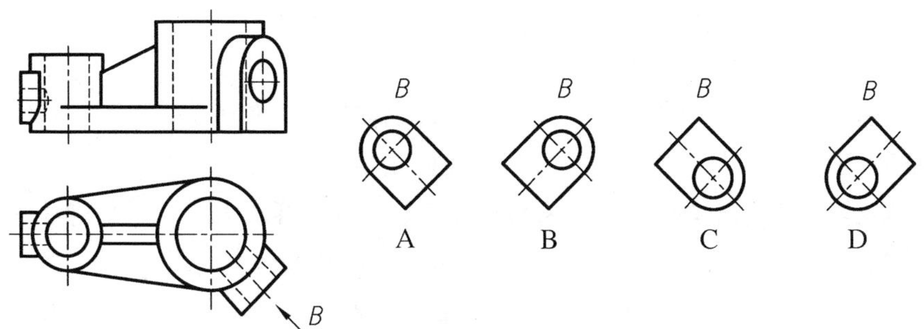

83. 下列重合断面图正确的是（　　）。

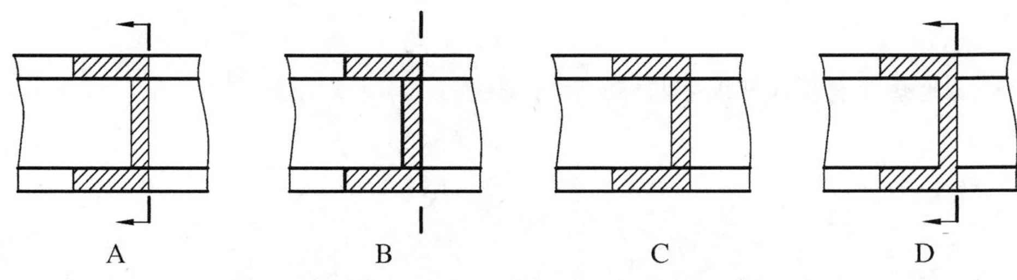

84. 齿轮中，相邻两齿的同侧齿廓之间的分度圆弧长为（　　）。

A. 齿厚　　B. 槽宽　　C. 齿距　　D. 齿宽

85. 下列螺纹连接的画法正确的是（　　）。

A　　B　　C　　D

86. 下列是双折线的是（　　）。

A.　　B.

C.　　D.

87. 当回转体零件上的平面在图形中不能充分表达时，可用两条相交的（　　）表示这些平面。

A. 粗实线　　B. 细实线　　C. 细点画线　　D. 波浪线

88.（　　）是可以移位配置的视图。

A. 基本视图　　B. 向视图　　C. 局部视图　　D. 斜视图

89. 在不致引起误解的情况下，图形中的（　　）可以简化，用圆弧或直线代替非圆曲线。

A. 粗实线　　B. 细实线　　C. 截交线　　D. 过渡线

90. 与投影面倾斜角度小于或等于（　　）的圆或圆弧，其投影椭圆可用圆或圆弧代替。

A. 30°　　B. 45°　　C. 60°　　D. 15°

91. 下列图形中尺寸标注正确的是（　　）。

3 12　　R3 12　　6 15　　3 18

A　　B　　C　　D

92. 单一剖切面包括单一剖切平面和单一剖切（　　）。

A. 柱面　　B. 球面　　C. 断面　　D. 剖面

93. 较长零件（轴、杆、型材、连杆等）沿长度方向的形状一致或按一定规律变化时，可断开后缩短绘制，但尺寸仍按零件的（　　）要求标注。

A. 设计　　B. 加工　　C. 生产　　D. 装配

94. 在圆柱或圆锥外表面上形成的螺纹称为（　　）螺纹，在其孔表面上所形成的螺纹称为（　　）螺纹。

A. 外；内　　B. 内；外　　C. 外；外　　D. 内；内

95. 关于尺寸ϕ 50±0.025，下列描述正确的是（　　）。

A. 公称尺寸为ϕ 50　　B. 实际尺寸为ϕ 50

C. 下极限尺寸为ϕ 50.025　　D. 下极限尺寸为ϕ 50

96. 基本偏差一般是指（　　）。

A. 上极限偏差　　B. 下极限偏差

C. 靠近零线的偏差　　D. 远离零线的偏差

97. 圆柱度公差属于（　　）。

A. 形状公差　　B. 方向公差

C. 位置公差　　D. 跳动公差

98. 从右边公差带图中看出该尺寸的下极限偏差是（　　）。

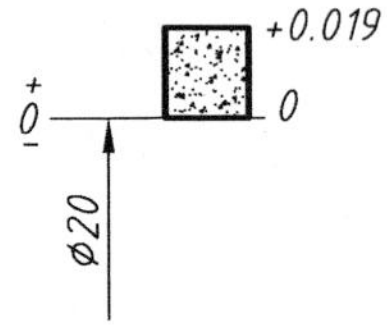

A. 0　　B. +0.01

C. ϕ 20　　D. ϕ 20.019

99. 根据如下图所示箭头方向，正确的视图是（　　）。

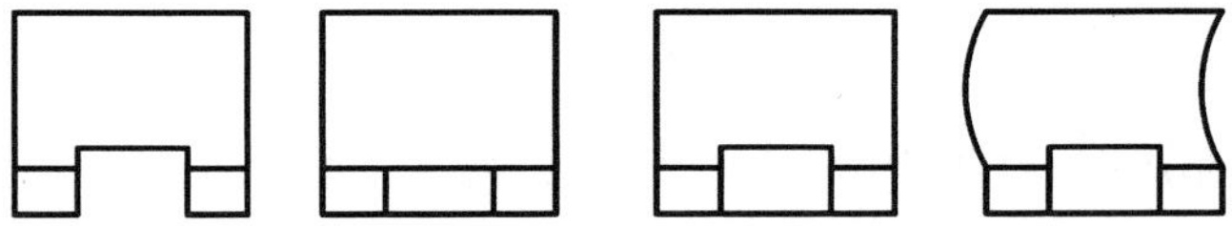

A　B　C　D

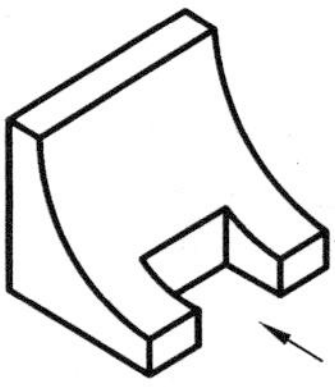

100. 下列配合代号正确的是（　　）。

A. $\phi 30\frac{H7}{f7}$　　B. $\phi 30\frac{f7}{H7}$　　C. $\phi 30\frac{7H}{7f}$　　D. $\phi 30\frac{7f}{7H}$

101. 下列表面粗糙度代号的标注正确的是（　　）。

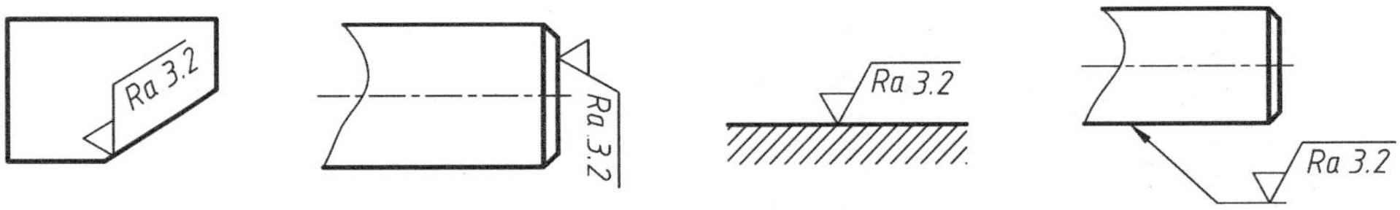

A　B　C　D

102. 绘制物体的假想轮廓线，所用的图线名称是（　　）。

A. 细实线　　B. 细双点画线　　C. 点画线　　D. 虚线

103. 表示零件之间装配关系的尺寸是（　　）。

A. 规格（性能）尺寸　　B. 装配尺寸

C. 安装尺寸　　D. 外形尺寸

104. 装配图中明细栏画在装配图右下角标题栏的（　　）。

A. 右方　　B. 左方

C. 上方　　D. 下方

根据下列零件图，回答第 105 题至第 114 题。

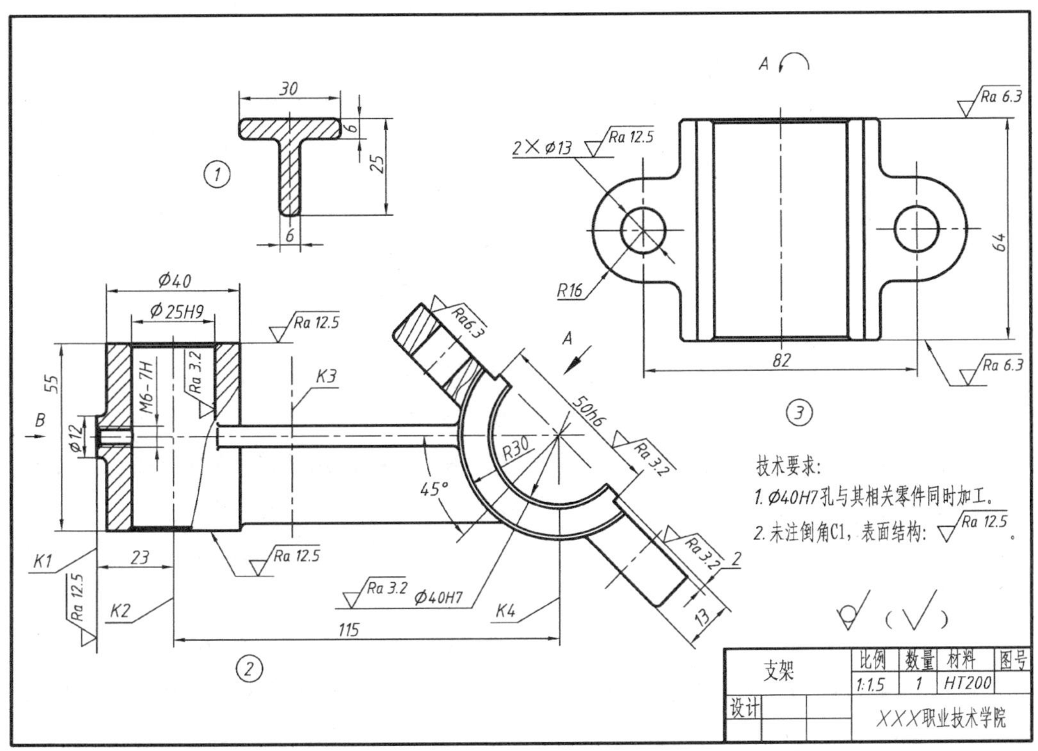

105. 该零件属于（　　）类零件。

A. 轴套　　B. 轮盘　　C. 叉架　　D. 箱体

106. 标有①的图的名称是（　　）。

A. 移出断面图　　B. 局部放大图

C. 局部剖视图　　D. 重合断面图

107. 标有③的图的名称是（　　）。

A. 移出断面图　　B. 斜视图　　C. 斜剖视图　　D. 局部视图

108. 下列关于ϕ25H9 的说法错误的是（　　）。

A. 公称尺寸为ϕ25　　B. 该尺寸的下极限偏差为 0

C. 该尺寸的基本偏差代号为 H9　　D. 标准公差等级为 IT9

109. 下列关于 M6-7H 的说法正确的是（　　）。

A. 普通粗牙外螺纹　　B. 普通细牙外螺纹

C. 普通细牙内螺纹　　D. 普通粗牙内螺纹

110. 该零件长度方向的基准，不可能取（　　）。

A. K1 处　　B. K2 处　　C. K3 处　　D. K4 处

111. 材料 HT200 的含义是（　　）。

A. 灰口铸铁　　B. 球墨铸铁　　C. 碳素结构钢　　D. 工具钢

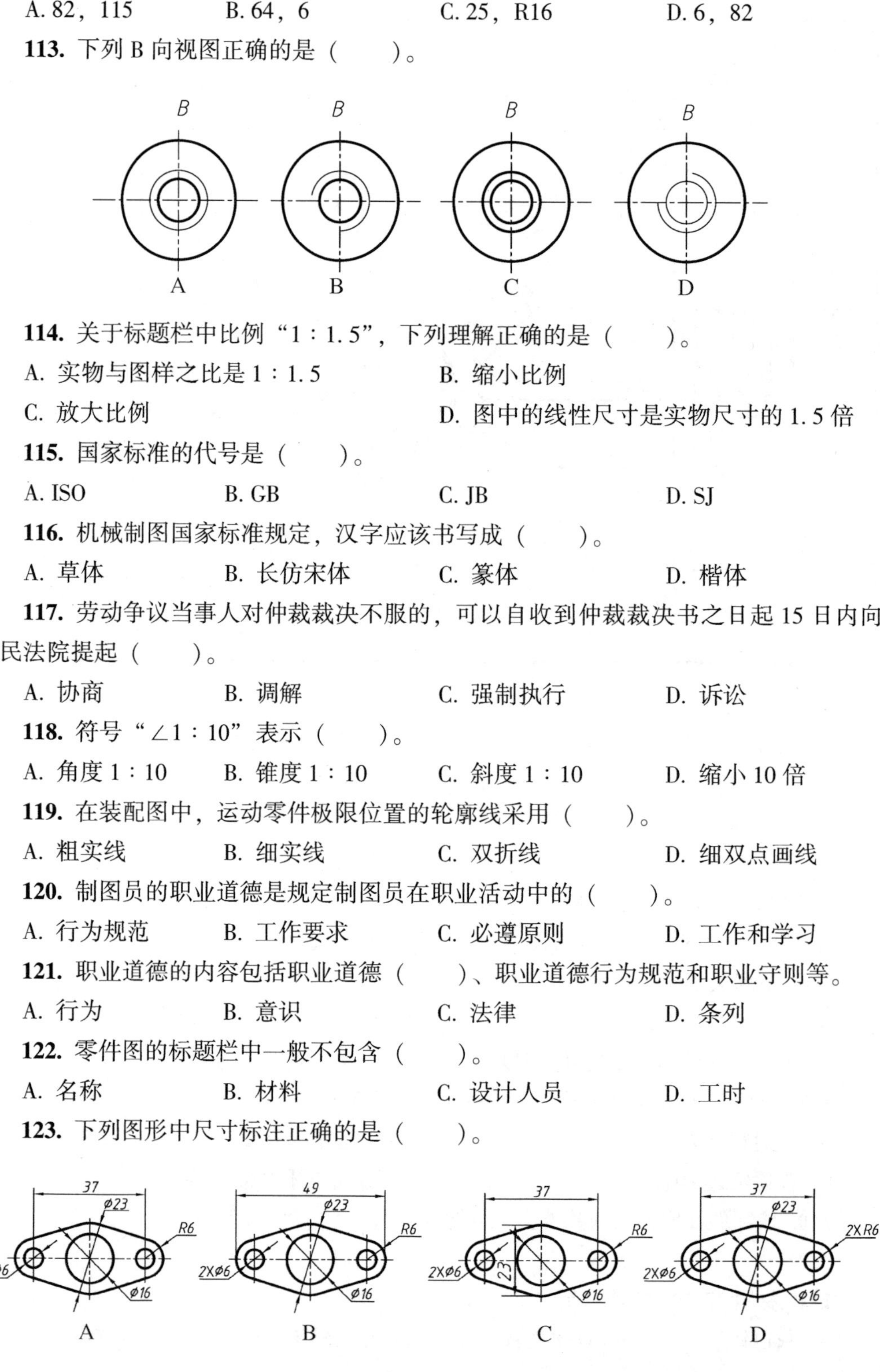

112. 属于定位尺寸的是（　　）组。

A. 82，115　　B. 64，6　　C. 25，R16　　D. 6，82

113. 下列 B 向视图正确的是（　　）。

A　　B　　C　　D

114. 关于标题栏中比例“1∶1.5”，下列理解正确的是（　　）。

A. 实物与图样之比是 1∶1.5　　B. 缩小比例

C. 放大比例　　D. 图中的线性尺寸是实物尺寸的 1.5 倍

115. 国家标准的代号是（　　）。

A. ISO　　B. GB　　C. JB　　D. SJ

116. 机械制图国家标准规定，汉字应该书写成（　　）。

A. 草体　　B. 长仿宋体　　C. 篆体　　D. 楷体

117. 劳动争议当事人对仲裁裁决不服的，可以自收到仲裁裁决书之日起 15 日内向人民法院提起（　　）。

A. 协商　　B. 调解　　C. 强制执行　　D. 诉讼

118. 符号“∠1∶10”表示（　　）。

A. 角度 1∶10　　B. 锥度 1∶10　　C. 斜度 1∶10　　D. 缩小 10 倍

119. 在装配图中，运动零件极限位置的轮廓线采用（　　）。

A. 粗实线　　B. 细实线　　C. 双折线　　D. 细双点画线

120. 制图员的职业道德是规定制图员在职业活动中的（　　）。

A. 行为规范　　B. 工作要求　　C. 必遵原则　　D. 工作和学习

121. 职业道德的内容包括职业道德（　　）、职业道德行为规范和职业守则等。

A. 行为　　B. 意识　　C. 法律　　D. 条列

122. 零件图的标题栏中一般不包含（　　）。

A. 名称　　B. 材料　　C. 设计人员　　D. 工时

123. 下列图形中尺寸标注正确的是（　　）。

A　　B　　C　　D

124. 在三投影体系中，与 H 面和 V 面都垂直的侧立投影面简称为侧面，常用字母（　　）表示。

A. W　　B. A

C. H　　D. V

125. 已知空间点 A（0，0，20），该点在（　　）上。

A. X 轴　　B. Y 轴

C. Z 轴　　D. W 面上

126. 水平面在水平投影面上的投影特性称为（　　）。

A. 类似性　　B. 积聚性

C. 实形性　　D. 交叉性

127. 下列各组图形正确的是（　　）。

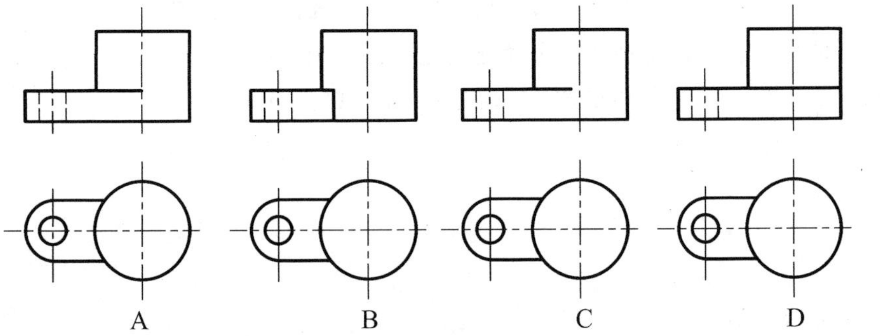

A　B　C　D

128. 已知物体的主、俯视图，则下列左视图正确的是（　　）。

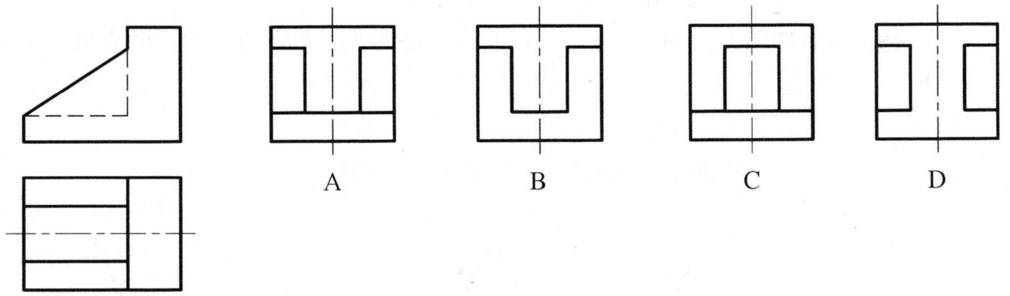

A　B　C　D

129. 下列图形中（　　）表示圆柱。

A　B　C　D

130. 圆柱被平行于轴线的平面完全切割后产生的截交线为（　　）。

A. 圆形　　B. 矩形　　C. 椭圆　　D. 直线

131. 根据主、俯视图及轴测图，下列左视图正确的是（　　）。

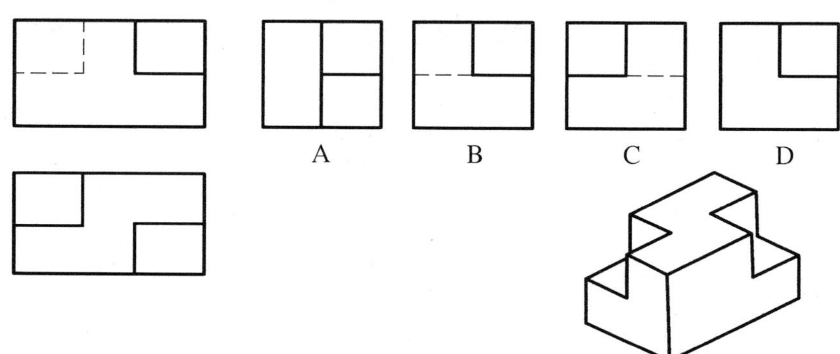

132. 画组合体三视图的步骤是（　　）。

A. 形体分析，选择主视图，选择比例定图幅，布图画基准线，画底稿，检查描深

B. 选择主视图，选择比例定图幅，布图画基准线，画底稿，检查描深

C. 形体分析，选择主视图，布图画基准线，画底稿，检查描深

D. 形体分析，选择主视图，选择比例定图幅，画底稿

133. 点 A 在三投影面中的投影如右图所示，则点 A 的坐标为（　　）。

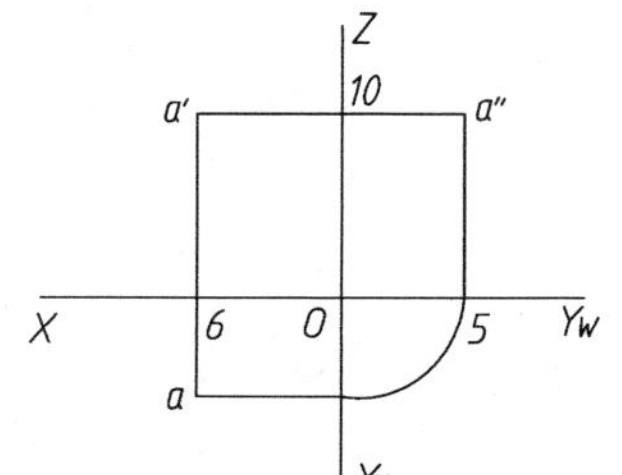

A. $A(10, 6, 5)$

B. $A(6, 5, 10)$

C. $A(5, 10, 6)$

D. $A(5, 6, 10)$

134. 零件图中尺寸的默认单位是（　　）。

A. 米　　B. 厘米　　C. 毫米　　D. 英寸

135. 标注组合体同方向的（　　）尺寸时，应使小尺寸在内，大尺寸在外，间隔均匀，避免尺寸线与尺寸线相交。

A. 相交　　B. 相切　　C. 平行　　D. 垂直

136. 已知基本几何体的主、俯视图，下列左视图正确的是（　　）。

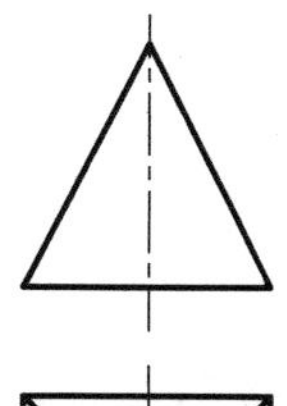

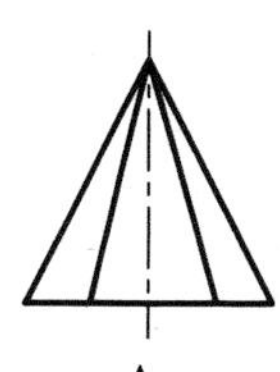
A

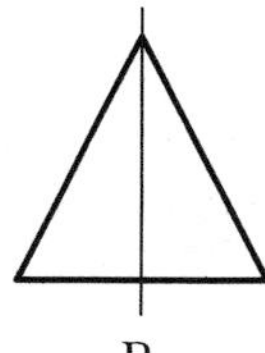
B

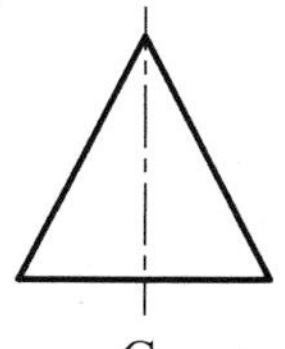
C

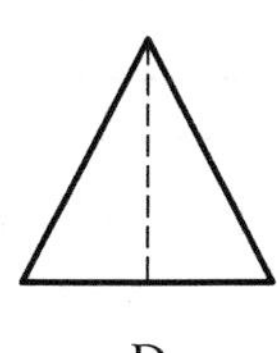
D

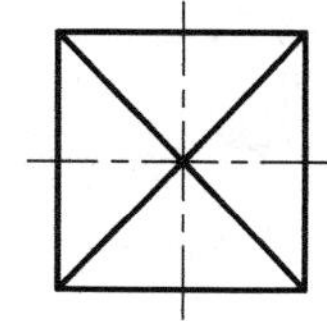

137. 物体上互相平行的线段，在轴测投影中的关系是（　　）。

A. 平行　　B. 垂直　　C. 相交　　D. 无法确定

138. 职业态度是由劳动者在生产关系和生产活动中的（　　）决定的。

A. 利益　　B. 责任　　C. 义务　　D. 地位

139.（　　）相同，相互结合的孔和轴公差带之间的关系，称为配合。

A. 配合尺寸　　B. 公称尺寸　　C. 极限尺寸　　D. 偏差尺寸

140. 标注 45°倒角用字母（　　）表示。

A. C　　B. D　　C. R　　D. F

141. 起模斜度也称为拔模斜度，其大小一般为（　　）。

A. 1∶20~1∶10　　B. 2∶1~1∶1　　C. 1∶1~1∶10　　D. 1∶2~1∶5

142. 根据轴测图和俯、左视图，下列主视图正确的是（　　）

A　　B　　C　　D

143. 下列（　　）不属于形状公差。

A. 直线度　　B. 圆度　　C. 圆柱度　　D. 圆跳动

144. 下列尺寸公差标注正确的是（　　）。

A. $\phi 50_{+0.03}^{-0.02}$　　B. $\phi 50_{-0.02}^{+0.03}$　　C. $\phi 35\pm 0.02$　　D. $\phi 45_{0}^{-0.020}$

145. 轴测投影中，相邻两轴测轴之间的夹角称为（　　）。

A. 夹角　　B. 两面角　　C. 轴间角　　D. 斜角

146. 如右图所示，已知 *AB* 的两面投影，则 *AB* 是（　　）。

A. 正平线

B. 侧平线

C. 水平线

D. 铅垂线

Z　a′　a″　b′　b″　O　X　Y_W　Y_H

147. 空间三个坐标轴在轴测投影面上轴向伸缩系数相同的投影，称为（　　）投影。

A. 正轴测　　B. 斜轴测　　C. 正等轴测　　D. 斜二轴测投影

148. 右图中尺寸标注正确的是（　　）。

A. ①

B. ②

C. ③

D. ④

20　①　②　R5　③　35　④　13

149. 在机械图样中，表示可见轮廓线采用（　　）。

A. 粗实线　　B. 细实线　　C. 波浪线　　D. 虚线

150. 如右图所示，已知组合体的主、左视图，判断其是由（　　）叠加而成的。

A. 圆柱+圆柱　　B. 圆锥+棱柱

C. 半球+圆柱　　D. 整球+圆柱

151. 下列外螺纹规定画法图中画法正确的是（　　）。

A　　B　　C　　D

152. 如下图所示，锥度标注正确的是（　　）。

A　　B　　C　　D

153. 将物体的某一部分向基本投影面投射所得的视图称为（　　）。

A. 斜视图　　B. 局部视图　　C. 局部剖视图　　D. 局部放大图

154. 普通螺纹的牙型角为（　　）。

A. 135°8　　B. 120°　　C. 90°　　D. 60°

155. 下列螺纹标注图正确的是（　　）。

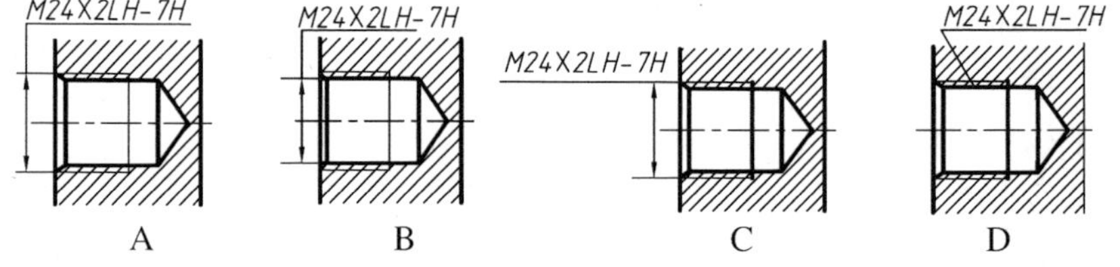

156. 已知直齿圆柱齿轮的齿数为 21，模数为 3，则分度圆直径为（　　）mm。

A. 63　　B. 21　　C. 69　　D. 62. 5

157. 下列属于放大比例的是（　　）。

A. 1 ∶ 2　　B. 1 ∶ 1　　C. 2 ∶ 1　　D. 1 ∶ 5

158. 在机件表达方法中，视图包括（　　）。

A. 基本视图、向视图、局部视图、斜视图

B. 主视图、俯视图、左视图

C. 全剖视图、半剖视图、局部剖视图

D. 后视图、仰视图、右视图

159. 三视图的投影规律中，常用术语是（　　）。

A. 长对应　　B. 长相等　　C. 长不变　　D. 长对正

160. 如下图所示，表达手柄极限位置的细双点画线，采用了（　　）画法。

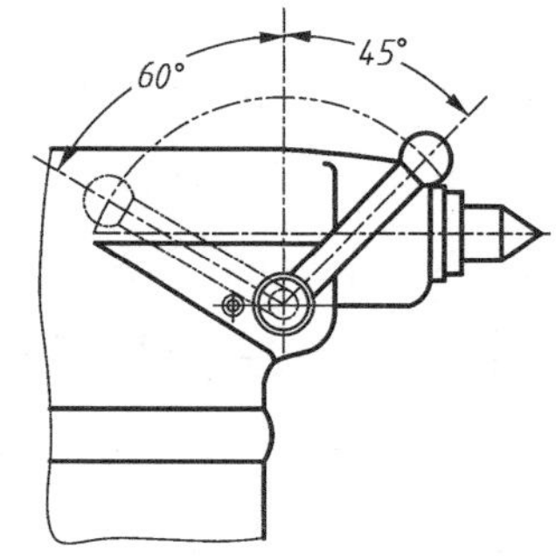

A. 拆卸　　B. 假想　　C. 简化　　D. 相同零件的

161. 将机件的部分结构用大于原图形所采用的比例画出的图形称为（　　）。

A. 局部视图　　B. 斜视图　　C. 局部放大图　　D. 向视图

162. 移出断面图的轮廓线用（　　）绘制。

A. 细实线　　B. 粗实线　　C. 细虚线　　D. 细点画线

163. 左旋螺纹要注写（　　），右旋螺纹不注。

A. LH　　B. NH　　C. MH　　D. PH

164. 不通螺孔圆锥面尖端的锥顶角一般画成（　　）。

A. 135°　　B. 120°　　C. 90°　　D. 60°

165.（　　）是设计、制造齿轮的重要参数。

A. 模数　　B. 齿数　　C. 线数　　D. 螺距

166. 下列移出断面图的画法正确的是（　　）。

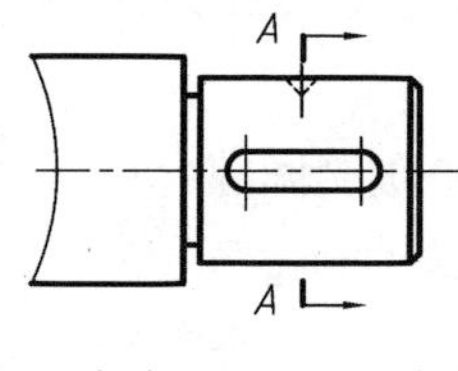

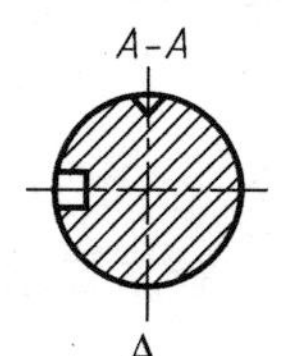

A

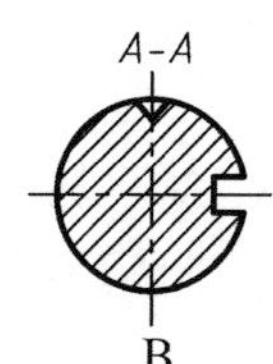

B

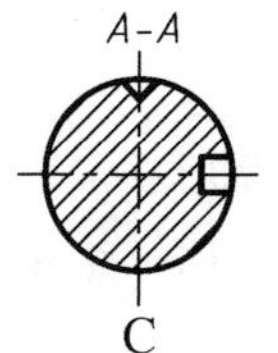

C

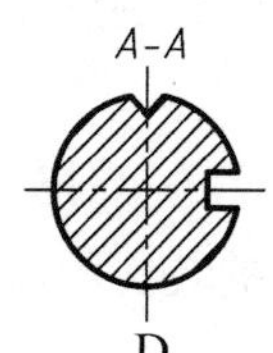

D

167. 在齿轮投影为矩形的外形视图中，齿顶线用（　　）绘制。

A. 粗实线　　B. 细实线　　C. 细点画线　　D. 虚线

168. 用剖切平面局部地剖开机件所得到的剖视图称为（　　）。

A. 局部视图　　B. 全剖视图　　C. 局部剖视图　　D. 半剖视图

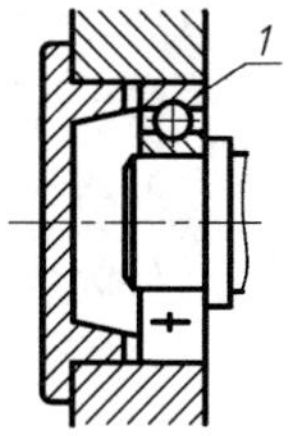

169. 如右图所示，标有 1 的零件的名称是（　　）。

A. 圆柱　　B. 轴承

C. 密封圈　　D. 球

170. 螺纹相邻两牙在（　　）线上对应两点间的轴向距离称为螺距。

A. 小径　　B. 公称直径

C. 大径　　D. 中径

171. 在不剖切的两齿轮轴向啮合图中，分度线用（　　）绘制。

A. 粗实线　　B. 细实线　　C. 细点画线　　D. 虚线

172. 普通螺纹牙型代号是（　　）。

A. Tr　　B. G　　C. M　　D. Rc

173. 代号 M10-5g6g 中 6g 的含义是（　　）。

A. 顶径公差带代号　　B. 中径公差带代号

C. 基本偏差代号　　D. 公差等级代号

174. 一般情况下，剖面线应与机件的主要轮廓或剖面区域的对称线成（　　）。

A. 45°　　B. 60°　　C. 75°　　D. 15°

175. 在装配图中，每种零件或部件编（　　）个序号。

A. 一　　B. 二　　C. 三　　D. 四

176. 标注尺寸的基本要求是（　　）。

A. 正确、美观、合理、完整　　B. 美观、清晰、合理、完整

C. 正确、清晰、合理、完整　　D. 正确、清晰、合理、美观

177. 基准制中基准轴的基本偏差代号为（　　）。

A. h　　B. H　　C. A　　D. a

178. 基本偏差代号为 A、G、F 的孔与基本偏差代号为 h 的轴组成的是（　　）配合。

A. 基孔制间隙　　B. 基轴制间隙

C. 基孔制过盈　　D. 基轴制过盈

179. 在极限与配合制度中，标准公差分为（　　）个等级，轴、孔的基准偏差代号各有（　　）个。

A. 18；18　　B. 18；20　　C. 20；28　　D. 20；20

180. 一张完整的装配图应包括一组视图、必要的尺寸、技术要求、（　　）和标题栏及明细表。

A. 标准件的代号　　B. 零部件的序号

C. 焊接件的符号　　D. 连接件的编号

181. 表面粗糙度数值越大，零件的表面质量越（　　）。

A. 好　　B. 差

C. 不受影响　　　　　　　　　　　　D. 取决于零件的使用环境

182. 基本偏差一般是指（　　）极限偏差。

A. 上　　　　B. 下　　　　C. 靠近零线　　　　D. 远离零线

183. 如尺寸标注为$\phi 40^{+0.025}_{+0.09}$，下列检查结果尺寸合格的是（　　）。

A. ϕ40　　　　B. ϕ40. 006　　　　C. ϕ40. 013　　　　D. ϕ40. 034

184. 图框格式分（　　）。

A. 为不留装订边和留有装订边两种　　　　B. 为横装和竖装两种

C. 有加长边和无加长边两种　　　　D. 为粗实线和细实线两种

185. 装订前，应按（　　）内容认真检查每张图纸，看图纸是否齐全。

A. 图纸　　　　B. 明细表　　　　C. 目录　　　　D. 封面

根据下列零件图，回答第 186 题至第 194 题。

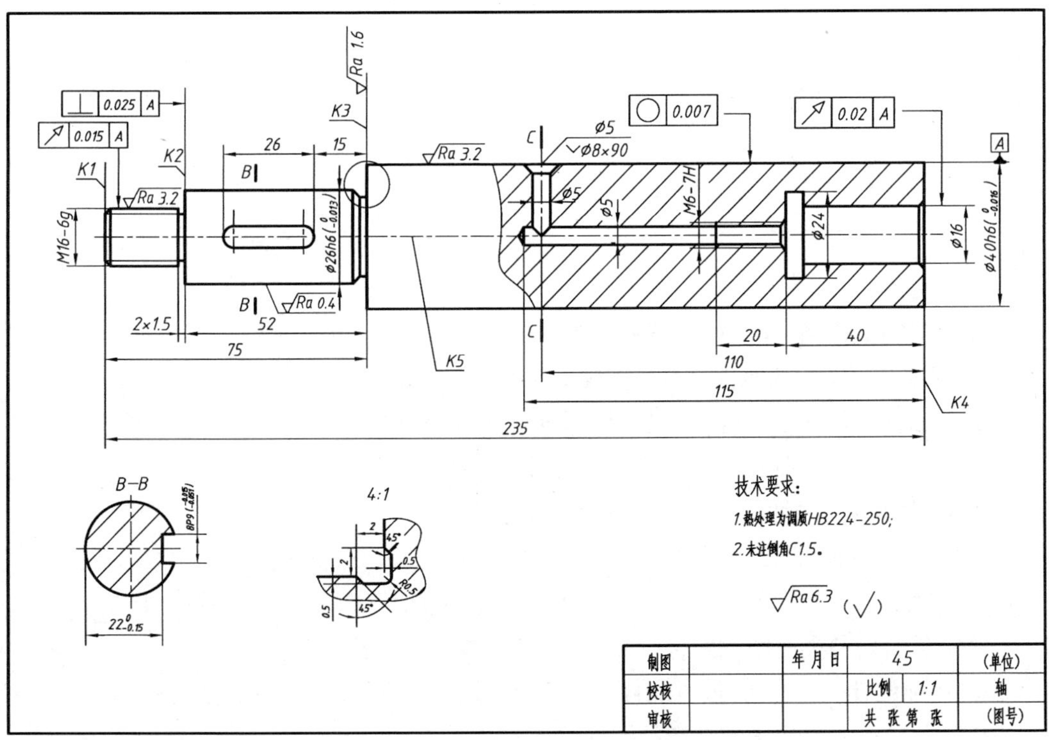

186. 对于该零件的表达方法，下列描述错误的是（　　）。

A. 主视图的选择采用了加工位置的原则

B. 主视图采用了单一剖切的局部剖视图

C. 采用了移出断面图表达键槽的宽度和长度

D. 零件有热处理要求

187. 键槽的深度是（　　）mm。

A. 8　　　　B. 22　　　　C. 4　　　　D. 26

188. 该零件轴向尺寸主要基准是图中标（　　）的面。

A. *K*1 处　　B. *K*2 处　　C. *K*3 处　　D. *K*3 或 *K*4 处

189. M6-7H 表示（　　）。

A. 梯形螺纹　　B. 矩形螺纹　　C. 普通螺纹　　D. 管螺纹

190. 图中符号“∨”的含义是（　　）。

A. 深度　　B. 柱形沉孔　　C. 平沉孔　　D. 锥形沉孔

191. 下列关于断面图中 $8P9_{-0.051}^{-0.015}$ 的描述错误的是（　　）。

A. 基本偏差代号为 P　　B. 公差带代号为 P9

C. 公称尺寸为 8　　D. 公差为-0. 036

192. 键槽的定位尺寸是（　　）。

A. 15　　B. 8　　C. 22　　D. 25

193. 下列 C-C 移出断面图正确的是（　　）。

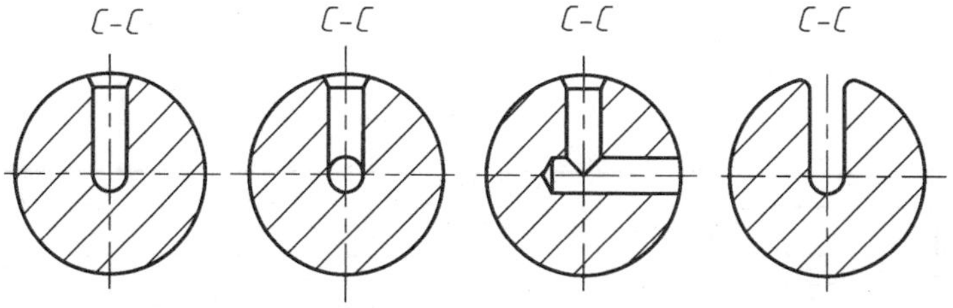

C-C　C-C　C-C　C-C

A　B　C　D

194. 对图中比例“4∶1”，下列理解正确的是（　　）

A. 局部放大图中的线性尺寸是主视图中线性尺寸的 4 倍

B. 局部放大图中的线性尺寸是对应实物尺寸的 4 倍

C. 图中实物的线性尺寸是主视图中线性尺寸的 4 倍

D. 图中实物的线性尺寸是局部放大图尺寸的 4 倍

195. 六个基本视图的配置中，（　　）在主视图的上方且长对正。

A. 仰视图　　B. 右视图　　C. 左视图　　D. 后视图

196. 配合的种类有间隙配合、（　　）和过渡配合三种。

A. 无隙配合　　B. 过紧配合　　C. 过松配合　　D. 过盈配合

197. 尺寸公差是用来控制产品的（　　）。

A. 表面精度　　B. 尺寸精度　　C. 机械结构　　D. 表面结构

198.（　　）是指认真对待自己的岗位，对自己的岗位职责负责到底，无论在任何时候，都尊重自己的岗位职责，对自己岗位勤奋有加。

A. 忠于职守　　B. 诚实守信　　C. 服务群众　　D. 爱岗敬业

199. 在齿轮投影为矩形的外形视图中，齿顶线用粗实线绘制，非啮合区的分度线用细点画线绘制，齿根线用（　　）绘制，也可省略不画。

A. 粗实线　　B. 细点画线　　C. 细实线　　D. 细虚线

200. 用于确定线段的长度、圆弧的半径或圆的直径和角度的大小等的尺寸称为（　　）。

A. 定形尺寸　　B. 长度尺寸　　C. 高度尺寸　　D. 宽度尺寸

201. 下列图形中直径尺寸标注正确的是（　　）。

Ø20　Ø20　Ø20　R10

A　B　C　D

202. 斜二轴测图是采用（　　）绘制的。

A. 中心投影法　　B. 点投影法　　C. 正投影法　　D. 斜投影法

203. 画三视图时，俯视图与（　　）不仅宽度相等，还保持前、后位置的对应关系。

A. 主视图　　B. 后视图　　C. 左视图　　D. 仰视图

204. 在三维平面投影系中一般位置直线的各面投影的长度均（　　）。

A. 小于实长　　B. 等于实长　　C. 大于实长　　D. 等于小于实长

205. 一般位置平面对于三个投影面的投影特性为（　　）。

A. 类似性　　B. 积聚性　　C. 实形性　　D. 交叉性

206. 某几何体的三视图如右图所示，这个物体的形状是（　　）。

A. 四棱柱　　B. 六棱锥

C. 四棱锥　　D. 五棱柱

207. 比例是图中图形与实物相应要素的（　　）尺寸之比。

A. 大小　　B. 线性　　C. 总体　　D. 角度

208. 轴测图分为（　　）。

A. 正轴测图、斜轴测图　　B. 正面投影、正轴测图

C. 倾斜投影、斜轴测图　　D. 正面投影、倾斜投影

209. 如下图所示，下列移出断面图正确的是（　　）

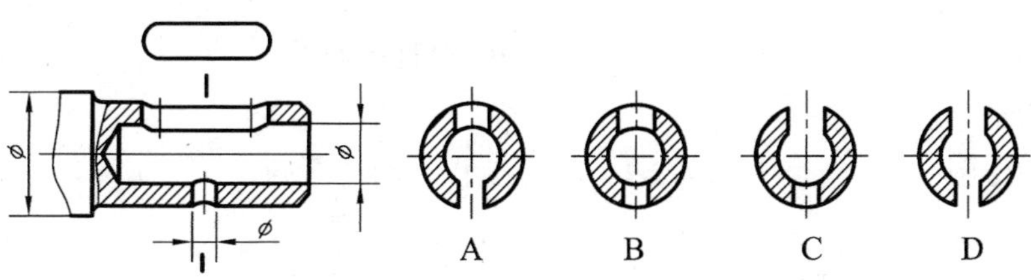

210. 尺寸标注中，符号“Sϕ”表示（　　）的直径。

A. 圆柱　　B. 圆锥　　C. 圆　　D. 球体

211. 组合体的三视图中，可见部分的轮廓线用（　　）表示。

A. 粗实线　　B. 虚线　　C. 粗点画线　　D. 细实线

212.（　　）是职业工作者对所从事职业的看法和在从事职业活动过程中的行为表现。

A. 职业理想　　B. 职业义务　　C. 职业态度　　D. 职业纪律

213. 根据下列三视图，与之对应的轴测图是（　　）。

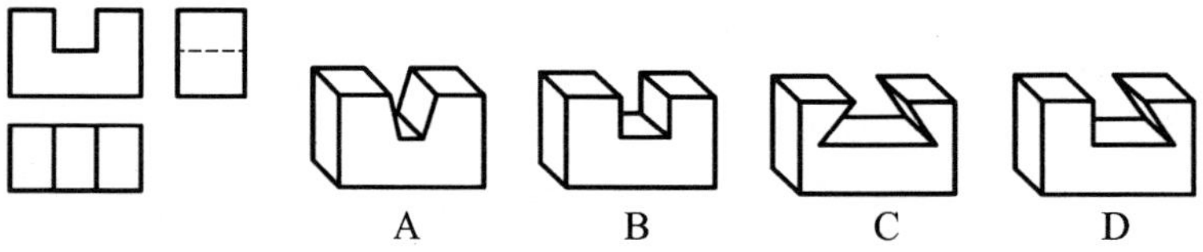

A　　B　　C　　D

214. 在对组合体进行尺寸标注时，（　　）一般不可作为组合体尺寸标注的尺寸基准。

A. 组合体底面　　B. 组合体端面

C. 回转体轴线　　D. 不对称平面

215. 根据主、俯视图，下列左视图正确的是（　　）。

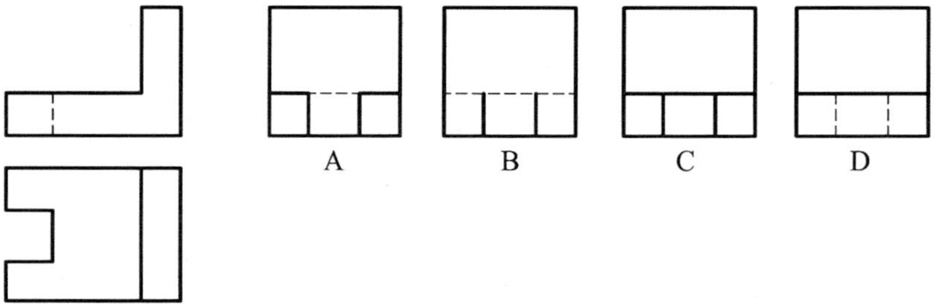

A　　B　　C　　D

216. 关于图纸的标题栏在图框中的位置，下列叙述正确的是（　　）。

A. 配置在任意位置　　B. 配置在右下角

C. 配置在左下角　　D. 配置在图中央

217.（　　）不能用细点画线绘制。

A. 轴线　　B. 对称中心线

C. 轨迹线　　D. 尺寸线

218. 为作图方便，一般取 $p=r=1$，$q=0.5$ 作为斜二测的（　　）。

A. 系数　　B. 变形系数

C. 简化轴向变形系数　　D. 轴向变形系数

219. 已知主、俯视图，正确的左视图是（　　）。

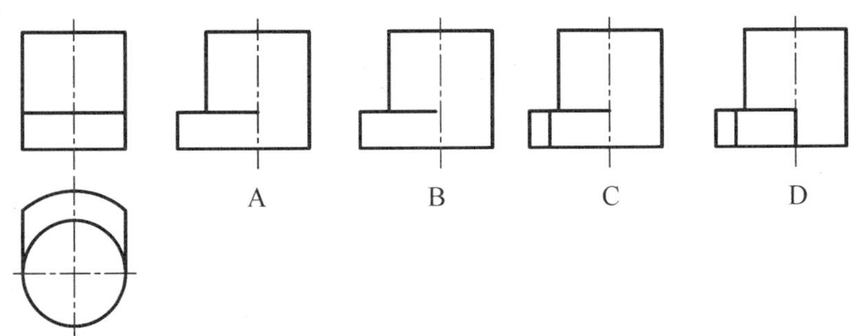

220. 选择轴套类零件的主视图时，应使其轴线处于（　　）位置。

A. 竖直　　B. 倾斜　　C. 水平　　D. 任意

221. 如下图所示标注倒角，则图中“?”的值为（　　）。

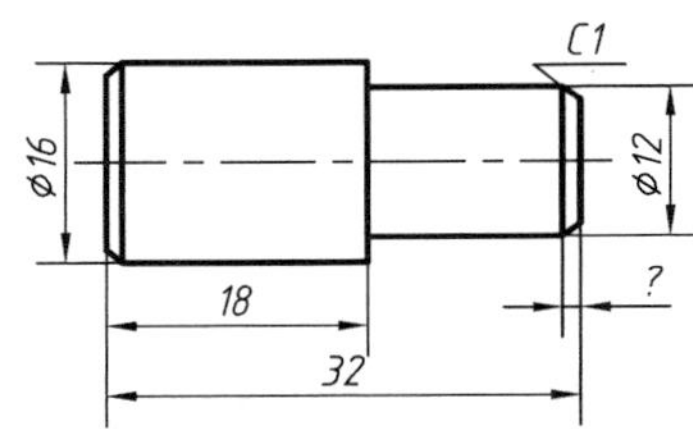

A. 1　　B. 2　　C. 1.414　　D. 0.707

222.（　　）是社会主义职业道德的最高要求、最终目标和最高境界。

A. 奉献社会　　B. 爱岗敬业　　C. 服务群众　　D. 诚实守信

223. 零件图上尺寸公差的（　　）有三种：① 公称尺寸数字后边注写公差带代号；② 公称尺寸数字后边注写上、下偏差；③ 公称尺寸数字后边同时注写公差带代号和相应的上、下偏差，后者加括号。

A. 计算形式　　B. 标注形式　　C. 表示方法　　D. 测量方式

224. 下列不属于位置公差的是（　　）。

A. 同轴度　　B. 位置度　　C. 直线度　　D. 对称度

225. 标题栏中不一定填写零件的（　　）。

A. 重量　　B. 名称　　C. 材料　　D. 比例

226. 零件（　　）具有较小间距的凸峰和凹谷所组成的微观几何形状误差，称为表面粗糙度。

A. 材料内部中　　B. 加工表面上　　C. 安装结合面　　D. 工艺流程中

227. 普通螺纹牙型代号是（　　）。

A. Tr　　B. G　　C. M　　D. Rc

228.（　　）是劳动法的主要调整对象。

A. 家庭关系　　B. 劳动关系　　C. 社会关系　　D. 师徒关系

229. 用几个相交的剖切面剖切时，应将有关倾斜的剖切平面旋转到与基本投影面（　　）后，再进行投影作图。

A. 平行　　B. 垂直　　C. 倾斜　　D. 重合

230. 基本视图有（　　）个。

A. 3　　B. 4　　C. 5　　D. 6

231. 下列 D 向视图正确的是（　　）。

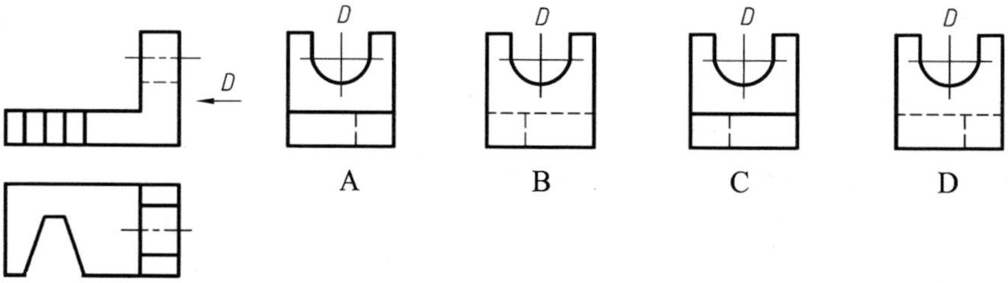

232. 将物体的某一部分向不平行于基本投影面的平面投射所得的视图是（　　）。

A. 基本视图　　B. 局部视图　　C. 斜视图　　D. 向视图

233. 如下图所示，下列斜视图正确的是（　　）。

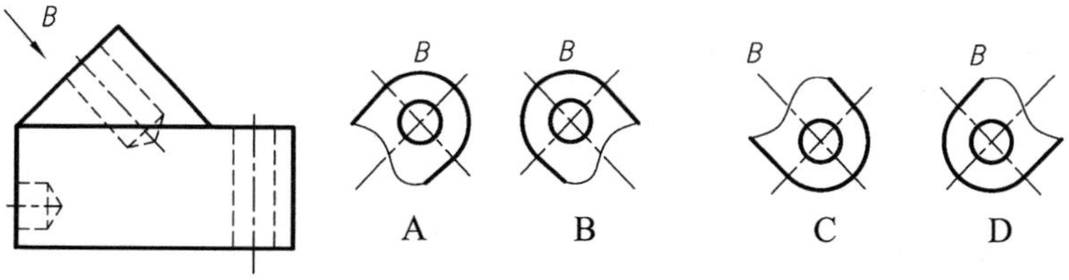

234. 如下图所示，轴测图上阴影部分的面对应于左视图上的投影是（　　）处。

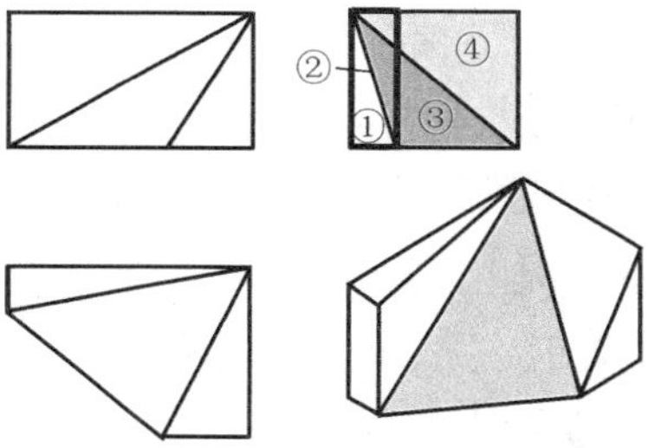

A. ①　　B. ②　　C. ③　　D. ④

235. 下列全剖视图正确的是（　　）。

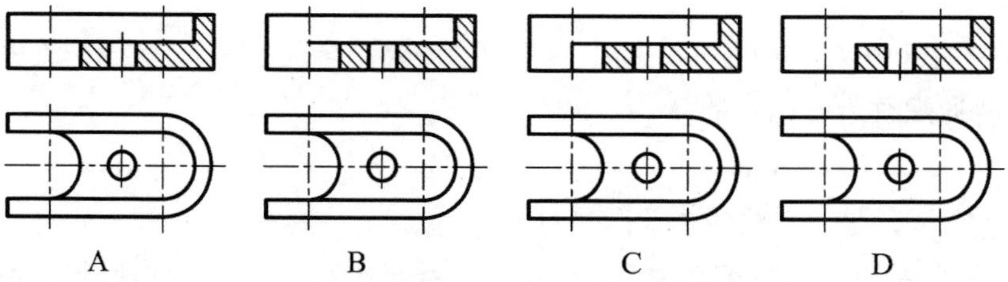

236. 当物体具有对称平面时，向垂直于对称平面的投影面上投射时，可以以对称中心线为界，一半画成剖视图，另一半画成视图，这种图形称为（　　）。

A. 半剖视图　　B. 局部剖视图　　C. 全剖视图　　D. 斜剖视图

237. 剖视图分为（　　）种。

A. 2　　B. 3　　C. 4　　D. 5

238.（　　）是投射线汇交一点的投影法。

A. 中心投影法　　B. 平行投影法　　C. 正投影法　　D. 斜投影法

239. 画在视图轮廓之内的断面图称为（　　）。

A. 移出断面图　　B. 重合断面图　　C. 剖视图　　D. 向视图

240. 剖视图中采用的剖切面有（　　）种。

A. 3　　B. 4　　C. 5　　D. 6

241. 较小结构的简化画法中，在不致引起误解的情况下，图形中过渡线、（　　）可以简化，用圆弧或直线代替非圆曲线。

A. 截交线　　B. 相贯线　　C. 剖面线　　D. 断裂边界线

242. 较长零件（轴、杆、型材、连杆等）沿长度方向的形状（　　）或按一定规律变化时，可断开后缩短绘制，但尺寸仍按零件的设计要求进行标注。

A. 一致　　B. 对称　　C. 相反　　D. 类似

243.（　　）是相贯线的一种特殊情况，但这两者是不能互换的。

A. 截交线　　B. 过渡线　　C. 剖面线　　D. 断裂边界线

244. 常用于传递动力和运动的螺纹有梯形螺纹和（　　）。

A. 普通螺纹　　B. 管螺纹　　C. 锥管螺纹　　D. 锯齿形螺纹

245. 导程、螺距、线数的关系是（　　）。

A. 导程=螺距×线数　　B. 螺距=导程×线数

C. 线数=导程×螺距　　D. 导程=螺距+线数

246. 中等旋合长度代号为（　　），由于中等旋合长度应用较广泛，因此省略不注。

A. N　　B. S　　C. L　　D. T

247. 螺纹的基本要素有（　　）、直径、螺距和导程、线数及旋向。内、外螺纹连接时，两者的五要素必须相同。

A. 旋合长度　　B. 右旋　　C. 公称直径　　D. 牙型

248. 梯形螺纹的代号为（　　）。

A. M　　B. Tr　　C. B　　D. G

249. 合同是引起当事人之间民事权利义务关系产生、变更、终止的（　　）行为。

A. 事实　　B. 合法　　C. 企业　　D. 社会

250. 已知主、俯视图，下列移出断面图正确的是（　　）。

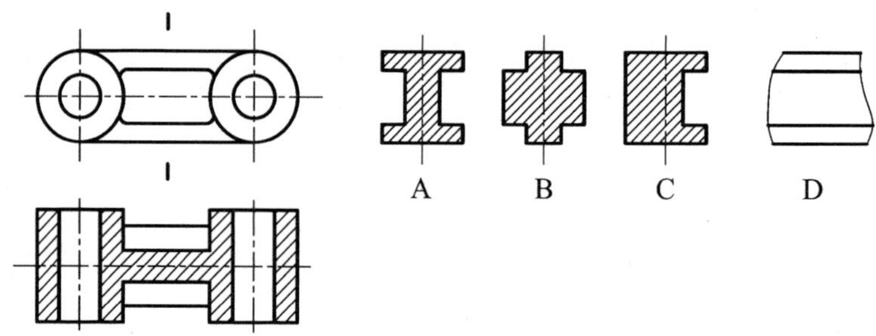

251. 键是用来连接轴和轴上的传动件（如带轮、齿轮等），并传递扭矩和（　　）运动。

A. 水平　　B. 旋转　　C. 垂直　　D. 直线

252. 弹簧的用途很广，它可以用来（　　）、夹紧、承受冲击、储存能量和测力等。

A. 密封　　B. 减震　　C. 连接　　D. 减压

253. 当同一机件上有几个被放大的部分时，应用（　　）数字编号。

A. 阿拉伯　　B. 罗马　　C. 英文　　D. 中文

254. 基本偏差代号为 a、g、f 的轴与基本偏差代号为 H 的孔形成的配合为（　　）。

A. 基孔制配合　　B. 基轴制配合　　C. 任意制配合　　D. 过盈配合

255. 上极限尺寸与下极限尺寸之差称为（　　）。

A. 偏差　　B. 公差　　C. 实际偏差　　D. 极限偏差

256. 右图是某孔公差带图，与其对应的基本偏差代号一定不是（　　）。

ES
EI
+
0
−
ø20

A. E　　B. F

C. G　　D. H

257. 如下图所示表面粗糙度的标注正确的是（　　）。

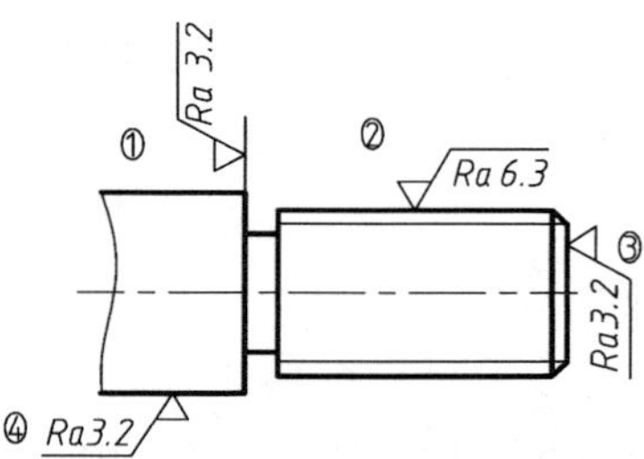

A. ①　　B. ②　　C. ③　　D. ④

258. 一直线（或一平面）对另一直线（或平面）的倾斜程度称为（　　）。

A. 斜率　　B. 斜度　　C. 锥度　　D. 直线度

259. 一对啮合的圆柱正齿轮，它们的中心距为（　　）。

A. $2\pi(d_1+d_2)$　　B. $(d_1+d_2)/2$

C. $m(d_1+d_2)/2$　　D. $2(d_1+d_2)$

260. 下列标注正确的是（　　）。

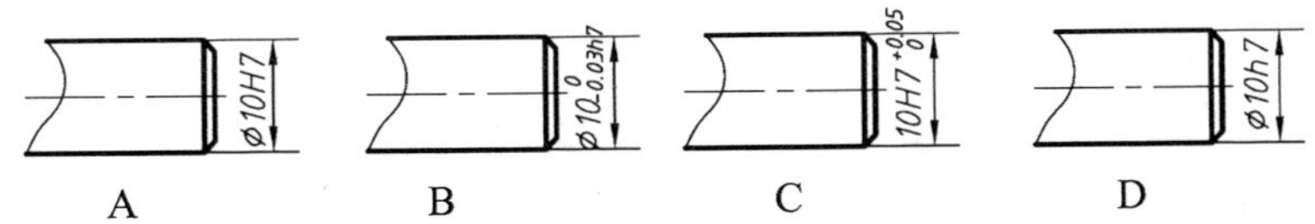

261. 基准孔的基本偏差代号为（　　）。

A. h　　B. ϕ　　C. H　　D. R

262. 下列不属于形状公差的是（　　）。

A. 对称度　　B. 圆度　　C. 直线度　　D. 平面度

263. 若轴的标注尺寸为$\phi 40_{-0.050}^{-0.025}$，在实际生产中，合格的尺寸是（　　）。

A. ϕ40　　B. ϕ39.985　　C. ϕ39.965　　D. ϕ39.945

根据下列零件图，回答第 264 题至第 273 题。

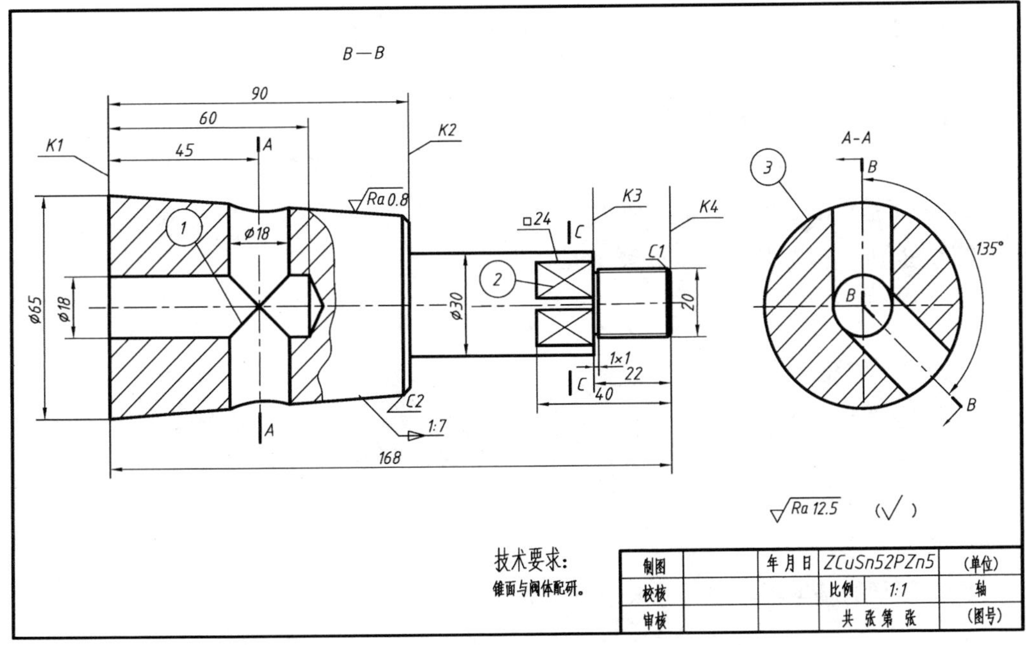

264. 主视图中剖切平面 A-A 上没有标箭头表示投影，下列说法正确的是（　　）。

A. 不该有箭头　　B. 要有向右的箭头

C. 要有向左的箭头　　D. 按投影关系配置，省略箭头

265. 该零件共用了两个图形表达，下列描述正确的是（　　）。

A. 主视图是单一剖切平面剖切的局部剖视图

B. A-A 既是移出断面图，又是左视图

C. 锥面上的两个ϕ18 的孔，可以用一个钻头一次钻出

D. 退刀槽是轴上的工艺结构

266. 该零件的端面标有 *K*1、*K*2、*K*3 和 *K*4，则轴向尺寸主要基准是（　　）。

A. *K*1 处　　B. *K*2 处　　C. *K*3 处　　D. *K*4 处

267. 材料 ZCuSn5Pb52Zn5 是（　　）。

A. 高锰钢　　B. 工具钢　　C. 铸铁　　D. 锡青铜

268. 图中标注符号▷的含义是（　　）。

A. 斜度　　B. 锥度　　C. 坡度　　D. 倾斜度

269. 锥面小端直径为（　　）。

A. ϕ52. 143　　B. ϕ58　　C. ϕ58. 572　　D. ϕ62. 645

270. 下列描述不正确的是（　　）。

A. 标有①的两条粗实线是垂直相交等径孔相贯形成的真实投影

B. 标有②的两条相交的细实线是平面的简化画法

C. 标有①的两条粗实线是封闭的平面曲线

D. 标有②的两条相交的细实线是滚花简化画法

271. 对于 2 个ϕ18 孔，属于定位尺寸的是（　　）组。

A. 135°、45　　B. ϕ18、ϕ30　　C. 168　　D. 45

272. 下列说法错误的是（　　）。

A. 加工零件时要求锥面与阀体配研

B. 螺纹的表面粗糙度为 $\sqrt{Ra\ 12.5}$

C. 表面粗糙度要求最低的是锥面

D. 零件的总体尺寸为 168、65、65

273. 下列 C-C 移出断面图正确的是（　　）。

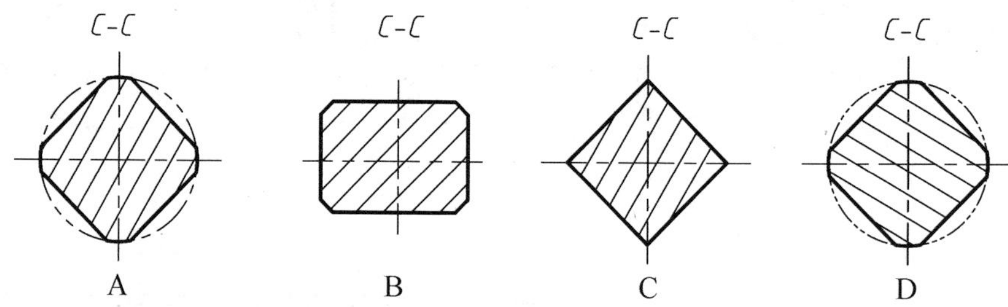

274. 图纸的基本幅面按尺寸大小可分为（　　）种。

A. 2　　B. 3　　C. 4　　D. 5

275. 下列不属于图纸幅面代号的是（　　）。

A. A0　　B. A2　　C. A4　　D. A6

276. 对中符号的长度从纸边界开始伸入图框内约（　　）。

A. 3 mm　　B. 5 mm　　C. 3 cm　　D. 5 cm

277. 机械图样中粗线与细线的宽度比例为（　　）。

A. 1.5 : 1　　B. 2 : 1　　C. 2.5 : 1　　D. 3 : 1

278. 主视图反映物体的（　　）和左、右的相对位置关系。

A. 上、下　　B. 前、后　　C. 左、右　　D. 以上都不是

279. 对于不允许有相对运动、轴与孔的对中性要求比较高且又需拆卸的两零件间配合，采用（　　）。

A. 间隙配合　　B. 极限配合　　C. 过盈配合　　D. 过渡配合

280. 图样中的尺寸以（　　）为单位时，不必标注计量单位的符号或名称，如用其他单位时，则必须注明相应的单位符号。

A. 米　　B. 分米　　C. 厘米　　D. 毫米

281. 将物体由左向右投射，在侧面上得到第三个视图，称为左视图，侧面用字母（　　）表示。

A. O　　B. H　　C. W　　D. V

282. 断面图中，当剖切平面通过回转面形成孔或凹坑的轴线时，这些结构应按（　　）绘制。

A. 断面图　　B. 剖视图　　C. 外形图　　D. 视图

283. 在半剖视图中，剖视图部分与视图部分的分界线为（　　）。

A. 细点画线　　B. 粗实线　　C. 双点画线　　D. 虚线

284. 重合剖面的轮廓线都是用（　　）绘制的。

A. 细点画线　　B. 粗实线

C. 细实线　　D. 虚线

285. 当需要表示位于剖切平面前的结构时，这些结构按假想投影的轮廓线用（　　）表示。

A. 细点画线　　B. 粗实线　　C. 双点画线　　D. 虚线

286. 做机件的半剖视图时，是将机件（　　）。

A. 切开一半　　B. 切开四分之一

C. 切开一部分　　D. 全部切开画一半

287. 有一实物的某个尺寸为 10 mm，绘图时采用的比例为 2 : 1。标注时应标注（　　）。

A. 5 mm　　B. 10 mm　　C. 20 mm　　D. 5 mm

288. 在机械制图中，一般绘图比例书写在（　　）。

A. 图形下方　　B. 图形上方　　C. 标题栏内　　D. 图纸空白处

289. 下列叙述错误的是（　　）。

A. 图形的轮廓线可作尺寸界线　　B. 图形的轴线可作尺寸界线

C. 图形的剖面线可作尺寸界线　　D. 图形的对称中心线可作尺寸界线

290. 尺寸线不能用其他图线代替，一般也（　　）与其他图线重合或画在其延长线上。

A. 不得　B. 可以　C. 允许　D. 必须

291. 线性尺寸数字一般注在尺寸线的上方或中断处，同一张图样上尽可能（　　）数字注写方法。

A. 采用第一种　B. 采用第二种　C. 混用两种　D. 采用同一种

292. 标注角度尺寸时，尺寸数字一律（　　）写，尺寸界线沿径向引出，尺寸线画成圆弧，圆心是角的顶点。

A. 竖直　B. 水平　C. 左斜　D. 右斜

293.（　　）使用铅芯的硬度规格要比画直线的铅芯软一级。

A. 分规　B. 圆规　C. 绘图笔　D. 绘图机

294. 平行投影法的投射中心位于（　　）处。

A. 有限远　B. 无限远　C. 投影面　D. 投影物体

295. 工程上常采用的（　　）有多面正投影、轴测投影、透视投影和标高投影。

A. 图纸　B. 投影　C. 方法　D. 工具

296. 制图标准规定，剖视图分为（　　）。

A. 全剖视图、旋转剖视图、局部剖视图

B. 半剖视图、局部剖视图、阶梯剖视图

C. 全剖视图、半剖视图、局部剖视图

D. 半剖视图、局部剖视图、复合剖视图

297. 剖视图中，既有相交，又有几个平行的剖切面得到的剖视图属于（　　）的剖切方法。

A. 组合　B. 两相交　C. 阶梯　D. 单一

298. 断面图分为（　　）和重合断面图两种。

A. 移出断面图　B. 平面断面图　C. 轮廓断面图　D. 平移断面图

299. 画斜视图时，必须在视图的上方标出视图的名称“×”（“×”为大写的拉丁字母），在相应视图附近用箭头指明投影方向，并注上相同的（　　）。

A. 箭头　B. 数字　C. 字母　D. 汉字

300. 斜视图主要用来表达机件（　　）的实形。

A. 倾斜部分　B. 一大部分　C. 一小部分　D. 某一部分

301. 图框规格分为（　　）两种。

A. 不留装订边和留有装订边　B. 粗实线和细实线两种

C. 有裁剪边和无裁剪边　D. 涂黑和不涂黑

302. 尺寸按作用可分为（　　）。

A. 线性尺寸和角度尺寸　B. 线性尺寸和体状尺寸

C. 定形尺寸和线性尺寸　D. 定形尺寸、定位尺寸、总体尺寸

303. 物体在两个或两个以上相互垂直的投影面上得到的多个投影称为（　　）。

A. 正投影　B. 多面投影　C. 斜投影　D. 轴测投影

304. 轴测投影按照投影方向与轴测投影面之间的关系分为（　　）。

A. 正投影和平行投影　　B. 多面投影和透视投影

C. 正投影和斜投影　　D. 正轴测投影和斜轴测投影

305. 点在直线上，点的各投影一定在直线的同名投影上，这就是点的（　　）。

A. 积聚性　　B. 同一性　　C. 从属性　　D. 定比性

306. 只平行于 *V* 面的直线称为（　　）。

A. 水平线　　B. 正平线　　C. 侧平线　　D. 平行线

307. 侧垂线在（　　）面上积聚成一点。

A. *H*　　B. *V*　　C. *W*　　D. 三

308. 正平线在（　　）面上反映实长。

A. *H*　　B. *V*　　C. *W*　　D. 三

309. 根据两点的 *Y* 坐标，可以判断两点间的（　　）。

A. 前后位置　　B. 左右位置　　C. 上下位置　　D. 空间位置

310. 点的 *V* 面投影和 *W* 面投影的连线垂直于（　　）。

A. *OX* 轴　　B. *OY* 轴

C. *OZ* 轴　　D. ∠*XOY* 的垂直平分线

311. 点的 *V* 面投影和 *H* 面的投影连线垂直于（　　）。

A. *OX* 轴　　B. *OY* 轴

C. *OZ* 轴　　D. ∠*XOY* 的垂直平分线

312. 用（　　）法沿不平行于坐标平面的方向将物体连同其参考直角坐标系一起投影到轴测投影面上得到的投影，称为轴测投影。

A. 中心投影　　B. 平行投影　　C. 正投影　　D. 斜投影

313. 用（　　）法将物体投影到投影面上所得到的投影称为透视投影或透视图。

A. 中心投影　　B. 平行投影　　C. 正投影　　D. 斜投影

314. 下列投影图可称为二维图的是（　　）。

A. 多面投影　　B. 轴测投影　　C. 透视投影　　D. 标高投影

315. 机械工程图样和建筑工程图样主要采用（　　）的方法绘制。

A. 平行投影　　B. 正投影　　C. 斜投影　　D. 中心投影

316. 平行投影分为（　　）法两种。

A. 主要投影和辅助投影　　B. 中心投影和平行投影

C. 正投影和逆投影　　D. 正投影和斜投影

317. 图样上所注的尺寸，为该图样所示机件（　　），否则应另加说明。

A. 留有加工余量的尺寸　　B. 最后完工尺寸

C. 加工尺寸　　D. 测量尺寸

318. 国家标准规定，汉字系列为 1.8 mm，2.5 mm，3.5 mm，7 mm，10 mm，14 mm，（　　）mm。

A. 16　　B. 18　　C. 20　　D. 25

319. 投影可分为中心投影和（　　）。

A. 正投影　　B. 平行投影　　C. 斜投影　　D. 点投影

320. 下列备选答案中，（　　）是国家制图标准规定的字体高度。

A. 3　　B. 4　　C. 5　　D. 6

321. 若采用 1∶5 的比例绘制一个直径为 40 mm 的圆，则其绘图直径为（　　）。

A. 8 mm　　B. 20 mm　　C. 80 mm　　D. 160 mm

322. 某图样是用放大 1 倍的比例绘图，则标题栏中比例尺选项中应填（　　）。

A. 1/2　　B. 1∶2　　C. 2/1　　D. 2∶1

323. 1∶2 是（　　）比例。

A. 放大　　B. 缩小　　C. 大比例尺　　D. 小比例尺

324. 国家机械制图标准中，有装订边的 A2 图纸的非装订边的宽度为（　　）毫米。

A. 20　　B. 15　　C. 10　　D. 5

325. 圆弧连接的关键是（　　）。

A. 确定连接弧的圆心位置

B. 连接弧与已知线段的切点

C. 圆弧的半径

D. 确定连接弧的圆心位置和连接弧与已知弧的切点

326. 正圆锥的锥度是指（　　）之比。

A. 锥底圆直径与锥高　　B. 锥高与锥底圆直径

C. 素线长度与锥底圆直径　　D. 锥底圆直径与素线长度

327. 在机械制图中，当物体高度方向具有圆弧面结构时，（　　）标注总高尺寸。

A. 一定　　B. 标注或者不　　C. 不一定　　D. 不需

328. 绘图常用（　　）硬度的铅笔打底稿，画细线。

A. H 或 2H　　B. H 或 HB　　C. HB 或 B　　D. B 或 2B

329. 从标注尺寸数字上看，下列（　　）是对球体的标注。

A. SR30　　B. R30　　C. 球 R30　　D. XR30

330. 机械制图中轨迹线所用线型为（　　）。

A. 细实线　　B. 细虚线　　C. 细点画线　　D. 双点画线

331. 重合断面图的（　　）和剖面符号均用细实线绘制。

A. 剖切位置　　B. 投影线　　C. 轮廓线　　D. 中心线

332. 机件向不平行于基本投影面投影所得的视图叫（　　）。

A. 斜视图　　B. 基本视图　　C. 辅助视图　　D. 局部视图

333. 局部视图是（　　）的基本视图。

A. 全部　　B. 局部　　C. 某一方向　　D. 某个面

334. 一般应在剖视图的上方用大写字母标出剖视图的名称“×—×”，在相应视图上用（　　）表示剖切位置，用箭头表示投影方向，并注上相同的字母。

A. 剖切符号　　B. 剖面符号　　C. 剖视符号　　D. 细实线

335. 一直线在 *W* 面上的投影是一条与 *OY* 轴成 30°的直线，在 *V* 面和 *H* 面上的投影均垂直于 *OX* 轴，那么该直线为（　　）。

A. 侧平线　　B. 一般位置直线　　C. 侧垂线　　D. 正平线

336. 将物体由上方向下投射，在水平面上得到第二个视图，称为俯视图，水平面用字母（　　）表示。

A. V　　B. H　　C. W　　D. O

337. 在物体的三视图中，主视图反映物体的（　　）尺寸。

A. 长、宽　　B. 宽、高　　C. 高、长　　D. 长、宽

338.（　　）视图反映物体的上下和左右的相对位置关系。

A. 主视图　　B. 俯视图　　C. 左视图　　D. 三视图

339. 投影轴 *OX*、*OY*、*OZ* 交于一点 *O*，称为（　　）。

A. 圆心　　B. 中心点　　C. 原点　　D. 交点

340. 已知点 *A*（2，15，8），*B*（15，5，2），则直线 *AB* 是（　　）。

A. 水平线　　B. 侧平线　　C. 一般位置线　　D. 侧垂线

341. 一椭圆形平面平行于投影面，其投影反映（　　）。

A. 实形性　　B. 积聚性　　C. 类似性　　D. 以上都不对

342. 已知点 *M*（10，0，5）、*N*（10，15，0）、*E*（15，10，0）、*F*（10，0，20），属于重影点的是（　　）。

A. 点 *M* 和点 *N*　　B. 点 *E* 和点 *N*　　C. 点 *E* 和点 *F*　　D. 点 *M* 和点 *F*

343. 一平面 *M* 在 *V* 面上的投影积聚为一条直线，此平面（　　）是正垂面。

A. 一定　　B. 不一定　　C. 一定不　　D. 以上都不对

344. *A*、*B* 两点只有 *X* 坐标相同，则 *AB* 线在水平面上的投影（　　）。

A. 是同一个点　　B. 是同一条直线

C. 不是同一个点　　D. 不是同一条直线

345. 点 *A* 的坐标为（0，30，0），则空间点 *A* 一定在（　　）上。

A. *Z* 轴　　B. *Y* 轴　　C. *X* 轴　　D. 原点

346. 在三面投影体系中，若直线平行于两个投影面，这类直线叫作（　　）。

A. 投影面平行线　　B. 投影面垂直线

C. 一般位置直线　　D. 投影面倾斜线

347. 标注角度时，尺寸数字一律（　　）单位。

A. 不带　　B. 带　　C. 带或不带　　D. 不一定带

348. 任何物体都有长、宽、高三个方向的尺寸，在物体的三视图中，左视图反映物体的（　　）方向的尺寸。

A. 长和宽　　B. 长和高　　C. 宽和高　　D. 长和厚

349. 一个点的两面投影分别都在同一条直线的两面投影上，则该点（　　）直线上。

A. 一定在　　B. 不一定在　　C. 一定不在　　D. 都不对

350. 一般位置平面在三个投影面上的投影具有（　　）。

A. 真实性　　B. 积聚性　　C. 收缩性　　D. 类似性

二、多选题

1. 工匠精神的核心是（　　）。

A. 树立起对职业敬畏、对工作执着、对产品负责的态度

B. 极度注重细节，不断追求完美和极致

C. 给客户无可挑剔的体验

D. 做出打动人心的一流产品

2. 下列对工匠精神内涵的表述正确的有（　　）。

A. 专注专业是工匠精神的特质　　B. 职业素养是工匠精神的内涵

C. 执着坚忍是工匠精神的灵魂　　D. 锐意进取是工匠精神的基石

3. 赵州桥是我国古代工匠创造的杰出代表作之一，下列关于赵州桥的描述正确的是（　　）。

A. 建于春秋战国时代　　B. 经历了 8 次以上的地震

C. 经历了 8 次以上的战争　　D. 自建造至今有 1 400 多年的历史

4. 大国工匠的现代意义包括（　　）。

A. 大国工匠身处行业和企业的关键生产岗位，这个岗位所需要的技术、技能直接关乎产品品质

B. 大国工匠是“中国制造”走向“中国创造”的人才基石

C. 大国工匠的自身素质直接决定着一个品牌的成功打造

D. 要将“中国制造”打造成高品质的代名词，需要一代又一代、一批又一批大国工匠的努力

5. 下列所属工匠应有的含义要素是（　　）。

A. 专门的技术制作专长　　B. 广博的知识体系

C. 一定的艺术设计能力　　D. 通过教育方式加以传承

6. 工匠精神内涵的三个方面是指（　　）。

A. 专业精神　　B. 职业态度　　C. 人文素养　　D. 科学精神

7. 古代社会，工匠作为一种独立的社会职业，承担的重要职责主要有（　　）。

A. 技术发明　　B. 产品研制

C. 技术推广应用　　D. 普及科技知识

8. 中国还远不是制造强国，在规模和体量巨大的背后，还有诸多问题，如（　　）。

A. 核心技术高度依赖进口

B. 部分产品价廉物不美

C. 存在假冒伪劣产品

D. 成本规模优势难掩质量、品牌和创新等方面的差距

9. 现代“大工匠”即高水平的工匠包括（　　）。

A. 工程师　　B. 建筑师　　C. 机械师　　D. 各类技术专家

10. 习近平总书记在党的二十大报告中明确指出，新时期劳动者大军建设应该着眼于（　　）。

A. 知识型　　B. 技能型　　C. 创新型　　D. 革命型

11. 已知俯视图是 3 个同心圆，与之对应的主视图正确的是（　　）。

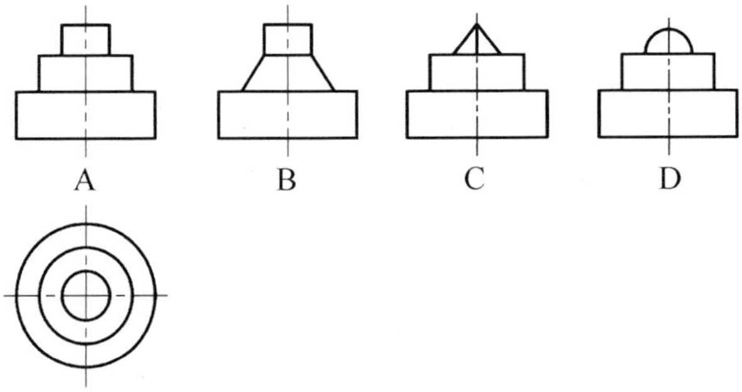

A　　B　　C　　D

12. 把工匠精神作为信仰的做法是（　　）。

A. 从爱开始　　B. 明确目标　　C. 追求完美　　D. 把工作当作修行

13. 受儒家文化的影响，中国传统工匠技术价值取向的表现是（　　）。

A. 崇尚技巧　　B. 重道轻器　　C. 重义轻利　　D. 重利轻义

14. 从技术主体特质梳理，传统工匠的基本特征有（　　）。

A. 手工操作而非机器生产“手艺人”

B. 家传的（世袭的）与学徒制的技术传承

C. 技术价值与艺术价值取向等同

D. 技术评价的艺术化、伦理化取向

15. 爱岗敬业的具体要求有（　　）。

A. 树立职业理想　　B. 强化职业责任　　C. 提高职业技能　　D. 抓住择业机遇

16. 职业纪律具有的特点是（　　）。

A. 明确的规定性　　B. 一定的强制性

C. 一定的弹性　　D. 一定的自我约束性

17. 无论你从事的工作有多么特殊，它总是离不开一定的（　　）的约束。

A. 岗位责任　　B. 家庭美德　　C. 规章制度　　D. 职业道德

18. 职业道德主要通过（　　）的关系，增强企业的凝聚力。

A. 协调企业职工间　　B. 调节领导与职工

C. 协调职工与企业　　D. 调节企业与市场

19. 维护企业信誉必须做到（　　）。

A. 树立产品质量意识　　B. 重视服务质量，树立服务意识

C. 保守企业一切秘密　　D. 妥善处理顾客对企业的投诉

20. 文明职工的基本要求是（　　）。

A. 模范遵守国家法律和各项纪律

B. 努力学习科学技术知识，在业务上精益求精

C. 顾客是上帝，对顾客应唯命是从

D. 对态度蛮横的顾客要以其人之道还治其人之身

21. 办事公道对企业活动的意义是（　　）。

A. 企业赢得市场、生存和发展的重要条件

B. 抵制不正之风的客观要求

C. 企业勤俭节约的重要内容

D. 企业能够正常运转的基本保证

22. 下列属于职业道德修养内容的是（　　）。

A. 历练职业意志　B. 强化职业情感　C. 遵守职业规范　D. 端正职业态度

23. 我国应该借鉴的西方发达国家的职业道德有（　　）。

A. 社会责任至上　B. 敬业　C. 诚信　D. 创新

24. 下列不属于计算机从业人员职业道德要求的是（　　）。

A. 不协助他人提供网络系统传播商业秘密

B. 不通过网络手段窃取他人信息

C. 不协助他人利用计算机财务系统出具虚假报表

D. 不通过计算机网络攻击他人计算机

25. 下列行为符合为人民服务要求的是（　　）。

A. 追求合理的社会效益　　B. 克服困难，满足顾客的需要

C. 以个人利益为中心做事　　D. 提高商品的质量

26. 职业道德的价值在于（　　）。

A. 有利于企业提高产品和服务的质量

B. 可以降低成本、提高劳动生产率和经济效益

C. 有利于协调职工之间及职工与领导之间的关系

D. 有利于企业树立良好形象，创造著名品牌

27. 在职业活动中，要做到公正公平就必须（　　）。

A. 按原则办事　　B. 坚持按劳分配

C. 不徇私情　　D. 不惧权势，不计个人得失

28. 创新对企事业和个人发展的作用表现在（　　）。

A. 是企事业持续、健康发展的巨大动力

B. 是企事业竞争取胜的重要手段

C. 是个人事业获得成功的关键因素

D. 是个人提高自身职业道德水平的重要条件

29. 在企业生产经营活动中，员工之间团结互助的要求包括（　　）。

A. 讲究合作，避免竞争

B. 平等交流，平等对话

C. 既合作，又竞争，竞争与合作相统一

D. 互相学习，共同提高

30. 在产品设计界，后现代主义的重要代表不包括（　　）。

A. 孟菲斯　　B. 索特沙斯　　C. 霍斯　　D. 罗维

31. 常用铸造铝合金有（　　）。

A. 铝硅合金　　B. 铝镍合金　　C. 铝铜合金　　D. 铝镁合金

32. 特种铸造是金属铸造工艺之一，常用的特种铸造方法有金属型铸造和（　　）。

A. 砂型铸造　　B. 压力铸造　　C. 熔模铸造　　D. 离心铸造

33. 金属材料的表面处理技术包括表面改质处理和（　　）。

A. 表面电镀　　B. 表面着色

C. 表面精整加工　　D. 表面被覆处理

34. 塑料按照成型性可分为（　　）。

A. 热塑性塑料　　B. 冷塑性塑料

C. 热固性塑料　　D. 冷固性塑料

35. 下列塑料材料中不具备自润滑性能的是（　　）。

A. 聚酰胺　　B. ABS 工程塑料

C. 聚碳酸酯　　D. 聚氯乙烯

36. 工业产品造型的目的是（　　）。

A. 使该产品更加方便人们的使用　　B. 使其更加符合使用者的美学感觉

C. 产品本身属性的需要　　D. 使该产品更具价格竞争力

37. 形式美法则包含（　　）。

A. 变化与统一　　B. 对称平衡与非对称平衡

C. 强调与调和　　D. 分割与非分割

38. 色光的三原色为（　　）。

A. 黄　　B. 红　　C. 绿　　D. 蓝

39. 一般产品壳体、箱体的主要功能为（　　）。

A. 将产品构成的功能零件容纳于内

B. 可以更好地节约成本，方便批量生产

C. 防止构成产品的零部件受环境等影响而损坏，避免其对使用者造成危险与侵害

D. 装饰、美化产品的外观

40. 下列零件适合铸造的有（　　）。

A. 汽车缸体　　B. 水龙头　　C. 螺丝帽　　D. 电脑机箱

41. 色彩在人机工程中发挥着重要的作用，如红色在生产、交通等方面的含义有（　　）。

A. 停止，交通工具要求停车　　B. 高度危险，如高压电、下水道口

C. 没有特别规定　　D. 表示设备安全运行

42. 就批量生产的工业产品而言，凭借训练、技术知识、经验及视觉感受而赋予（　　）表面加工及装饰以新的品质和规格，叫作工业设计。

A. 材料　　B. 形态　　C. 元素　　D. 色彩

43. 设计师在设计产品时，应着重抓好（　　）几个方面。

A. 优化设计方案　　B. 资源再生

C. 保证设计质量　　D. 做好概预算

44. 产品设计要素一般包含（　　）。

A. 功能要素　　B. 形态要素　　C. 声音要素　　D. 色彩要素

45. 实施色彩管理的目的是（　　）。

A. 虚拟化企业的需要

B. 对异地生产的产品和部件进行色彩标准化控制

C. 对互换式生产方式下的产品进行色彩控制

D. 企业形象战略的需要

46. 绿色设计的产品生命周期包括（　　）。

A. 产品生态化阶段　　B. 原材料投入及设计和制造阶段

C. 产品的销售和使用阶段　　D. 废弃、淘汰产品的回收和重新利用阶段

47. 绿色产品设计的特点是（　　）。

A. 扩大了产品生命周期　　B. 减少设计的周期

C. 使产品在整个生命周期中能耗最小　　D. 减轻产品生命末端的压力

48. 设计产品造型时，设计师在创造出新的造型的同时，必须考虑功能和构造，但同样不能忽视的因素有（　　）。

A. 生产工艺　　B. 材质　　C. 亮度　　D. 生产成本

49. 作为产品外壳的壳体或箱体，通常采用薄壁结构，但前提必须满足（　　）前提条件。

A. 能包容内部结构　　B. 强度和刚度等基础要求

C. 工艺要求　　D. 使用者的需求

50. 工业产品加工成型后，一般都需要对基本材料进行表面处理，其目的是（　　）。

A. 提高产品价格　　B. 改变材料表面的物化特征

C. 提高装饰效果　　D. 保护产品并延长使用寿命

51. 材料按照其化学组成可以分为金属材料和（　　）。

A. 无机非金属材料　　B. 有机高分子材料

C. 有机非金属材料　　D. 复合材料

52. 钢铁材料按照其化学组成可以分为（　　）。

A. 纯铁　　B. 钢　　C. 铸铁　　D. 合金钢

53. 塑料着色除了能在塑料原料中加入染料，还可以通过特种着色工艺，如荧光着色和（　　）。

A. 电镀着色　　B. 磷光着色　　C. 珍珠着色　　D. 金属化着色

54. 玻璃成型工艺包括压制成型、吹制成型和（　　）。

A. 拉制成型　　B. 压延成型　　C. 浇注成型　　D. 冲压成型

55. 设计合理的操纵手把，主要考虑（　　）。

A. 手把形状应与手的生理特点相适应　　B. 手把形状应便于触觉对它进行识别

C. 尺寸应符合人手尺度的需要　　D. 手把材料要选用特殊的软性材质

56. 投影图中一个封闭的线框可以表示为空间（　　）的可见投影。

A. 一个平面　　B. 一个曲面　　C. 两个平面　　D. 两个曲面

57. 常用的剖切面种类有（　　）。

A. 几个相交的剖切面　　B. 单一剖切面

C. 几个平行的剖切面　　D. 几个组合的剖切面

58. 剖视图按剖切的范围分为（　　）。

A. 全剖视图　　B. 半剖视图　　C. 斜剖视图　　D. 局部剖视图

59. 画局部放大图时，局部放大图可以画成（　　）。

A. 视图　　B. 主视图　　C. 剖视图　　D. 断面图

60. 简化画法的简化原则是（　　）。

A. 必须保证不致引起误解　　B. 应避免不必要的视图和剖视图

C. 必须不会产生理解的多义性　　D. 应避免使用虚线表示不可见的结构

61. 全剖视图一般适用于（　　）。

A. 内形比较复杂的零件

B. 外形比较简单的零件

C. 外形已在其他视图上表达清楚的零件

D. 外形比较复杂的零件

62. 运用形体分析法读图的步骤包含（　　）。

A. 拆分图线　　B. 抓特征、分线框

C. 对投影、识形体　　D. 综合起来想整体

63. 下列关于零件图视图选择原则的叙述正确的有（　　）。

A. 表示零件结构和形状信息量最多的那个视图应作为主视图

B. 在满足要求的前提下，使视图的数量为最少，力求制图简便

C. 尽量避免使用虚线表示零件的结构

D. 避免后视图的选用

64. 国家标准规定的配合种类有（　　）。

A. 间隙配合　　B. 极限配合　　C. 过盈配合　　D. 过渡配合

65. 下列关于装配图的视图选择要求的叙述正确的有（　　）。

A. 投影关系正确，图样画法符合行业习惯

B. 工作原理、零件之间的连接及装配关系要表示完整

C. 图形清晰

D. 视图表达要简洁，便于绘制和尺寸标注

66. 选择主视图时应遵循的原则有（　　）。

A. 加工位置原则　　B. 结构特征原则

C. 工作位置原则　　D. 读图方便原则

67. 零件图尺寸标注的基本要求应包括（　　）。

A. 正确　　B. 清晰　　C. 完整　　D. 合理

68. 一张完整的装配图应包括（　　）。

A. 剖视图，以完整清晰地表达零件的结构形状

B. 必要的尺寸

C. 技术要求

D. 零件序号、明细栏和标题栏

69. 图框格式种类有（　　）。

A. 自定格式　　B. 留装订边格式

C. 不留装订边格式　　D. 行业格式

70. 视图中的一条线可能表示该形体上的（　　）。

A. 一条线　　B. 平面

C. 曲面轮廓线　　D. 平曲线相切形成的平面

三、判断题

1. 后视图是由后向前投射所得的视图，与主视图相对应。（　　）

2. 局部视图标注的内容为投射方向和名称，其标注方法与剖视图相同。（　　）

3. 斜视图是将物体的某一部分向基本投影面投射所得的视图。（　　）

4. 根据剖切范围的大小，剖视图可分为全剖视图、半剖视图和局部剖视图。（　　）

5. 当孔的轴线、槽的对称平面排列在互相平行的平面内时，可考虑用几个平行的剖切平面将物体剖开。（　　）

6. 断面图是假想用剖切面将物体的某处切断，画出该剖切面之后的所有图形。（　　）

7. 在半剖视图中，半个外形视图中的内部虚线必须画出。（　　）

8. 双头螺柱的两端都制有螺纹。（　　）

9. 任何人从事职业活动，都必须严格执行工作程序、工作规范、工艺文件和安全操作规程。（　　）

10. 正投影能反映该平面图形的真实形状和大小，即使改变它与投影面之间的距离，其投影形状和大小也不会改变。（　　）

11. 组合体尺寸标注的基本原则是：先标注总体尺寸，然后顺序标注各基本体的定形尺寸和定位尺寸。（　　）

12. 投影法分为中心投影法和平行投影法两类。（　　）

13. 画三视图的投影规律是：主、俯视图长对正，主、左视图高平齐，俯、左视图宽相等。（　　）

14. 零件图的主视图应选择放置平稳的位置。（　　）

15. 表面粗糙度 *Ra* 数值越大，表面质量越差。（　　）

16. 重合断面图的轮廓线一般用细双点画线绘制。（　　）

17. 在机器或部件设计过程中，一般先画出装配图。（　　）

18. 无装订边的图纸折叠，最后折成 190 mm×297 mm 或 297 mm×400 mm。（　　）

19. 形体中互相平行的棱线，在轴测图中仍具有互相平行的性质。（　　）

20. 尺寸标注时，在每个方向上均不应标注成封闭尺寸链。（　　）

21. 在绘制机械图样时同一图样中同类图线的宽度可以不一致。（　　）

22. 标注组合体尺寸时应标注定形尺寸、定位尺寸和总体尺寸。（　　）

23. 所标注的定形尺寸尽量集中在反映形体特征的视图上。（　　）

24. 组合体的组合形式一般有叠加、切割和综合三种。（　　）

25. 凡是绘制了视图、编制了技术要求的图纸称为图样。（　　）

26. 国家标准规定基本图纸幅面有 A0、A1、A2、A3、A4、A5 六种。（　　）

27. 链传动中的链用细点画线表示。（　　）

28. 当所绘剖视图配置在基本视图的位置且按投影关系配置，中间又没有其他图形隔开时，可以省略剖切符号。（　　）

29. 常用的销有连接销、定位销和开口销。（　　）

30. 在剖切平面通过螺杆的轴线时，对于螺栓、螺母均按剖切绘制，而螺柱、垫圈、螺钉均按未剖绘制。（　　）

31. 凡是牙型、公称直径和螺距均符合国标规定的螺纹，称为标准螺纹。（　　）

32. 物体向基本投影面投射所得的视图称为基本视图。（　　）

33. 剖视图只是假想地剖开机件，用以表达机件外部形状的一种方法。（　　）

34. 用两个相交的剖切面剖开机件绘图时，应先假想旋转后再投射。（　　）

35. 讲究公德是对制图员基本素质的要求。（　　）

36. 为了生产上的方便，国家标准规定两种配合基准制，即基孔制和基轴制。（　　）

37. 装配图的明细栏可加在标题栏的上方，其序号填写次序由下而上。（　）

38. 具有过盈的配合，称为过盈配合。（　）

39. 产品是一个系统，其构成要素往往包括功能、用途、原理、形状、规格、材料、色彩等。（　）

40. 上下极限偏差和公差都可以为正、为负和为零。（　）

41. 带传动中的带用粗实线表示。（　）

42. 局部视图的画法与三视图画法相同，其局部大小的范围边界线用虚线画。（　）

43. 剖视图是假想用剖切面剖开物体，将处在投影面与剖切面之间的部分移去。（　）

44. 全剖视图适用于表达内形复杂的不对称物体或外形简单的对称物体。（　）

45. 仅画出该剖切面与物体接触部分的图形是断面图。（　）

46. 团结协作就是要顾全大局，要有团队精神。（　）

47. 外螺纹牙顶圆（即大径）的投影用细实线表示。（　）

48. 机械制图国家标准规定，图纸幅面尺寸应优先选用 5 种基本幅面尺寸。（　）

49. 技术制图国家标准规定，图纸幅面种类是 4 种。（　）

50. 相互垂直的投影面之间的交线称为投影轴，分别为 *OX* 轴、*OY* 轴、*OZ* 轴。（　）

51. 当两形体的表面不平齐时，视图上应该画线。（　）

52. 在三面投影系中，*OX* 轴简称 *X* 轴，是 *V* 面与 *H* 面的交线，表示长度方向。（　）

53. 标注组合体的尺寸时，相互平行的尺寸要使小尺寸靠近图形，大尺寸依次向外排列，避免尺寸线和尺寸线或尺寸界限相交。（　）

54. 在零件图中可以任意选用图形的表达方法。（　）

55. 退刀槽的尺寸“3×1.5”表示槽深为 3，槽宽为 1.5。（　）

56. 零件按结构特点可分为轴套类、盘盖类、叉架类、箱壳类等。（　）

57. 表面粗糙度 *Ra* 数值越小，其表面的尺寸精度要求越低。（　）

58. 具有间隙（包括最小间隙为 0）的配合称为间隙配合。（　）

59. 图样上给出的技术要求包括表面结构和几何公差两个项目。（　）

60. 折叠后图纸的标题栏应露在左上角外边。（　）

61. 当两形体的表面平齐时应该画线。（　）

62. 对预先印制的图纸，考虑布图方便，允许将图纸逆时针旋转 90°，但标题栏要位于图框右下角。（　）

63. 当图中的线段重合时，其优先次序为点画线、虚线、粗实线。（　）

64. 机件向基本投影面投影所得的图形称为基本视图，共有六个基本视图。（　）

65. 形体中平行于坐标轴的棱线，在轴测图中仍平行于相应的轴测轴。（　）

66. 投影面平行线分两种。（　）

67. 在使用 CAD 绘图时正交线指的是在正交方式下绘制的直线。（　）

68. 使用编辑图形命令时（如“移动”“阵列”等），可以先点击命令，再选择图形，也可先选择图形，再点击命令。（　）

69. 使用外部块命令时，当外部块图形改变时，引用部分也会随之改变。（　）

70. 创建图案填充时，当选区取比例 1，表明构成图案填充的直线间距为 1。（　）

71. CAD 设计与常规设计方法相比，有利于产品的标准化、分列化、通用化。（　）

72. 在机械制图中，GB/T 为推荐性国家标准的代号，一般可简称为“国标”。（　）

73. 在国家标准中，A4 图纸的幅面尺寸为 210 mm×297 mm，A3 图纸的幅面尺寸为 295 mm×420 mm。（　）

74. 在国家标准工程制图中，每张图纸都应该画出标题栏，标题栏的位置应位于图样的右下角。（　）

75. 在机械制图中，2∶1 的比例称为放大的比例，如实物的尺寸为 10，那么图中图形应画 5。（　）

76. 在机械制图中，投影采用的是正投影法，即投射线与投影面相垂直的平行投影法。（　）

77. 平面四边形与投影面倾斜时，投影的形状有可能会变成三角形。（　）

78. 在三面投影体系中，主视图、俯视图、左视图之间保持长对正、高平齐、宽相等的尺寸关系。（　）

79. 一个平面图形在三面投影体系中的投影有可能是一个点，也有可能是一条直线或一个平面。（　）

80. 任何复杂的机件，仔细分析时，均可看成是由若干个基本几何体组合而成的。（　）

81. 在组合体的视图上，一般需要标注定形尺寸、定位尺寸、总体尺寸。（　）

82. 齿轮是机器或部件中的传动零件。（　）

83. 用中心投影法将物体投影到投影面上所得到的投影称为多面正投影。（　）

84. 在装配图中，表示部件的组成、各零件的相互位置、连接关系及装配关系的图样称为组合配件图。（　）

85. 标准件都是有标准号的通用零件。（　）

86. 零件是组成产品的最小单元。（　）

87. 技术制图国家标准是绘制工程技术图样的依据，工程技术图样必须遵守技术制图国家标准的各项规定。（　）

88. 工程技术中将工程图样简称为图样。（　）

89. 编程绘图是使用一种具有绘图功能的计算机语言。 (　　)
90. 螺纹的线数 n 是指在物体表面上形成螺纹的线数。 (　　)
91. 螺纹在轴向截面上的螺纹形状称为牙型。 (　　)
92. 侧垂面在 V 面上的投影积聚为一条直线。 (　　)
93. 铅垂面在 V 面上的投影积聚为一条直线。 (　　)
94. 侧垂面在 W 面上的投影与 OZ 轴的夹角反映侧垂面对 H 面的夹角 β。 (　　)
95. 一般位置平面的三个投影不反映实形，也没有积聚性。 (　　)
96. 平行投影属于中心投影。 (　　)
97. 某点的 X 坐标为它到 H 面的距离。 (　　)
98. 标高投影属于轴测投影。 (　　)
99. 多面正投影图上能反映物体大部分表面的实形，且具有度量性好的优点。(　　)
100. 直线上的点有两个投影特性：从属性、定比性。 (　　)
101. 空间直线与三个投影面既不平行，也不垂直，则该直线为一般位置直线。 (　　)
102. 正垂线在 W 面和 V 面上的投影反映实长。 (　　)
103. 正垂线在 H 面和 V 面上的投影反映实长。 (　　)
104. 侧平线反映 α、β 实角。 (　　)
105. 一般位置直线的三个投影均不反映空间直线的实长，且小于实长。 (　　)
106. 两点在 H 面的投影反映两点间的左右和上下位置关系。 (　　)
107. 只要知道了点的任意两面投影，就可以唯一确定点的空间位置。 (　　)
108. 点的 H 面投影至 OX 轴的距离等于其 W 面投影至 OY 轴的距离。 (　　)
109. 点的投影永远是点。 (　　)
110. 标高投影的投影面和基准面均为水平面。 (　　)
111. 透视投影有“近小远大”的特点。 (　　)

112. 制图员讲究质量，就是要做到自己绘制的每一张图都符合图样的规定和产品要求，为生产提供可靠依据。 (　　)

113. 轴测投影（图）可称为三维（工程）图。 (　　)

114. 投影线垂直于投影面的投影叫作平行投影。 (　　)

115. 斜度是指一条直线（或一个平面）相对另一条直线（或另一个平面）的倾斜程度。 (　　)

116. 机械制图中常用 H 硬度铅笔写字，而加粗轮廓线可用 B 或 HB 硬度的铅笔。 (　　)

117. 画图时，铅笔在前后方向应与纸面垂直，而且向画线前进方向倾斜 35°画粗实线时，因为用力较大，倾斜角度可略小一些。 (　　)

118. 机械制图中常用 HB 硬度铅笔写字，而加粗圆或圆弧轮廓线可用 B 硬度的铅笔。 (　　)

119. 尺寸标注的尺寸数字不可被任何图线通过，否则必须将图线断开。　（　　）

120. 图样中所标注的尺寸为该图样所示物体的最后完工尺寸，否则应另加说明。（　　）

121. 虚线与虚线交接或虚线与其他图线交接时，应是线段交接。虚线为实线的延长线时，必须与实线相连。（　　）

参考答案

一、单选题

1. B 2. C 3. A 4. D 5. D 6. A 7. A 8. A 9. A 10. D 11. A 12. D
13. D 14. B 15. C 16. C 17. C 18. B 19. D 20. C 21. C 22. A 23. A
24. D 25. A 26. A 27. A 28. C 29. C 30. C 31. C 32. D 33. D 34. C
35. C 36. A 37. D 38. C 39. B 40. D 41. B 42. C 43. C 44. A 45. A
46. B 47. A 48. B 49. C 50. C 51. C 52. C 53. A 54. B 55. B 56. C
57. D 58. C 59. C 60. C 61. C 62. C 63. C 64. A 65. C 66. A 67. C
68. D 69. B 70. B 71. A 72. D 73. B 74. A 75. C 76. B 77. C 78. B
79. B 80. D 81. B 82. A 83. A 84. C 85. A 86. B 87. B 88. B 89. D
90. A 91. B 92. A 93. A 94. A 95. A 96. C 97. A 98. A 99. C 100. A
101. D 102. B 103. B 104. C 105. C 106. A 107. B 108. C 109. D 110. C
111. A 112. A 113. B 114. B 115. B 116. B 117. D 118. C 119. D 120. A
121. B 122. D 123. A 124. A 125. C 126. C 127. B 128. A 129. B 130. B
131. C 132. A 133. B 134. C 135. C 136. C 137. A 138. D 139. B 140. A
141. A 142. B 143. D 144. C 145. C 146. A 147. C 148. C 149. A 150. C
151. B 152. D 153. B 154. D 155. A 156. A 157. C 158. A 159. D 160. B
161. C 162. B 163. A 164. B 165. A 166. B 167. A 168. C 169. B 170. D
171. A 172. C 173. A 174. A 175. A 176. C 177. A 178. B 179. C 180. B
181. B 182. C 183. C 184. A 185. C 186. C 187. C 188. D 189. C 190. D
191. D 192. A 193. B 194. B 195. A 196. D 197. B 198. D 199. C 200. A
201. C 202. D 203. C 204. A 205. A 206. B 207. B 208. A 209. B 210. D
211. A 212. C 213. B 214. D 215. C 216. B 217. D 218. C 219. C 220. C
221. A 222. A 223. B 224. C 225. A 226. B 227. C 228. B 229. A 230. D
231. B 232. C 233. A 234. C 235. B 236. A 237. B 238. A 239. B 240. C
241. B 242. A 243. B 244. D 245. A 246. A 247. D 248. B 249. B 250. A
251. B 252. B 253. B 254. A 255. B 256. D 257. A 258. B 259. C 260. D
261. C 262. A 263. C 264. D 265. D 266. A 267. D 268. B 269. A 270. D
271. A 272. C 273. A 274. D 275. D 276. B 277. B 278. A 279. D 280. D
281. C 282. B 283. A 284. C 285. C 286. D 287. B 288. C 289. C 290. A
291. D 292. B 293. B 294. B 295. B 296. C 297. A 298. A 299. C 300. A
301. A 302. D 303. B 304. D 305. C 306. B 307. C 308. B 309. A 310. C
311. A 312. B 313. A 314. A 315. B 316. D 317. B 318. C 319. B 320. C
321. A 322. D 323. B 324. C 325. D 326. A 327. D 328. A 329. A 330. C
331. C 332. A 333. B 334. A 335. A 336. B 337. C 338. A 339. C 340. C

341. A　342. D　343. B　344. B　345. B　346. B　347. B　348. C　349. B　350. D

二、多选题

1. ABCD　2. ABCD　3. BCD　4. ABCD　5. ACD　6. ABC　7. ABC　8. ABCD　9. ABCD　10. ABC　11. ACD　12. ABCD　13. BC　14. ABD　15. ABC　16. AB　17. ACD　18. ABC　19. ABD　20. AB　21. ABD　22. ABD　23. ABCD　24. AD　25. ABD　26. ABCD　27. ACD　28. ABC　29. BCD　30. BCD　31. ACD　32. BCD　33. CD　34. AC　35. BCD　36. AB　37. ABC　38. BCD　39. ACD　40. AB　41. AB　42. ABD　43. ACD　44. ABD　45. BCD　46. BCD　47. ACD　48. ABD　49. ABC　50. BCD　51. ABD　52. ABC　53. BCD　54. ABC　55. ABC　56. ABD　57. ABCD　58. ABD　59. ACD　60. AC　61. ABC　62. BCD　63. ABC　64. ACD　65. BCD　66. ABC　67. ABCD　68. BCD　69. BC　70. ABCD

三、判断题

1. √　2. ×　3. ×　4. √　5. √　6. ×　7. ×　8. √　9. √　10. √　11. ×　12. √　13. √　14. ×　15. √　16. ×　17. √　18. ×　19. √　20. √　21. ×　22. √　23. √　24. √　25. ×　26.　27. √　28. ×　29. ×　30. ×　31. √　32. √　33. ×　34. √　35. √　36. √　37. √　38. √　39. √　40. ×　41. √　42. ×　43. ×　44. √　45. √　46. √　47. ×　48. √　49. ×　50. √　51. √　52. √　53. √　54. ×　55. ×　56. √　57. ×　58. √　59. ×　60. ×　61. ×　62. ×　63. ×　64. √　65. √　66. ×　67. √　68. √　69. ×　70. ×　71. √　72. ×　73. ×　74. √　75. ×　76. √　77. ×　78. √　79. ×　80. √　81. √　82. √　83. ×　84. ×　85. √　86. √　87. √　88. √　89. √　90. ×　91. √　92. ×　93. ×　94. ×　95. √　96. ×　97. ×　98. ×　99. √　100. √　101. √　102. ×　103. ×　104. √　105. √　106. ×　107. √　108. ×　109. √　110. √　111. ×　112. √　113. √　114. ×　115. √　116. ×　117. ×　118. √　119. √　120. √　121. ×

参考文献

REFERENCES

【1】钱可强. 机械制图［M］. 4 版. 北京：高等教育出版社，2014.

【2】金大鹰. 机械制图［M］. 7 版. 北京：机械工业出版社，2005.

【3】邬克农. 机械制图［M］. 武汉：华中理工大学出版社，1989.

【4】刘哲，高玉芬. 机械制图（机械专业）［M］. 5 版. 大连：大连理工大学出版社，2011.

【5】闫照粉. 机械制图［M］. 苏州：苏州大学出版社，2010.

【6】安淑女，闫照粉. 机械制图［M］. 南京：南京大学出版社，2016.

【7】安淑女，史俊青. 机械制图［M］. 2 版. 北京：煤炭工业出版社，2009.

【8】杨月英，张效伟，马晓丽，等. 中文版 AutoCAD 2014 机械绘图［M］. 北京：机械工业出版社，2016.

【9】张玉琴，张绍忠. AutoCAD 上机实验指导与实训［M］. 2 版. 北京：机械工业出版社，2011.

【10】戴珊珊，闫照粉. AutoCAD 工程制图（2020 版）［M］. 苏州：苏州大学出版社，2022.